Lesen, wie, wann und wo Sie wollen!

ZU DIESEM BUCH ERHALTEN SIE DAS E-BOOK EINFACH MIT DAZU

1. Öffnen Sie die **Webseite** www.campus.de/ebookinside.
2. Geben Sie unter der Überschrift »E-Book inside« folgenden **Download-Code** in das Eingabefeld ein, um

   Ihr E-Book zu erhalten: NKRXH-WSSPX-NTKWH

3. Wählen Sie das gewünschte E-Book-**Format** (MOBI/Kindle, EPUB oder PDF).
4. Füllen Sie das Formular aus und mit dem Klick auf den Button am Ende des Formulars erhalten Sie Ihren persönlichen **Download-Link** für das ausgewählte E-Book-Format per E-Mail.

Integrierte Intelligenz

Prof. Dr. *Ulrich Lichtenthaler* ist Professor für Management und Entrepreneurship an der International School of Management (ISM) in Köln. Er hat im Bereich des Technologiemanagements promoviert und in seiner Tätigkeit als Top-Management-Berater über 20 Projekte zu digitaler Transformation, künstlicher Intelligenz und Innovation erfolgreich abgeschlossen. Als Experte wird er regelmäßig als Keynote-Speaker, Executive Coach und freiberuflicher Berater gebucht. Er hat Executive-Education-Kurse an führenden Business Schools unterrichtet und mehrere Bücher und Artikel für Zeitschriften und Zeitungen geschrieben, wie *MIT Sloan Management Review* und *Wall Street Journal*.

Ulrich Lichtenthaler

Integrierte Intelligenz

Wettbewerbsvorteile erzielen durch
die Kombination menschlicher und
künstlicher Intelligenz

Campus Verlag
Frankfurt/New York

MIX
Papier aus verantwortungsvollen Quellen
FSC® C089473
FSC
www.fsc.org

ISBN 978-3-593-51204-4 Print
ISBN 978-3-593-44395-9 E-Book (PDF)
ISBN 978-3-593-44394-2 E-Book (EPUB)

Umschlaggestaltung: total italic, Thierry Wijnberg, Amsterdam/Berlin
Satz: Publikations Atelier, Dreieich
Gesetzt aus der Sabon und der DIN Next
Druck und Bindung: Beltz Grafische Betriebe GmbH, Bad Langensalza
Printed in Germany

www.campus.de

Inhalt

Vorwort

Wie können Unternehmen von künstlicher Intelligenz profitieren? Das vorliegende Buch befasst sich mit dieser zentralen strategischen Frage durch eine Analyse der Möglichkeiten, in einem künftigen intelligenzbasierten Umfeld einen Wettbewerbsvorteil zu erzielen und zu erhalten. Damit geht es weit über die Betrachtung von KI-Anwendungen als isolierten Werkzeugen hinaus, mit denen die Effizienz etablierter Geschäftsprozesse gesteigert werden kann. Vielmehr werden die Wechselwirkungen von künstlicher und menschlicher Intelligenz betrachtet, auf deren Grundlage Unternehmen völlig neue Produkte, Dienstleistungen und Geschäftsmodelle entwickeln können. Die wachsende Bedeutung von KI beinhaltet neben vielen Chancen auch große Risiken für die traditionellen Geschäftsaktivitäten von Unternehmen sowie für die Arbeitsplätze mancher Mitarbeiter. Außerdem ergeben sich durch die jüngsten Fortschritte in verschiedenen Bereichen von KI wichtige ethische Fragen, deren Bedeutung nicht überschätzt werden kann. In diesem spannenden und herausfordernden Kontext konzentriert sich das Buch auf die strategischen und wettbewerbsorientierten Auswirkungen und nicht auf die ethischen Implikationen von KI.

Dieses Buch richtet sich ganz allgemein an Manager und erfordert keine Vorkenntnisse in IT oder Ingenieurwesen. Stattdessen zeigt es, wie Unternehmen in einer digitalen Zukunft erfolgreich sein können, indem sie intelligenzbasierte Wettbewerbsvorteile erzielen. Daher wendet sich das Buch an Praktiker und weniger an Forscher. Dennoch könnten einige Konzepte, wie zum Beispiel der intelligenzbasierte Ansatz des Unternehmenserfolgs, auch einen Beitrag zur Managementforschung leisten. Viele

Teile des Buchs wurden aus einigen meiner vorherigen Zeitschriftenartikel übernommen, die vor der Veröffentlichung Begutachtungsprozesse durchlaufen haben und die außerdem einen detaillierteren Literaturüberblick beinhalten. Der Schwerpunkt dieses Buchs liegt jedoch auf den Auswirkungen für Manager. Daher bilden Diskussionen der akademischen Literatur keinen Schwerpunkt. Eine detailliertere Literaturübersicht findet sich in den veröffentlichten Zeitschriftenartikeln, auf die ich in mehreren Kapiteln verweise.

Das Buch bietet Praktikern in Unternehmen Empfehlungen und Unterstützung auf dem spannenden Weg in ein intelligenzbasiertes künftiges Wettbewerbsumfeld. Aufgrund meiner Erfahrungen aus der Beratung von Unternehmen und meinen laufenden Kooperationen mit verschiedenen Firmen bin ich überzeugt, dass einige Erkenntnisse des Buchs tatsächlich hilfreiche Ansatzpunkte für Manager bieten. Wenn sich Leser am stärksten für die Relevanz von KI und die Situation in anderen Unternehmen interessieren, könnten die ersten drei Kapitel des Buchs besonders interessant sein. Wenn das Interesse mehr bei den Herausforderungen der Implementierung liegt, sind die Kapitel 13 bis 15 und dort insbesondere der I3 – Integrated Intelligence Incubator – lesenswert. Am Ende von Kapitel 14 wird auch ein kurzer tabellarischer Überblick über wichtige Eigenschaften integrierter Intelligenz gegeben. HR-Manager könnten besonders an den Kapiteln 10 bis 13 interessiert sein, die sich mit Einstellungen von Mitarbeitern gegenüber KI, mit neuen Führungsstilen und mit der künftigen Rolle der Personalabteilung befassen. Für Wissenschaftler können die Kapitel 4 bis 6 mit dem konzeptionellen Bezugsrahmen für einen intelligenzbasierten Ansatz relevant sein. Insgesamt steht der größte Teil der Auswirkungen von KI noch bevor. Ich wünsche Ihnen viel Erfolg bei Ihren KI-Initiativen, freue mich auf Ihr Feedback zu dieser deutschen Übersetzung meines englischen Buchs und hoffe, Sie bei einer künftigen Veranstaltung zu treffen. Nehmen Sie jederzeit gerne Kontakt zu mir auf: www.integrierteintelligenz.de.

Köln, Februar 2020
Prof. Dr. Ulrich Lichtenthaler

Teil A
Relevanz

Kapitel 1

Die Wettbewerbsrelevanz künstlicher Intelligenz

Kann Ihr Unternehmen künftig erfolgreich im Wettbewerb bestehen, ohne künstliche Intelligenz (KI) zu nutzen? Nein. Kann Ihr Unternehmen künftig ohne menschliches Fachwissen und ohne menschliche Intelligenz (MI) erfolgreich im Wettbewerb bestehen? Nein. Bisher sind diese Fragen einfach zu beantworten. Aber glauben Sie, dass Ihr Unternehmen die notwendigen Schritte unternimmt, um künftig von KI und MI zu profitieren? Nun … ehrlich gesagt nein. Wenn dies Ihre eigenen Antworten sein könnten, ist Ihre aktuelle Lage vielen anderen Unternehmen recht ähnlich. Diese Antworten sind typisch für die Führungskräfte in vielen etablierten Firmen, wenn man einige kurze Fragen zur Relevanz von KI stellt. Viele Unternehmen haben die Relevanz von KI erkannt. Über diese Erkenntnis hinaus setzen viele Firmen KI aktiv ein. Und dies gilt für große Unternehmen ebenso wie für kleine und mittlere Unternehmen in einer Vielzahl unterschiedlicher Industrien, einschließlich produktbasierter und dienstleistungsorientierter Branchen. Ist also alles in Ordnung mit der Wettbewerbsfähigkeit dieser etablierten Unternehmen in einer intelligenzbasierten Zukunft? Leider lautet die Antwort darauf wieder … Nein.

Tatsächlich haben viele Unternehmen die wachsende Bedeutung von KI in Form komplexer Datenanalysen und intelligenter Algorithmen akzeptiert. Man kann es kaum vermeiden, regelmäßig Nachrichten über die neuesten Entwicklungen und Errungenschaften von KI in Nachrichten, Presse, sozialen Medien und vielen anderen Kanälen zu erhalten. Trotz der Erkenntnis, dass sowohl KI als auch menschliches Fachwissen in Zukunft unabdingbar sein werden, handeln die meisten Firmen jedoch nicht entsprechend. Wenn Sie die Frage, ob Ihr Unternehmen die erforderlichen

Schritte unternimmt, um von KI und MI zu profitieren, mit Nein beantwortet haben, ist dies ein deutliches Indiz dafür, dass Ihre Organisation zumindest mittel- bis langfristig in Schwierigkeiten geraten kann. Gleichzeitig ist diese Erkenntnis jedoch ein wichtiger erster Schritt in Richtung strategischer Transformation. Paradoxerweise ist die Situation oft noch schwieriger in denjenigen Unternehmen, deren Führungskräfte davon überzeugt sind, dass sie bei KI auf einem guten Weg sind. Diese Unternehmen haben in der Regel strategische Initiativen gestartet, um einige intelligente Algorithmen und ausgewählte Datenanalytiktechnologien zu implementieren. Die meisten dieser Firmen geben an, gut vorbereitet zu sein für ein intelligenzbasiertes künftiges Wettbewerbsumfeld. Tatsächlich scheinen sie jedoch nur auf den ersten Blick gut vorbereitet zu sein.

Bei näherer Betrachtung ist die führende Position dieser Unternehmen nur eine oberflächliche Wahrnehmung und diese falsche Wahrnehmung kann gefährlich sein. Ergreifen Sie persönlich die notwendigen Maßnahmen, um in Ihrem eigenen Geschäftsalltag von KI und MI zu profitieren? Vielleicht ja ... und vielleicht haben Sie einige spannende strategische Initiativen zur Implementierung von KI gestartet, die gut funktionieren und operativ sowie finanziell recht erfolgreich sind. Diese Erfolgsgeschichten können wichtig sein und bedeutende Schritte zu künftiger Wettbewerbsfähigkeit darstellen. Dennoch gehören Sie höchstwahrscheinlich nicht zu der sehr kleinen Minderheit von Unternehmen, die tatsächlich die Intelligenzrevolution anführen. Vielmehr liegt die Wahrscheinlichkeit bei über 90 Prozent, dass Sie und Ihr Unternehmen – zumindest teilweise – eine falsche Wahrnehmung haben, auf die digitale Zukunft gut vorbereitet zu sein. Wie sieht die Lage bei KI in der überwiegenden Mehrheit der Unternehmen also tatsächlich aus?

Viele Firmen aus verschiedenen Branchen wie Automotive, Chemie, Elektronik, Maschinenbau und Pharma sind erstaunlich zurückhaltend bei der Nutzung der Vorteile von KI und diese Zurückhaltung erfolgt bewusst oder unbewusst. Sogar die Unternehmen, die strategische KI-Initiativen aktiv verfolgen, konzentrieren sich in der Regel darauf, in ausgewählten Geschäftsprozessen menschliche Arbeit durch KI zu ersetzen. Die ausschließliche Nutzung von KI als Ersatz für menschliche Arbeit ist jedoch in der Regel unzureichend. Die Logik, Menschen zu ersetzen, kann ein wichtiger erster Schritt bei der Nutzung von KI sein. In vielen Situationen kann dieses Vorgehen recht einfach umgesetzt werden, da sich die zugrunde liegenden Geschäftsprozesse nicht ändern. Daher ist dieses Vorgehen tatsächlich ein guter Anfang für die Nutzung von KI. Allerdings stellt es nur einen geeigneten ersten Schritt dar und mehr nicht. Insbesondere hilft Unternehmen das Ersetzen menschlicher Arbeit häufig dabei, ihre Effizienz zu steigern. Die mit diesem Vorgehen verbundenen Kosteneinsparungen sind eine natürliche nächste Stufe der Automatisierung von Geschäftsaktivitäten. Diese intelligenten Automatisierungsprozesse werden in Zukunft jedoch oft zu Standardverfahren. Folglich beherrschen dann auch die Wettbewerber eines Unternehmens diese KI-Anwendungen, deren Wettbewerbswirkung daher hinter den Erwartungen der meisten Führungskräfte zurückbleiben wird.

Dies bedeutet nicht, dass die Effizienzgewinne durch KI für den finanziellen Erfolg eines Unternehmens nicht relevant sind. Die Optimierungsprozesse können durchaus wichtige finanzielle Konsequenzen haben. Sie werden es den Firmen jedoch nicht ermöglichen, in Zukunft einen intelligenzbasierten Wettbewerbsvorteil zu erzielen und aufrechtzuerhalten. Hierfür müssen Unternehmen ihre KI-Anwendungen vielmehr mit spezifischem Fachwissen verbinden. Während es für Wettbewerber schwierig sein kann, bestimmte menschliche Kompetenzen nachzuahmen, wird es noch schwieriger, spezifische Kombinationen von menschlicher und künstlicher Intelligenz zu kopieren. Darum geht es im Kern bei »Integrierter Intelligenz«. Der Ansatz konzentriert sich auf die Schnittstellen von menschlicher und künstlicher Intelligenz. Für viele Insellösungen von KI werden derzeit standardisierte Lösungen entwickelt. Ein großer Teil dieser Lösungen wird austauschbar sein und im Laufe der Zeit weiter vereinfacht werden. Daher bieten sie keine solide Grundlage für nachhaltige Wettbewerbsvorteile.

Die Konsequenzen der technischen Entwicklung in vielen Bereichen von KI werden einen isolierten Einsatz der Lösungen deutlich übersteigen. Stattdessen werden Unternehmen ihre gesamte Intelligenzarchitektur erheblich verändern, was sich auf wichtige Geschäftsprozesse, bestehende Organisationsstrukturen und typische Formen der Zusammenarbeit auswirkt. In dieser Hinsicht wird KI auch einen großen Einfluss auf die alltäglichen Aktivitäten der Menschen haben. Daher müssen Unternehmen aktiv mehrere Arten von Intelligenz koordinieren, einschließlich KI, MI sowie einer Meta-Intelligenz für die Erneuerung ihrer menschlichen und künstlichen Intelligenz im Einklang mit der langfristigen Strategie und dominanten Managementansätzen. Unternehmen benötigen daher Intelligenz^X, die verschiedene Arten von KI und MI sowie die Meta-Intelligenz umfasst. Zusammen mit der Kombination von KI und MI bildet die dynamische Erneuerung der Intelligenzarchitektur eines Unternehmens die Grundlage für intelligenzbasierte Wettbewerbsvorteile, die über einen längeren Zeitraum oder sogar unbegrenzt aufrechterhalten werden können. Nur wer einen nachhaltigen Wettbewerbsvorteil anstrebt, ist für das künftige Wettbewerbsumfeld gut gerüstet. Im Gegensatz dazu vernachlässigt die überwiegende Mehrheit der Unternehmen die Entwicklung integrierter Intelligenz. Und diese Firmen unterliegen nur der falschen Wahrnehmung, für einen auf Intelligenz ausgerichteten Wettbewerb gut vorbereitet zu sein.

Ein weiter Weg liegt hinter uns

Die Anwendung von KI ist allgegenwärtiger, als Sie vielleicht glauben. Welches war Ihre letzte Interaktion mit KI? Wahrscheinlich erinnern Sie sich nicht daran. Bestimmt war es heute. Trotzdem erinnern Sie sich nicht daran, weil Sie es nicht gemerkt haben. KI ist überall um uns herum und erleichtert unser Leben oder zumindest Teile unseres Lebens. Wir bemerken es kaum, weil Unternehmen KI so nahtlos in Softwareanwendungen, Hardwareprodukte und viele Prozesse integrieren, dass wir es bereits für selbstverständlich halten. Beispiele hierfür sind Autokorrekturen durch Ihr Smartphone, die sich mit der Zeit verbessern, da der Algorithmus lernt, welche Wörter Sie verwenden möchten. Eine weitere Smartphoneanwendung von KI sind Technologien zur Gesichtserkennung. Abgesehen von Smartphoneanwendungen interagieren viele Menschen regelmäßig mit Customer Service Bots, die auf KI basieren. Sie können auch an Google Duplex als Lösung denken, die verschiedene KI-Technologien integriert, sodass ein KI-Assistent Anrufe mit einer nahezu menschlichen Stimme tätigen kann.

Über diese Anwendungen für Endkunden hinaus transformiert KI die Produktionsprozesse, das Datenmanagement und das Channelmanagement von Unternehmen. Auch selbstfahrende Autos sind nur eine weltweit bekannte Lösung unter vielen faszinierenderen KI-Anwendungen. Angesichts der zunehmenden Qualität von KI-Anwendungen befürchten viele Menschen, dass KI irgendwann ihre eigenen Jobs ersetzen könnte. Ja, KI wird neue Arbeitsplätze schaffen, aber auch menschliche Arbeit ersetzen. Die Auswirkungen von KI auf die menschliche Arbeit und Arbeitsplätze werden gegenwärtig noch kontrovers diskutiert. Dies liegt vor allem daran, dass wir bisher nur die Anfänge der KI-Revolution erlebt haben, da die Anwendung von KI im Verhältnis zu ihrer möglichen Verwendung noch sehr begrenzt ist. Daher ist der Wettbewerbseffekt von KI inzwischen zu spüren, aber der größte Teil der Auswirkungen wird noch folgen. Manchmal ist es überraschend, in welchem Umfang viele kleine und mittlere Unternehmen bestimmte KI-Anwendungen bereits eingeführt haben, die man eher in den spezialisierten Abteilungen großer multinationaler Unternehmen erwartet hätte. Trotz des überraschend breiten Einsatzes von KI liegt der Fokus der meisten Unternehmen jedoch auf einigen ausgewählten Anwendungen.

In dieser Hinsicht kann KI als logischer strategischer Schritt in einem Evolutionsprozess angesehen werden, der vor mehreren Jahrzehnten begonnen hat.[1] Somit hat die Entwicklung von KI bis heute bereits einen weiten Weg zurückgelegt und sie ist keineswegs ein Trend, der erst vor einigen Jahren begonnen hat. Tatsächlich werden die Wurzeln von KI oft ins Jahr 1956 zurückverfolgt, als der Begriff »Artificial Intelligence« für das zweimonatige Dartmouth Summer Research Project geprägt wurde. Der Projektantrag beinhaltete ehrgeizige Ziele für den kurzen Forschungszeitraum und einige dieser Ziele wurden trotz der bedeutenden Fortschritte in vielen Feldern von KI bis heute nicht vollständig erreicht. Über den Begriff KI hinaus kann man Bezug nehmen auf das Jahr 1679, als Gottfried Wilhelm Leibniz das Binärzahlensystem entwickelte und dabei auf Ideen aus dem antiken China verwies. Im Jahr 1936 entwickelte dann Alan Turing das Konzept für die Turing Maschine, die eine wichtige Grundlage für Computertechnologien darstellte.

Auf dieser Basis erlebten die 1960er- und 1970er-Jahre die erste Welle des Einflusses von IT in westlichen Unternehmen. Dabei lag der Fokus der IT vor allem auf der Automatisierung relativ allein stehender Aktivitäten in der Wertschöpfungskette. In dieser Zeit entwickelte Intel auch den ersten handelsüblichen Mikroprozessor. Die zweite Welle des Einflusses von IT ereignete sich in den 1980er- und 1990er-Jahren. Der besondere strategische Schwerpunkt in dieser Zeit lag auf der Koordination und Integration unterschiedlicher Aktivitäten. Innerhalb dieses Zeitraums wurde 1989 das World Wide Web vom englischen Wissenschaftler Tim Berners-Lee erfunden. Im Jahr 1997 besiegte Deep Blue von IBM beim Schach Garry Kasparov. Im Jahr 1999 entwickelte der britische Unternehmer Kevin Ashton den Begriff »Internet der Dinge«. Gegenwärtig, etwa seit dem Jahr 2000, erleben wir die dritte Welle des IT-Einflusses in Unternehmen. Im Jahr 2012 stellte Apple den intelligenten persönlichen Assistenten Siri vor. Mithilfe von Sensoren, Big Data und intelligenten Algorithmen verfügen Produkte zunehmend über Computerkomponenten, sodass sich alle Teile mit allen anderen Teilen vernetzen können.

Außerdem stellt KI den nächsten Schritt in der Entwicklung von Produktionsprozessen dar. Mit »Industrie 1.0« wurde begonnen, Dampfkraft für die Produktion zu nutzen auf Grundlage des Patents von James Watt für eine Dampfmaschine im Jahr 1781. Typischerweise wird das Jahr 1913 angesehen als Start der Massenproduktion und »Industrie 2.0«, weil Henry Ford damals das Modell T auf einer Montagelinie herstellte. Mit dem zunehmenden Einsatz von Computertechnologie in Produktionsprozessen konzentrierte sich der nächste Schritt, das heißt »Industrie 3.0«, auf die IT-basierte Automatisierung von Fertigungsprozessen. Heute erleben wir »Industrie 4.0«, die sich auf digitale Konnektivität und KI konzentriert. Die Begriffe Digitalisierung und digitale Transformation werden seit 2010 zunehmend verwendet und in den folgenden Jahren stieg auch die Verwendung des Begriffs »künstliche Intelligenz« explosionsartig an. Mit Blick auf Produktionsprozesse verwenden Unternehmen zunehmend KI, um die Daten zu nutzen, die sie seit der Digitalisierung ihrer Produktionsprozesse in den vorherigen Jahren sammeln.

Aus strategischer Sicht ist es wichtig, KI als nächste Welle des Einflusses von IT auf die Geschäftstätigkeit und als logischen weiteren Schritt in der

Automatisierung von Produktionsprozessen zu verstehen. Dabei ist es besonders wichtig, das dynamische Verständnis des Begriffs KI zu berücksichtigen. Einige fortschrittliche Anwendungen wurden früher als KI betrachtet, aber heute werden sie größtenteils als Standardroutinen angesehen. Das Verständnis von KI entwickelt sich im Laufe der Zeit also deutlich weiter und aktuell umfasst es die neuesten Technologien für komplexe Datenanalytik und intelligente Algorithmen. In einigen Jahren werden die gegenwärtig modernsten Anwendungen weitgehend Standardverfahren darstellen, die von der Mehrheit der Unternehmen beherrscht werden, sodass das Potenzial zur Erzielung von Wettbewerbsvorteilen dadurch begrenzt ist. Zum Beispiel ist hier die roboterbasierte Automatisierung von Produktionsprozessen in der Automobilindustrie zu nennen, die vor einigen Jahrzehnten begonnen hat. Teilweise wurde diese Automatisierung in der Vergangenheit als KI angesehen, aber mittlerweile stellen diese Vorgehensweisen nur Standardroutinen dar aufgrund des dynamischen Verständnisses von KI.[2]

Warum erleben wir gerade jetzt so einen Hype um KI? Das ist eine ausgezeichnete Frage, wenn man die lang andauernde Entwicklung von KI bisher betrachtet. Natürlich ist diese Entwicklung nicht kontinuierlich abgelaufen. Stattdessen gab es Zeiträume mit großen Fortschritten, denen Zeiten mit begrenzten Weiterentwicklungen folgten, die zu einer Verringerung der Investitionen in die Entwicklung von KI führten. Diese Zeiträume werden in der Regel als KI-Winter bezeichnet, von denen es mehrere in den letzten Jahrzehnten gab. Im Gegensatz dazu besteht im Moment ein großer Hype um KI. So wurden im Jahr 2018 zwei Schlüsselbereiche der KI, maschinelles Lernen und Deep Learning, an die Spitze der Hype Cycle Analyse von Gartner gesetzt. Einige andere Bereiche, zum Beispiel Artificial General Intelligence und Deep Reinforcement Learning, sind noch weit von diesem Wendepunkt entfernt. Mit Blick auf maschinelles Lernen und Deep Learning ist jedoch möglicherweise ein Höhepunkt von etwas übersteigerten Erwartungen der potenziellen Chancen erreicht. Daher kann es in den nächsten Jahren zu einer gewissen Ernüchterung kommen, bis ein nachhaltiges Produktivitätsniveau auf Basis dieser Schlüsselfelder von KI erreicht wird.

Allerdings gibt es gute Gründe, warum die Auswirkungen von KI in vielen Branchen über den derzeit herrschenden Hype hinaus anhalten werden. In den letzten Jahren wurden in verschiedenen Technologiefeldern erhebliche Verbesserungen erreicht, die den Einfluss von KI auf die Geschäftsaktivitäten vieler Firmen bestimmen. Beispiele sind komplexe Analytikanwendungen und Spracherkennung, die mithilfe verbesserter Konnektivität und Cloud-Lösungen verwendet werden können. Diese Entwicklungen tragen dazu bei, die technologische Infrastruktur und Big Data Pools zu nutzen, die aufgrund der steigenden Digitalisierung von Geschäftsprozessen zunehmend gesammelt werden. Somit ist die Gefahr, in den nächsten Jahren einen weiteren KI-Winter zu erleben, relativ begrenzt. Während der Hype Cycle zumindest für einige KI-Schlüsselfelder möglicherweise den Wendepunkt erreicht hat, steht der überwiegende Teil der Auswirkungen von KI auf den Wettbewerb in verschiedenen Branchen noch aus. Ohne eine stärkere Nutzung von KI würden sich die Investitionen der meisten Unternehmen in die digitale Transformation nicht auszahlen, weil die Firmen nur mit dem Einsatz menschlicher Experten nicht in der Lage wären, alle Daten zu nutzen, die sie als Folge ihrer Digitalisierungsinitiativen sammeln.

Da die wichtigsten Änderungen durch KI noch ausstehen, sollten jetzt die strategischen Implikationen für Ihr Unternehmen analysiert werden. Dazu sollte eine strategische Perspektive eingenommen werden, welche die mittel- bis langfristigen Auswirkungen von KI auf Ihr Unternehmen untersucht und zu einem umfassenden Verständnis der Veränderungen Ihrer Branche, Ihres Geschäftsmodells und Ihrer Wettbewerbsvorteile beiträgt. Es gibt bereits einige sehr gute Veröffentlichungen zu den Auswirkungen von KI. Zum Beispiel beschreiben Ajay Agrawal, Joshua Gans und Avi Goldfarb in ihrem 2018 erschienenen Buch mit dem Titel *Prediction Machines* die ökonomischen Effekte von KI. Darüber hinaus erläutern Paul R. Daugherty und H. James Wilson die Auswirkungen von KI auf die Mensch-Maschine-Schnittstelle in ihrem 2018 erschienenen Buch mit dem Titel *Human+Machine*. Wenn die zugrunde liegende ökonomische Logik von KI und die Notwendigkeit einer engeren Zusammenarbeit von Mensch und Maschine als gegeben angesehen werden, stehen Führungskräfte weiterhin vor der Herausforderung, geeignete proaktive und reaktive strategische Initiativen zu entwickeln, um in einem intelligenzbasierten Geschäftsumfeld in Zukunft Wettbewerbern einen Schritt voraus zu sein. Hierbei bleiben in den meisten Unternehmen viele Kernfragen aus strategischer Sicht und gerade mit Blick auf den Wettbewerb offen.

Ein weiter Weg liegt vor uns

Die bisherige Entwicklung von KI hat einen weiten Weg zurückgelegt, aber für die meisten Unternehmen steht der größte Teil der KI-Transformation noch bevor. Dabei sollte der zunehmende Einsatz von KI nicht nur primär als Bedrohung für die etablierte Wettbewerbsposition eines Unternehmens verstanden werden. Für die meisten Firmen ergeben sich durch KI ebenso viele Chancen wie Risiken. Das Verständnis von KI als nächstem Schritt in der langen Entwicklung von Geschäftsaktivitäten in Richtung Automatisierung und IT ist hilfreich, um eine realistischere Perspektive auf die potenziellen Vorteile und Risiken zu gewinnen. Ja, es stehen große Herausforderungen bevor. Nichts zu tun ist keine Option angesichts des fundamentalen Charakters der Transformation. Viele KI-Anwendungen sind aus technologischer Sicht recht komplex. Viel wichtiger für Führungskräfte und Topmanager sind jedoch die Auswirkungen auf die Geschäftsmodelle und Geschäftsprozesse ihrer Unternehmen. Führungskräfte müssen nicht Experten für die zugrunde liegenden Technologien werden. Vielmehr werden die Anwendungen der Lösungen und ihre Auswirkungen auf die etablierten Firmen und Wettbewerber entscheidend sein für den künftigen Unternehmenserfolg.

Vor allem in Bezug auf die Wertschöpfungskette und die relevanten Ökosysteme vieler Unternehmen wird es zu erheblichen Veränderungen kommen. Führungskräfte müssen anerkennen, dass viele dieser Veränderungen bisher nicht vollständig vorhergesehen werden können. Daher ist ein gewisses Maß an Experimentierfreude und ein gleichzeitiges Verfolgen mehrerer strategischer Optionen unvermeidlich. Trotzdem besteht kein Grund, nervös zu werden und unmittelbar mit ziellosem Aktionismus zu starten. Gleichzeitig ist Abwarten jedoch auch keine geeignete strategische Alternative. Stattdessen ist es wichtig, die strategischen Auswirkungen von KI und deren Zusammenspiel mit MI für die besondere Situation Ihres Unternehmens detailliert zu untersuchen. Hierbei sollte besondere Aufmerksamkeit gelegt werden auf die Wettbewerbsdynamik durch neue Aktivitäten in der Wertschöpfungskette, zum Beispiel Analytiklösungen, und neue Akteure im Ökosystem, zum Beispiel spezialisierte IT-Dienstleister. Ohne ein detailliertes analytisches Verständnis des zukünftigen Wettbewerbsumfelds bleiben die meisten KI-Initiativen isolierte Lösungen, mit denen auf kleinere Chancen und Bedrohungen reagiert wird. Diese Lösungen können wichtige positive Effekte haben, sie reichen in der Regel jedoch nicht aus, um die zentralen strategischen Fragen für ein intelligenzbasiertes künftiges Wettbewerbsumfeld zu beantworten.

Wenn man versucht, die Auswirkungen von KI auf ein konkretes Unternehmen zu erfassen, ist es hilfreich, die verschiedenen Konzepte und Konsequenzen so weit wie möglich voneinander zu trennen, um sich einen Weg durch den Dschungel aus KI und Digitalisierung zu bahnen. Die Herausforderungen durch unterschiedliche Definitionen, unklare Terminologie und ein vages Verständnis haben zur wahrgenommenen Komplexität des Themas beigetragen und die Umsetzung vieler KI-Initiativen bereits in der Ideenphase blockiert – obwohl die Initiativen aus konzeptioneller Sicht recht vielversprechend erschienen. Daher ist es oftmals förderlich, relevante Trends in Bezug auf drei Hauptkategorien zu strukturieren: Technologieentwicklungen, Marktanwendungen und Managementherausforderungen.[3] Diese Systematisierung greift auf die typische Unterscheidung von Technology-Push-Effekten und Market-Pull-Effekten zurück mit dazwischen liegenden Managementherausforderungen, da sich diese besonders an der Schnittstelle der beiden Effekte ergeben können. Diese Systematisierung ermöglicht es, einen Teil der spezifischen Diskussion über KI aus der bekannteren Perspektive des Managements von Innovation und Wandel zu führen. Außerdem hilft dieses Vorgehen, eine geeignete strategische Antwort auf die Vielzahl von Trends, die mit KI und Digitalisierung verbunden sind, auszuwählen und umzusetzen.

Erstens ergeben sich mit Blick auf die Technologieentwicklungen durch die jüngsten Fortschritte in KI und verwandten Feldern neue strategische

Chancen und Risiken. Die Technologieentwicklungen reichen dabei von Hardwarelösungen bis zu Softwareanwendungen mit sich gegenseitig verstärkenden Verbesserungen bei Hardware und Software. In Bezug auf Hardware finden sich einige relevante Faktoren für den zunehmenden Einsatz von KI in der Robotik, im 3D-Druck, in komplexen Sensoren und in weiterer anwendungsspezifischer Hardware. Hinsichtlich Software werden neue KI-Anwendungen ermöglicht durch effiziente Datenspeicherlösungen und Cloud-Anwendungen zusammen mit verbesserten Technologien zur Datensicherheit. Neue Lösungen im Bereich der Konnektivität tragen dazu bei, die Fortschritte bei Hardware und Software zu nutzen und zu kombinieren, wodurch die Basis für neue Schnittstellen und Wechselwirkungen von KI und menschlichem Fachwissen geschaffen wird. Beispielsweise gelten viele Produkte als »smart«, weil sie einen Sensor enthalten. Es ist jedoch nicht der Sensor an sich, wodurch ein Produkt »intelligent« wird. Vielmehr ermöglicht die Konnektivität »intelligente« Produkte, weil dadurch Daten zum oder vom Sensor übertragen werden können. Oftmals werden diese verschiedenen Technologieentwicklungen als Kern der KI-Revolution angesehen. Dies ist zwar teilweise richtig, allerdings bilden die technologischen Faktoren tatsächlich nur die nötige Basis. Die Revolution wiederum resultiert aus Änderungen in der Geschäftslogik, wenn die neuen Technologien in den Märkten genutzt werden.

Zweitens ergeben sich bei Marktanwendungen die Vorteile von KI aus einer Vielzahl von Einsatzfeldern in verschiedenen Branchen. Einige dieser Anwendungen zielen in erster Linie darauf ab, die Effizienz bestehender Lösungen zu verbessern. Einige andere Anwendungen sind darauf ausgerichtet, radikale Innovationen durch die Entwicklung völlig neuer Lösungen anzustreben. Auf dieser Grundlage gibt es auch ein unterschiedliches Maß an Interaktion zwischen KI-Lösungen und menschlicher Arbeit. Im Hinblick auf Effizienzvorteile hilft KI, die Fertigung und viele andere Prozesse zu optimieren. Dies umfasst Smart-Grid-Anwendungen im Energiesektor ebenso wie intelligente Logistik, Digital-Banking- und Digital-Insurance-Anwendungen, bei denen häufig Optimierung und Effizienzsteigerungen im Vordergrund stehen. Im Gegensatz dazu umfassen innovativere Anwendungsfälle von

KI autonomes Fahren, Smart Home, digitales Entertainment und Smart Healthcare. Einige Anwendungen bieten gleichzeitig Innovations- und Effizienzvorteile. Beispielsweise nutzen Kreditkartenunternehmen KI zur Aufdeckung von Betrugsfällen. Diese innovativen Lösungen erhöhen die Sicherheit von Kreditkarten und senken gleichzeitig die Kosten für das Management von Betrugsfällen.

Drittens führt das Zusammenspiel von Technologieentwicklungen und Marktanwendungen zu großen Managementherausforderungen bei KI. Diese Herausforderungen betreffen sowohl strategische Themen auf konzeptioneller Ebene als auch operative Themen, die sich primär bei der Implementierung von KI ergeben. Auf strategischer Ebene müssen sich Führungskräfte mit KI und ihrer Verknüpfung zu menschlichem Fachwissen befassen, beispielsweise bei der strategischen Planung und Produktentwicklung. Außerdem müssen die Auswirkungen von KI auf die etablierte Managementlogik in der Branche eines Unternehmens berücksichtigt werden. Hierbei verdienen die Auswirkungen von KI auf das Geschäftsmodell eines Unternehmens bezüglich Leistungsversprechen, Wertschöpfung und Wertaneignung besondere Aufmerksamkeit, ebenso wie mögliche Änderungen beim Kundenerlebnis und Kundenbeziehungsmanagement. Operativere Aspekte betreffen oftmals Themen der Wertschöpfungskette und umfassen Back-End-Prozesse sowie autonome Analytiklösungen, um eine reibungslose Nutzung von KI zu ermöglichen. Die strategischen und operativen Themen führen zu spezifischen organisatorischen Herausforderungen von KI. Dabei spielen insbesondere Themen mit Bezug zu den Mitarbeitern eine zentrale Rolle, zum Beispiel Talentmanagement und Führungskräfteentwicklung. Darüber hinaus sind oft andere Vorgehensweisen im Management nötig aufgrund neuer Formen der Zusammenarbeit, zum Beispiel funktionsübergreifende Teams und agile Prozesse mit Innovationssprints.

Die meisten Herausforderungen für Führungskräfte bei KI und bei der Transformation der Intelligenz ihres Unternehmens ergeben sich aus einer Kombination von Technology-Push- und Market-Pull-Effekten. Trotzdem ist es hilfreich, Technologieentwicklungen, Marktanwendungen und Managementherausforderungen konzeptionell zu trennen, da meist ein gewisser Fokus auf Technology-Push oder Market-Pull liegt. Dieser besondere Fokus führt zu unterschiedlichen Herausforderungen für das Management und zu einem unterschiedlichen Vorgehen bei der Umsetzung von KI-Initiativen. Im Fall von Technology-Push kann es sich beispielsweise um einen neuen Algorithmus zur Steigerung der Effizienz einer Maschine handeln. Hierzu kann ein Unternehmen einen strategischen Planungsprozess einleiten, der schließlich zur Implementierung einer KI zur Steuerung des Energieverbrauchs und anderer Ressourcen im Fertigungsprozess führt, wodurch wiederum ein besseres Preis-Leistungs-Verhältnis für die Kunden ermöglicht wird. Im Fall von Market-Pull erwarten zum Beispiel Kunden höhere Servicelevels, die ein Unternehmen mit seinem Kundenbetreuungsteam nicht realisieren kann. Aus diesem Grund erweitert das Unternehmen seine interne Organisation um Customer Service Bots, die einen großen Teil der Kundendienstanfragen automatisch bearbeiten können.

Durch die Unterscheidung von Technologieentwicklungen, Marktanwendungen und Managementherausforderungen können Führungskräfte systematisch die KI-Revolution adressieren – sowohl proaktiv als auch reaktiv. Außerdem erleichtert diese Unterscheidung die gezielte Nutzung der bestehenden Planungsprozesse, Verfahren zur Ressourcenallokation und Key Performance Indicators des Unternehmens. Diese Verknüpfung der bisherigen Geschäftsaktivitäten von Unternehmen mit neuen KI-Anwendungen ist besonders wichtig, wenn die KI über relativ allein stehende Anwendungsfälle hinausgeht. Um in Zukunft einen Wettbewerbsvorteil zu erzielen, reicht es nicht aus, KI lediglich als eine Art IT-Tool zu betrachten, das in erster Linie zu technologischen Veränderungen führt. Vielmehr wird die wachsende Bedeutung integrierter Intelligenz – bestehend aus KI, MI und Meta-Intelligenz – unweigerlich zu einer hohen Relevanz und starken Abhängigkeiten verschiedener Technologieentwicklungen, Marktanwendungen und Managementherausforderungen führen.

Ein wesentlicher erster Schritt zur Erzielung künftiger Wettbewerbsvorteile besteht darin, die strategische Komplexität anzuerkennen und einen systematischen Ansatz zur Nutzung von KI zu entwickeln. Wenn sich Unternehmen auf die Zukunft vorbereiten, darf die wachsende Wettbewerbsrelevanz von KI nicht ignoriert werden. Es ist noch ein weiter Weg, bis sich die Auswirkungen von KI auf den Wettbewerb in den meisten

Branchen voll entfalten, denn die Entwicklungen der letzten Jahre waren erst der Anfang. Noch wichtiger ist jedoch die Erkenntnis, dass die bedeutendsten strategischen Auswirkungen von integrierter Intelligenz aus dem Zusammenspiel von KI mit MI herrühren und nicht aus der Umsetzung einzelner KI-Lösungen. In dieser Hinsicht haben die meisten Unternehmen in unterschiedlichen Branchen bisher keine wesentlichen Maßnahmen ergriffen. Ein zentrales Thema dabei wäre die Stärkung von Innovation und Wachstum, um die Nutzung von KI nicht auf die Steigerung der Effizienz zu beschränken. Hierzu werden in den nächsten Kapiteln einige neue Erkenntnisse dargestellt, mit denen die Position Ihres Unternehmens analysiert und mit den innovativsten Firmen weltweit verglichen werden kann.

Kapitel 2

Die Ignoranz vieler etablierter Unternehmen

Die Wettbewerbsrelevanz von KI wird in den nächsten Jahren weiter zunehmen. Führungskräfte sollten daher die Auswirkungen von KI auf den Wettbewerb nicht ignorieren. Viele Unternehmen tun jedoch genau das – sie vernachlässigen die Chancen und Risiken von KI weitgehend. Anstatt die wachsenden Möglichkeiten von KI zu ignorieren, sollten Führungskräfte gleichermaßen die Chancen und Risiken analysieren. Das bloße Ignorieren von KI ist keine Lösung, ein Verharren im Schockzustand ist ebenfalls unangemessen. Tatsächlich besitzt KI einige spezifische Eigenschaften, die zu großen Veränderungen führen werden. Im Wesentlichen handelt es sich jedoch um eine weitere disruptive technologische Entwicklung. Viele Unternehmen haben eine lange Historie, neue Technologien erfolgreich in ihre etablierten Geschäftsprozesse einzubetten. Diese Unternehmen können auf ihre bisherige Entwicklung im Kontext technologischer Änderungen stolz sein. Vor allem können diese Firmen auf umfangreiche Erfahrungen und Lerneffekte bei der Transformation ihrer Organisationen zurückgreifen.

Diese historische Entwicklung kann für etablierte Unternehmen zu einem Vorteil werden – unter der Voraussetzung, dass sie sinnvoll genutzt wird, um geeignete strategische Maßnahmen in die Wege zu leiten. Unternehmen sollten die jüngsten Fortschritte in KI ernst nehmen, sie sollten diese aber auch mit einem gewissen Maß an Selbstvertrauen angehen. Wenn geeignete strategische Maßnahmen ergriffen werden, bietet KI ebenso viele Möglichkeiten wie Bedrohungen. Daher stellt sich die Frage, wie wichtig KI tatsächlich ist – nicht bezüglich idealer strategischer Planung und konzeptioneller Analysen, sondern im Hinblick auf umgesetzte Initiativen und operative Maßnahmen in Firmen aus verschiedenen Branchen. Wie reagieren Führungskräfte und Unternehmen auf die neuen Möglichkeiten, die sich durch KI ergeben? Worin bestehen die typischen strategischen Reaktionen von Firmen aus verschiedenen Branchen? Was können wir von den innovativsten Unternehmen lernen? Wie reagieren diese führenden Firmen auf die jüngsten Entwicklungen bei KI? Und schließlich: Wie gut ist Ihr Unternehmen beim Einsatz von KI aufgestellt?

Wie reagieren Unternehmen auf die jüngsten Fortschritte in KI?

Die strategische Relevanz von KI wird mittlerweile in vielen mittelständischen und großen Unternehmen relativ gut erkannt. Die große mediale Aufmerksamkeit für die jüngsten Fortschritte in KI hat dazu geführt, dass die neuen Möglichkeiten in den meisten Firmen nicht unbemerkt bleiben. Das Erkennen der strategischen Relevanz ist jedoch nur ein erster Schritt. Im Gegensatz zu einer relativ einheitlichen Sicht der Wettbewerbsrelevanz von KI unterscheidet sich die strategische Priorität, die diesem Thema in den Unternehmen eingeräumt wird, erheblich. Viele Firmen erkennen zwar die allgemeine strategische Relevanz von KI an, sie steht jedoch nicht oder zumindest noch nicht ganz oben auf ihrer Agenda. Selbst wenn KI eine hohe strategische Priorität besitzt, führt dies nicht unbedingt zu operativen Maßnahmen bei der Umsetzung von KI-Programmen und -Initiativen. Einige Unternehmen betrachten KI als strategische Priorität, haben jedoch noch keine speziellen Maßnahmen ergriffen. Entsprechend kann man je nach Grad der strategischen Priorität und der operativen Aktivität, die bei KI zu beobachten sind, fünf Gruppen von Unternehmen unterscheiden (Abbildung 1).

Bei der ersten Gruppe handelt es sich um eine relativ große Anzahl von Unternehmen, die durch eine begrenzte strategische Priorität und begrenzte operative Maßnahmen bei KI gekennzeichnet sind. Dementsprechend können diese Unternehmen als »Beobachter« angesehen werden,

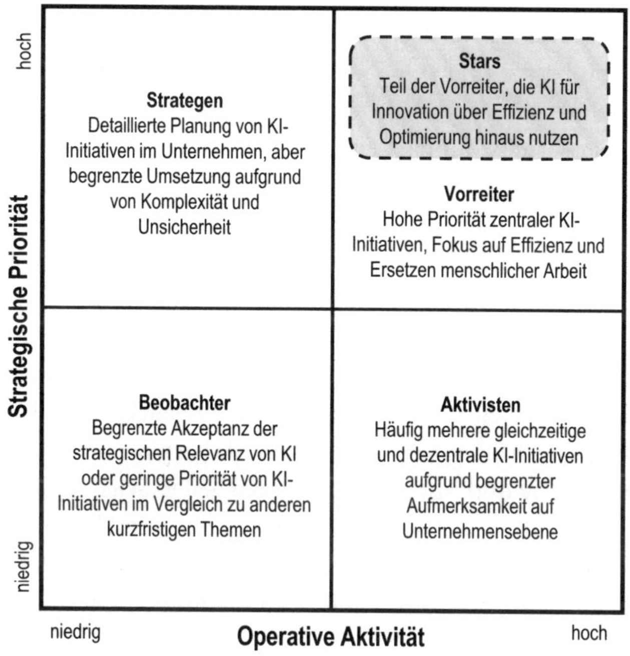

Abbildung 1: Strategische Relevanz von KI in verschiedenen Gruppen von Unternehmen

weil sie die strategische Relevanz von KI noch nicht erkannt haben oder KI nicht als strategische Priorität ansehen. Daher beobachten sie erst einmal, was passiert. Die Führungskräfte vieler dieser Unternehmen sind sich einig, dass KI zumindest zu einem späteren Zeitpunkt in ihren Firmen relevant wird. Bisher haben sie jedoch andere Initiativen und Projekte ganz oben auf ihre Agenda gesetzt, da sie kurzfristig wichtiger erscheinen. Deswegen kann KI in diesen Unternehmen künftig noch höchste strategische Priorität erreichen, bisher ist dies jedoch nicht der Fall. Auch haben diese Unternehmen keine besonderen Aktivitäten oder Programme gestartet, um KI-Lösungen zu analysieren oder zu nutzen. Vielmehr befinden sich diese Firmen in einer abwartenden Position. Während einige von ihnen völlig inaktiv sind, versuchen andere zumindest, ein solides Verständnis für die jeweiligen Auswirkungen von KI auf ihre Organisation zu entwickeln. Somit ist nur ein Teil dieser Unternehmen in Bezug auf KI völlig ignorant. Die anderen vernachlässigen KI, weil das Thema keine strategische Priorität besitzt und keine konkreten Maßnahmen ergriffen worden sind.

Die zweite Gruppe umfasst eine nennenswerte Anzahl von Unternehmen, die KI nur begrenzte strategische Priorität einräumen. Dennoch haben diese Unternehmen zumindest einige operative Maßnahmen bei KI eingeleitet. Daher wird diese Gruppe als »Aktivisten« bezeichnet, weil diese Firmen KI-Initiativen gestartet haben, obwohl das Thema keine hohe strategische Priorität besitzt. Angesichts der begrenzten Aufmerksamkeit des Topmanagements gibt es häufig dezentrale KI-Aktivitäten in verschiedenen Geschäftsbereichen und Abteilungen. Oftmals laufen mehrere Projekte gleichzeitig, aber es fehlt ein Masterplan zur Koordinierung dieser Aktivitäten und zur Nutzung potenzieller Synergien. In einigen dieser Firmen wurden die KI-Aktivitäten mit der formellen Zustimmung des Topmanagements begonnen, während in einigen anderen Firmen die Verantwortung für die KI-Aktivitäten vollständig dezentralisiert ist. Die KI-Aktivitäten in diesen Firmen finden jedoch weitgehend isoliert voneinander statt. Potenzielle gegenseitige Abhängigkeiten zwischen verschiedenen Initiativen werden daher nicht genutzt und diese Ausrichtung kann noch als gewisse Ignoranz angesehen werden. Daher bestehen in der Regel große Möglichkeiten, die KI-Aktivitäten mithilfe eines systematischen, fokussierten und einheitlichen Ansatzes in der Organisation weiter zu verbessern.

Im Gegensatz zur zweiten Gruppe zeichnet sich die dritte Gruppe von Unternehmen durch eine hohe strategische Bedeutung von KI in Verbindung mit begrenzten operativen Aktivitäten aus. Diese Firmen werden als »Strategen« bezeichnet, da sie die Notwendigkeit sehen, sich mit KI zu befassen. Die meisten dieser Firmen haben jedoch Schwierigkeiten, geeignete Schritte zur Umsetzung auszuwählen. Einige von ihnen verfügen über relativ detaillierte Verfahren zur Überwachung der technologischen Fortschritte, um gut vorbereitet zu sein, wenn sie die Entscheidung treffen, konkrete KI-Anwendungen tatsächlich zu implementieren. Angesichts der Komplexität vieler KI-Anwendungen und der Änderungen, die für eine umfassende Nutzung dieser Anwendungen erforderlich sind, zögern die Unternehmen in dieser Gruppe jedoch, umfangreiche Implementierungsschritte zu unternehmen. Sie erkennen, dass es im ersten Schritt kaum möglich sein wird, eine perfekte Lösung zu entwickeln. Anstatt die Notwendigkeit des Experimentierens als Chance zu betrachten, blockieren die mit KI häufig verbundenen Unsicherheiten und Risiken die Umsetzung von Initiativen in diesen Firmen. Die Führungskräfte in diesen Organisationen sind meist der Ansicht, dass die fundierte Entscheidung, mit potenziellen KI-Initiativen eine Warteschleife einzulegen, derzeit besser vertretbar ist, als in Bereiche mit ungewissem Ausgang zu investieren. Die Zukunft wird zeigen, ob diese abwartende Haltung erfolgreich ist.

Die vierte Gruppe von Unternehmen kombiniert eine hohe strategische Priorität von KI mit konkreten operativen Maßnahmen. Daher werden diese Firmen als »Vorreiter« bezeichnet. Sie verfolgen in der Regel etliche KI-Aktivitäten, die zentral auf Unternehmensebene koordiniert und mit hoher Priorität durchgeführt werden. Während einige dieser Firmen umfangreiche und breit angelegte KI-Initiativen umsetzen, verfolgen andere fokussierte und relativ schlanke KI-Initiativen. Unabhängig vom Umfang werden die KI-Aktivitäten systematisch gestaltet und ausgeführt. Mit Blick auf die strategische Ausrichtung der KI-Initiativen gibt es erhebliche Unterschiede zwischen den Unternehmen in dieser Gruppe. Die meisten »Vorreiter«-Firmen konzentrieren sich auf die Nutzung von KI zur Steigerung der Effizienz bestehender Prozesse und Geschäftsmodelle. Daher implementieren sie in erster Linie KI-Lösungen, die menschliche Arbeit ersetzen und dadurch zur weiteren Optimierung und Kostensenkung beitragen. Der strategische Fokus der KI-Initiativen ist relativ eng und stark konzentriert auf die Verbesserung bestehender Abläufe, Prozesse und Geschäftsaktivitäten. Im Mittelpunkt steht die hochentwickelte Automatisierung von Prozessen, die ohne aktuelle Algorithmen und Datenanalytik vorher nicht automatisiert werden konnten.

Die strategische Ausrichtung der KI-Aktivitäten in diesen Unternehmen ist relativ begrenzt, da das volle Potenzial von KI weitgehend vernachlässigt wird. Insbesondere wird das Potenzial von KI für Innovation und Wachstum in den »Vorreiter«-Unternehmen oft kaum berücksichtigt. Selbst Firmen, die glauben, bei KI auf einem guten Weg zu sein, schöpfen die strategischen Chancen von KI nicht aus, vom vollen Geschäftspotenzial daraus ganz zu schweigen. Insbesondere berücksichtigen die meisten »Vorreiter«-Unternehmen nicht ausreichend die Wechselwirkungen zwischen KI und menschlichem Fachwissen. Vielmehr konzentrieren sich diese Firmen hauptsächlich darauf, menschliche Arbeit durch KI zu ersetzen. Diese Ausrichtung ermöglicht Effizienzgewinne und temporäre Wettbewerbsvorteile. Mittel- bis langfristig werden die Auswirkungen dieser KI-Aktivitäten im Wettbewerb jedoch relativ begrenzt sein. Viele Unternehmen dieser Gruppe werden von Wettbewerbern und anderen Firmen als positive Beispiele für eine erfolgreiche Implementierung von KI angesehen. Obwohl dies bis zu einem gewissen Grad zutrifft, bildet es nur einen Teil der Wahrheit ab.

Die Unternehmen in dieser Gruppe setzen bei der Implementierung von KI einen klaren strategischen Schwerpunkt auf Effizienzsteigerung durch das Ersetzen menschlicher Arbeit. Die erfolgreiche Umsetzung dieser Aktivitäten sorgt dafür, dass die KI-Initiativen aus finanzieller Sicht erfolgreich sind. Dieser finanzielle Erfolg ist ermutigend und führt in der Regel zu einem sich selbst verstärkenden Kreislauf der Erweiterung der KI-Anwendungen, um zusätzliche Optimierungsvorteile zu erzielen. Gleichzeitig schränkt der Erfolg die strategische Bereitschaft dieser Unternehmen ein, außer Effizienzprogrammen andere Aspekte von KI systematisch anzugehen. Daher verfolgen diese Firmen KI nicht, um Innovation und Wachstum durch völlig neue Lösungen, Dienstleistungen und Geschäftsmodelle zu steigern, weil sich dadurch ihre etablierten Abläufe verändern würden. Die Unsicherheit und das Risiko solcher Aktivitäten sind oft höher, allerdings können auch die strategischen Auswirkungen und potenziellen Wettbewerbsvorteile auf lange Sicht höher sein. Die meisten »Vorreiter«-Unternehmen setzen sich jedoch nicht aktiv mit dieser vielversprechenden Ausrichtung von KI-Anwendungen auseinander.

Daher wäre es nicht angemessen, alle diejenigen Unternehmen als positive Beispiele anzusehen, die auf Effizienz ausgerichtete KI-Aktivitäten betreiben. Eine detaillierte Bewertung muss komplexer ausfallen. Es gibt eine Untergruppe von Unternehmen unter den »Vorreitern«, die KI systematisch für Innovation und Wachstum einsetzen, über Effizienz und Optimierung hinaus. Diese Firmen vernachlässigen nicht die Effizienzvorteile, sondern sie schaffen ein Gleichgewicht zwischen ihren effizienzorientierten Aktivitäten einerseits und der Schaffung zusätzlicher Märkte durch ganz neue Lösungen andererseits. In den neuen Märkten können sie durch ihr Alleinstellungsmerkmal für gewisse Zeit höchst profitabel sein. In der Folge haben sie vermutlich immer noch einen Wettbewerbsvorteil, da es für Wettbewerber schwieriger ist, ganz neuartige Lösungen nachzuahmen. Daher kann nur der Teil der »Vorreiter«-Unternehmen mit einem ausgewogenen Ansatz als »Stars« eingestuft werden. Der Erfolg dieser Firmen bei der Steigerung ihrer Effizienz führt nicht zu Selbstzufriedenheit, sondern er bildet den Motor für die Suche nach weiteren Möglichkeiten, um KI für völlig neue Anwendungen einzusetzen. Die »Stars« verfolgen daher einen umfassenderen und ausgewogeneren Ansatz, um von KI zu profitieren, als die anderen »Vorreiter«-Unternehmen und die Firmen in den anderen Gruppen.

Welche Bedeutung hat die historische Entwicklung?

Unternehmen, welche die strategische Relevanz erkannt und operative Maßnahmen in Bezug auf KI ergriffen haben, sind besser auf die wachsende Wettbewerbsrelevanz von KI vorbereitet als die meisten anderen Firmen. Selbst für die meisten Unternehmen, die bei KI derzeit einen Rückstand gegenüber ihren Wettbewerbern haben, ist es jedoch nicht zu spät, ihre Chancen zu nutzen und potenzielle Gefahren abzuwenden. Dabei ist das Verständnis von KI als nächstem Schritt in der Automatisierung von Geschäftsprozessen hilfreich, weil es Firmen ermöglicht, den Übergang zu KI im Kontext früherer technologischer Veränderungen zu sehen, die in der Vergangenheit erfolgreich gemeistert wurden. Dadurch können Unternehmen den Einfluss von KI als »Game Changer« anerkennen und gleichzeitig mit einer gewissen Zuversicht in dieses neue Wettbewerbsumfeld eintreten aufgrund vorheriger Erfolge in ihrer Unternehmensgeschichte. Je nach Branche und Art des Geschäfts kann es mittlerweile recht spät sein, systematische KI-Initiativen zu starten. Allerdings ist es meistens noch nicht zu spät.

Durch mutige strategische Schritte werden viele Unternehmen ihre aktuellen und potenziellen Wettbewerber schnell einholen. Darüber hinaus könnten sie sogar andere Firmen überholen, die sich nur darauf konzentrieren, ihre etablierten Geschäftsprozesse und Geschäftsmodelle mithilfe von KI zu verbessern. Während solche Unternehmen möglicherweise viele Chancen verpassen, werden sich andere Firmen trotz eines relativ späten Starts an die Spitze setzen, indem sie für ihre Kunden völlig neue Lösungen entwickeln, ohne die potenziellen Effizienzgewinne durch KI zu vernachlässigen. Für die meisten Unternehmen ist daher das Zeitfenster, in dem sie von KI profitieren können, relativ weit geöffnet und es wird noch einige Zeit offen bleiben. Diese Zeitspanne ist jedoch begrenzt und es ist jetzt Zeit, zu handeln. Es ist zwar noch nicht zu spät, aber es bleibt auch keine Zeit für weitere Inaktivität. Führungskräfte vertrauen häufig der besonderen Fachkompetenz ihres Unternehmens und früheren Erfahrungen im Umgang mit technologischem Wandel. Auf diese Weise können sie auf der erfolgreichen Geschichte der Veränderung und Transformation ihres Unternehmens aufsetzen. Dennoch wäre es völlig falsch, die potenziellen Auswirkungen von KI durch übersteigertes Selbstvertrauen sowie Überheblichkeit aufgrund einer derzeit starken Wettbewerbsposition herunterzuspielen.

Insbesondere ist es Zeit, die potenziellen Auswirkungen von KI auf den Wettbewerb in den nächsten Jahren umfassend zu analysieren. In vielen Branchen entfaltet KI eine disruptive Wirkung und ermöglicht somit nicht nur radikale Innovationen mit einem hohen Neuigkeitsgrad. Vielmehr können sich in etablierten Branchen disruptive Effekte ergeben, die traditionelle Produkte, Dienstleistungen und Lösungen über den Haufen werfen. Möglicherweise sind solche KI-basierten Lösungen nicht sofort für den gesamten Markt relevant. Mit der Zeit wird jedoch das für KI relevante Marktsegment wachsen, wodurch die Disruption der etablierten Geschäftsaktivitäten vieler Unternehmen an Fahrt gewinnt.[1] Diese erwartete Entwicklung vieler Branchen unterstreicht, dass die Wettbewerbsrelevanz von KI weit über Optimierung und Effizienzsteigerung hinausgeht. Üblicherweise treten diese Effekte nicht innerhalb weniger Monate auf. Folglich können Unternehmen mit einem relativ späten Start zwar noch aufholen, aber das Zeitfenster wird sich in absehbarer Zeit schließen. Wenn sich ein Unternehmen nicht aktiv an der Disruption seiner Branche beteiligt, werden dies andere Akteure tun – und das Potenzial massiv negativer

Auswirkungen auf die Geschäftsaktivitäten ist groß, einschließlich Konkurs. Es ist also eher der disruptive Charakter als die radikale Neuheit von KI-Lösungen, der zu großen Chancen und Risiken führt.

Ein Schlüsselfaktor für diese disruptiven Effekte liegt nicht in den komplexen Algorithmen oder intelligenten Komponenten, die KI ermöglicht. Die Disruption resultiert auch nicht aus den Produkten, Dienstleistungen oder Lösungen an sich. Vielmehr kommt es oft auf die neuen Geschäftsmodelle an, die KI ermöglicht. Das Ergänzen etablierter Produkte um zusätzliche Sensoren hilft Unternehmen, große Datenmengen zu erfassen. Auf dieser Basis ermöglichen intelligente Algorithmen komplexe Big-Data-Analysen. Diese größtenteils produktorientierten Änderungen würden weiterhin erfolgreiche Geschäftsaktivitäten erlauben, wenn man viele traditionelle Vorgehensweisen beibehielte. Ein neues Geschäftsmodell, wie zum Beispiel Predictive Maintenance auf Basis von KI oder die Vermarktung von Maschinen als Service, verwandelt die technologischen Fortschritte jedoch in eine disruptive Entwicklung, welche die Spielregeln des Wettbewerbs ändert. Um diese grundlegenden Veränderungen mitzugehen, reicht es in der Regel nicht aus, sich nur auf KI zu konzentrieren. Stattdessen müssen Führungskräfte KI als Grundlage für umfangreichere Änderungen mit besonderem Schwerpunkt auf Geschäftsmodellinnovationen betrachten. Wenn ein Unternehmen nicht bereit ist, sich in diese Richtung zu entwickeln, werden andere Akteure diese Schritte unternehmen. Daher müssen Führungskräfte das Zusammenspiel mehrerer Innovationen im Wettbewerb sorgfältig beobachten und möglichst auch voraussagen.

In dieser Hinsicht können viele Unternehmen auf spezielle Foresight- und Technology-Intelligence-Prozesse zurückgreifen, die sie in der Vergangenheit aufgebaut haben, um relevanten Trends und Transformationen den entscheidenden Schritt voraus zu sein. Diese Prozesse werden teilweise von spezialisierten Abteilungen für Trendanalysen und Technology Intelligence durchgeführt, insbesondere in großen Unternehmen, und sie haben sich in den letzten Jahrzehnten als hilfreich bei der Bewältigung vieler technologischer Trends erwiesen. Bei KI sind sie jedoch nur dann hilfreich, wenn sie Unternehmen nicht blind werden lassen für disruptive Änderungen und Transformationen des Geschäftsmodells. In vielen Situationen sind die Auswirkungen dieser nicht technologischen Innovationen auf den Wettbewerb viel schwerwiegender als der ausschließliche Effekt durch komplexe Datenanalysen und intelligente Algorithmen. Es reicht also nicht aus, erfolgreiche technologische Entwicklungen eines Unternehmens in der Vergangenheit zu feiern und darauf zu verweisen, dass die technologischen Konsequenzen an sich relativ begrenzt sein mögen, was tatsächlich für mehrere Bereiche von KI zutrifft. Der Aufbau neuer Geschäftsmodelle, insbesondere digitaler Plattformen auf Basis von KI, kann traditionell stabile Branchen vollständig auf den Kopf stellen, obwohl die technologische Neuheit der zugrunde liegenden KI-Lösungen überschaubar ist.

Außerdem kann eine geeignete strategische Reaktion eines Unternehmens erschwert werden durch eine spezifische Eigenschaft vieler neuer Geschäftsmodelle, die durch KI ermöglicht werden. Dabei kann die historische Entwicklung eines Unternehmens ein zweischneidiges Schwert sein, das die Möglichkeiten, von KI zu profitieren, begünstigt oder einschränkt. Bei der Implementierung von KI treten oft exponentielle Effekte in verschiedenen Formen auf. Hinsichtlich neuer Umsätze kann KI beispielsweise bei einem Dienstleistungsgeschäft nur ein paar Dollar oder sogar nur ein paar Cent für eine einzelne Servicetransaktion ermöglichen. Die Anzahl dieser Transaktionen kann jedoch zumindest für einige Zeit exponentiell ansteigen, beispielsweise basierend auf einem Plattformmodell. Letztendlich führt die Vielzahl kleiner Transaktionen zu einem Geschäftsvolumen von mehreren Milliarden Dollar. Außerdem können exponentielle Effekte bei den Kosten der Geschäftstätigkeit auftreten. Eine einfache App oder ein digitaler Assistent können Aufgaben ausführen, die vor einigen Jahren noch umfangreiche menschliche Interaktion erforderten. Diese exponentiellen Effekte beschleunigen die Disruption von Branchen durch neue Geschäftsmodelle zumindest für einen begrenzten Zeitraum. Wenn etablierte Unternehmen dieses exponentielle Denken systematisch berücksichtigen und anpassen, sind sie aufgrund ihrer Geschichte erfolgreicher Innovation und Transformation häufig gut positioniert. Wenn Führungskräfte diese besonderen Wettbewerbseffekte von KI und die damit verbundenen Entwicklungen nicht berücksichtigen, wird sich die Wettbewerbsposition ihres Unternehmens in den kommenden Jahren wahrscheinlich immer schneller verschlechtern. Daher ist es wichtig, ein umfassendes Verständnis der Auswirkungen von KI und Digitalisierung auf Ihr Unternehmen zu entwickeln.

Wie ist Ihr Unternehmen aufgestellt?

Wie beurteilen Sie Ihr Unternehmen hinsichtlich der strategischen Priorität und der operativen Aktivität bei KI-Initiativen? Es ist relativ einfach, ein paar allgemeine Kriterien für diese beiden Dimensionen aufzustellen. Bezüglich strategischer Priorität sollten Sie einige der folgenden Fragen beantworten. Hat Ihr Unternehmen eine KI-Initiative gestartet auf Basis einer formellen Entscheidung der Geschäftsleitung? Hat Ihre Firma eine KI-Strategie auf Gesamtunternehmensebene? Sind Diskussionen über KI-Aktivitäten regelmäßig Bestandteil von Meetings der Geschäftsleitung? Sind KI-Aktivitäten Teil der Planungs- und Budgetierungsprozesse Ihres Unternehmens? Gibt es eine unternehmensweite Koordination der KI-Aktivitäten? Haben sich in Ihrem Unternehmen Communities of Practice für KI-Aktivitäten gebildet? Hinsichtlich operativer Aktivität können Sie einige der folgenden Fragen prüfen. Hat Ihre Firma KI-Lösungen implementiert? Gibt es in Ihrem Unternehmen eine KI-Initiative, die tatsächlich umgesetzt wird, anstatt regelmäßig aufgrund von anderen Projekten gestoppt zu werden? Erhält das KI-Team ausreichende Unterstützung von anderen Abteilungen und Geschäftsbereichen? Verfügt das KI-Team über ausreichende Mittel, um seine Aktivitäten professionell durchzuführen? Versucht das Topmanagement, die KI-Initiative zu beschleunigen? Die Beantwortung dieser Fragen mit »Ja« weist auf ein relativ hohes Maß an strategischer Priorität beziehungsweise operativer Aktivität hin.

Eine Bewertung dieser beiden Dimensionen kann leicht in einer Checkliste formalisiert werden. Wichtiger als ein allgemeines Benchmarking Ihres Unternehmens im Vergleich zu allen anderen Unternehmen ist jedoch der Vergleich mit anderen Firmen in einem ähnlichen Kontext. Beispielsweise hat die Größe eines Unternehmens hinsichtlich Umsatz und Mitarbeitern einen großen Einfluss auf das strategische Management von KI-Initiativen. Auch die Branche, in der ein Unternehmen tätig ist, beeinflusst in der Regel die strategische Priorität und die operative Aktivität bezüglich KI. Darüber hinaus unterscheiden sich der strategische Fokus und die Ausrichtung der KI-Aktivitäten stark zwischen Unternehmen aus den Bereichen Automotive, Elektronik, Finanzdienstleistungen, Gesundheitswesen und Maschinenbau. Ein Unternehmen sollte jedoch nicht nur seine Aktivitäten mit den »üblichen Verdächtigen« vergleichen, zum Beispiel mit seinen etablierten Wettbewerbern. Ein besonderes Merkmal von KI-Anwendungen im Kontext der digitalen Transformation ist die abnehmende Bedeutung von Branchengrenzen. Dadurch können Unternehmen Plattformen oder integrierte Dienste auf Basis von KI anbieten, die für Firmen in ganz anderen Branchen einen bedeutenden neuen Wettbewerber darstellen. Dementsprechend wäre es nicht ausreichend, nur die Position eines Unternehmens im Vergleich zu seinen etablierten Wettbewerbern zu berücksichtigen.

Die Position eines Unternehmens hinsichtlich der strategischen Priorität und operativen Aktivität bei KI hängt im Wesentlichen von der individuellen strategischen Entscheidung des Topmanagement-Teams ab. Es ist oftmals überraschend, dass relativ kleine Firmen aus Branchen mit einem begrenzten Fokus auf Innovation umfangreiche KI-Initiativen durchführen, weil die Führungskräfte die Notwendigkeit oder Vorteile von mutigen strategischen Schritten zur Umsetzung von KI erkannt haben. Einige Unternehmen stehen einer proaktiven Transformation ihrer Intelligenzarchitektur hin zu einem stärkeren Fokus auf KI offen gegenüber. Im Gegensatz hierzu zögern viele andere vor einem solchen Schritt aufgrund strategischer Entscheidungswege und Organisationskulturen, die für umfassende Änderungen nicht bereit sind. Die Chancen und Risiken von KI sind zwar nicht für alle Unternehmen gleich, allerdings wird sich KI zumindest mittel- bis langfristig auf die Geschäftstätigkeit der meisten Firmen auswirken. Wenn Sie sich einige der oben genannten Fragen zur Bewertung der strategischen Priorität und operativen Aktivität bei KI stellen, erhalten Sie zügig ein detailliertes Verständnis der Ausgangslage Ihres Unternehmens sowie potenzieller Wege zur Stärkung der KI-Aktivitäten. Dabei kann es besonders aufschlussreich sein, die Initiativen der weltweit führenden Innovatoren zu analysieren.

Kapitel 3

Der strategische Fokus der innovativsten Unternehmen der Welt

Wenn Sie an die weltweit führenden Unternehmen im Bereich KI denken, kommen Ihnen vielleicht Google, IBM, Microsoft und einige andere Technologiefirmen in den Sinn. Die Diskussion im vorherigen Kapitel über die besonderen Vorteile der Nutzung von KI für Innovation und nicht ausschließlich für Effizienzsteigerung hat gezeigt, dass man von den innovativsten Unternehmen der Welt viel lernen kann. Diese Firmen profitieren am stärksten von neuen Technologien und Lösungen. Insbesondere sind sie dafür bekannt, dass sie erfolgreich zusätzliche Märkte erschließen, die auf neuen Technologien und Lösungen basieren. Dieser Fokus auf Innovation ist der entscheidende Unterschied zwischen Unternehmen, die bei KI als »Vorreiter« gelten, und der Untergruppe der »Stars« unter diesen führenden Firmen. Die »Vorreiter« und »Stars« sind beide in der Lage, ihre bestehenden Prozesse und Aktivitäten durch KI zu optimieren. Allerdings nutzen nur die »Stars« KI konsequent zur Transformation ihrer Geschäftsaktivitäten und zur Erschließung neuer Märkte, in denen sie wahrscheinlich eine führende Wettbewerbsposition erreichen. Tatsächlich ist Innovation ein wichtiger Faktor für die Leistungsfähigkeit von Unternehmen. Erfolgreiche Innovationsaktivitäten können einen nachhaltigen Wettbewerbsvorteil ermöglichen.[1]

Aus wissenschaftlicher Sicht haben eine Vielzahl von Studien positive Effekte systematischer Innovationsaktivitäten auf den Unternehmenserfolg nachgewiesen und aktuelle Überblicksartikel sowie Meta-Analysen unterstreichen die Bedeutung von Innovation für den finanziellen Unternehmenserfolg. Im Bereich von KI sind Innovationen für die Wertschöpfung und das Erlösmodell von Unternehmen von besonderer Bedeutung, da die digitale Transformation neue Chancen und Herausforderungen bietet, um von Innovationen zu profitieren. Hierbei haben die plattformbasierten Geschäftsmodelle von Unternehmen aus verschiedenen Branchen, wie Amazon, Airbnb und Uber, besondere Aufmerksamkeit von Managern erhalten und alle diese Unternehmen haben bereits vor vielen Jahren umfangreiche KI-Initiativen gestartet. Insbesondere zielen diese Initiativen darauf ab, Kundendaten intelligent zu nutzen und so völlig neue Geschäftsfelder aufzubauen. Damit ist Innovation ein wesentlicher Treiber für die jüngsten bahnbrechenden Entwicklungen in verschiedenen Branchen.

Außerdem ist Innovation ein wichtiger Treiber für die Marktkapitalisierung eines Unternehmens. Dieser Zusammenhang unterstreicht die Notwendigkeit der Entwicklung einer »Digital Future Story«, um potenzielle Partner und Investoren von den positiven langfristigen Perspektiven eines Unternehmens zu überzeugen. Auf dieser Grundlage haben verschiedene konzeptionelle Argumente und empirische Erkenntnisse zur Entwicklung einer innovationsorientierten Perspektive zur Erklärung des Unternehmenserfolgs geführt.[2] Insbesondere kann sich Innovation auf den finanziellen Unternehmenserfolg auswirken, weil sich dadurch beispielsweise zusätzliche Einnahmen aus neuen Produkten oder höhere Margen aus speziellen Dienstleistungen und attraktiven Geschäftsmodellen ergeben. Diese Argumente gehen von einem relativ direkten Zusammenhang zwischen Innovation und finanziellem Erfolg durch Umsatzwachstum und höhere Margen aus. Darüber hinaus kann sich Innovation auch in indirekter Weise auf den finanziellen Unternehmenserfolg auswirken. Innovationsaktivitäten können das Image und die Reputation eines Unternehmens sowie seiner Produkte und Lösungen stärken. Ein positives Image und Reputation wiederum werden bessere finanzielle Ergebnisse ermöglichen, zum Beispiel durch einen höheren Markenwert im Vergleich zu den Marken von Wettbewerbern.

Diese indirekte Verbindung zwischen Innovation und finanziellem Unternehmenserfolg konzentriert sich auf die externe Wahrnehmung der Innovationsfähigkeit und sie ist besonders wichtig im Zusammenhang mit KI. Einerseits können die Reputation und der wahrgenommene Innovationsgrad gestärkt werden, wenn ein Unternehmen zu den führenden Nutzern von KI gehört. Andererseits wird KI oft intern angewendet, ohne dass die Kunden davon wissen. Wenn ein Unternehmen innovativ ist – und wenn es als innovativ wahrgenommen wird –, können seine Innovationsaktivitäten aufgrund des indirekten Zusammenhangs mit dem finanziellen Erfolg eine noch höhere Rendite erzielen, zum Beispiel durch Stärkung der Reputation und der Marke. Es lohnt sich in der Regel, als innovativ angesehen zu werden, und viele Firmen wie Apple und Amazon legen großen Wert auf die Kommunikation ihrer Innovationskraft. Auch wenn zahlreiche ihrer Innovationen aus der engen Zusammenarbeit mit einer Vielzahl von externen Partnern stammen, unterstreicht die Kommunikation bei der Einführung neuer Produkte typischerweise die interne Innovationskraft dieser Firmen.

Angesichts der hohen Bedeutung der wahrgenommenen Innovationsfähigkeit im Zusammenhang mit KI gibt es in vielen Ländern Rankings der innovativsten Unternehmen. Darüber hinaus gibt es mehrere bekannte Rankings der innovativsten Unternehmen der Welt. Viele dieser Rankings werden von Zeitungen, Zeitschriften und Beratungsunternehmen veröffentlicht und diese Rankings basieren oft auf einer Kombination von Expertenmeinungen und einigen zusätzlichen quantitativen Daten. So werden beispielsweise die Rankings der weltweit innovativsten Unternehmen von Forbes und MIT Technology Review sowie der Boston Consulting Group jedes Jahr von Führungskräften und der Öffentlichkeit stark beachtet. Aufgrund der erheblichen Unterschiede in den Methoden und Ergebnissen dieser Rankings kann ein Meta-Ranking der weltweit innovativsten Firmen neue Erkenntnisse zur Bedeutung von KI für Innovation und Unternehmenserfolg liefern. Ein Meta-Ranking ist robuster, weil es die Resultate mehrerer Rankings der innovativsten Unternehmen der Welt zusammenfasst. Die Ergebnisse können daher die Bedeutung externer Wahrnehmungen von Innovationskraft und einer intelligenzbasierten Sicht des Unternehmenserfolgs verdeutlichen, einschließlich KI, MI und Meta-Intelligenz.

Aufgrund der hohen Relevanz der wahrgenommenen Innovationskraft ist ein Meta-Ranking ein Schritt zu einem einheitlichen Verständnis, welche Firmen tatsächlich zu den innovativsten Unternehmen gehören – nach Ansicht externer Experten und im Kontext der wachsenden

Bedeutung von KI. Digitale Innovationen und KI machen inzwischen einen erheblichen Teil der Innovationsaktivitäten vieler Unternehmen aus. Während der Fokus auf digitale Innovationen und KI für Unternehmen aus der Informations- und Kommunikationsbranche schon lange üblich ist, trifft dies jetzt auch auf viele Firmen aus traditionellen Industrien zu, wie zum Beispiel Maschinenbau, Automotive, Einzelhandel und viele mehr. In vielen Unternehmen dieser Branchen sind strategische Initiativen für Innovation, KI und digitale Transformation zunehmend untrennbar miteinander verbunden. In der ersten Welle der digitalen Transformation haben sich viele Führungskräfte darauf konzentriert, Effizienzsteigerungen zu erzielen. Mittlerweile konzentrieren sich zahlreiche Unternehmen stärker auf digitale Innovationen zur Entwicklung völlig neuer Lösungen, um damit Wachstumschancen und neue Umsatzquellen zu erschließen. Dabei spielt KI eine besonders wichtige Rolle. Und so hat die Relevanz von KI für die Ergebnisse und Auswirkungen von Innovationsaktivitäten in den letzten Jahren stark zugenommen.

Wie kann man die innovativsten Unternehmen der Welt identifizieren?

Wenn Sie nicht an den zugrunde liegenden Methoden zur Identifizierung der innovativsten Unternehmen anhand eines Meta-Rankings interessiert sind, überspringen Sie bitte diesen Abschnitt und lesen Sie direkt weiter bei den Ergebnissen zu den innovativsten Firmen. Um ein Meta-Ranking der innovativsten Unternehmen der Welt zu erstellen, wurden die Ergebnisse von fünf bestehenden Innovationsrankings verwendet, die unter Experten für Innovation und KI große Beachtung gefunden haben. Jedes dieser Rankings wird jährlich veröffentlicht und umfasst mindestens 50 Firmen, die als die innovativsten Unternehmen weltweit gelten. Wenn mehr als 50 Firmen in einem Ranking aufgelistet sind, wurden nur die Top-50-Unternehmen im Meta-Ranking berücksichtigt, um eine hohe Vergleichbarkeit der verschiedenen Rankings zu gewährleisten. Die Informationen zu diesen Rankings wurden 2018 online zusammengestellt. Da allgemeine Wahrnehmungen der Innovationskraft die Grundlage für die meisten dieser Rankings bilden, betrachten sie verschiedene Arten von Innovationsaktivitäten, sowohl KI als auch andere. Nur das vierte Ranking konzentriert sich auf technologische Innovationen, die typischerweise Produkt- und Prozessinnovationen hervorheben.

Das erste der fünf Rankings trägt den Titel »The most innovative companies 2018« und wurde von der Boston Consulting Group veröffentlicht.[3] Gemäß der Beschreibung der methodischen Vorgehensweise der Studie basiert das Ranking auf einer Umfrage unter Führungskräften aus Unternehmen verschiedener Branchen weltweit. Diese Umfrageergebnisse werden durch eine Analyse ausgewählter Finanzkennzahlen, insbesondere des Total Shareholder Return, ergänzt.

Das zweite Ranking trägt den Titel »The world's most innovative companies 2018« und wurde vom *Forbes Magazine* veröffentlicht.[4] Auf Basis der methodischen Informationen im Artikel über das Ranking wird die Reihenfolge der Unternehmen durch ihr »Innovation Premium« bestimmt, das heißt die Differenz aus Marktkapitalisierung und Net Present Value der bestehenden Business Cashflows. Diese Kennzahlen werden mit einem Algorithmus von Credit Suisse HOLT berechnet. Um in das Ranking aufgenommen werden zu können, werden sieben Jahre öffentlich verfügbare Finanzdaten sowie eine Marktkapitalisierung von 10 Milliarden US-Dollar benötigt und die Firmen müssen in Branchen mit quantifizierbaren F&E-Ausgaben tätig sein. Hierdurch werden zum Beispiel Finanzdienstleistungsunternehmen ausgeschlossen. Für einige Unternehmen umfasst das Ranking einzelne Geschäftseinheiten oder regionale Einheiten. Konkret wurde Unilever zweimal aufgenommen mit Hindustan Unilever und Unilever Indonesia. Auf dieser Basis wurde für das gesamte Unternehmen Unilever nur der bessere Rankingplatz berücksichtigt.

Das dritte Ranking trägt den Titel »The world's most innovative companies 2018« und wurde vom *Fast Company* Magazin veröffentlicht.[5] Laut der für dieses Ranking verfügbaren Informationen befragten mehr als 30 Redakteure und Autoren der Zeitschrift Tausende von Unternehmen in 36 Kategorien. Viele der untersuchten Firmen waren durch ein offenes Einreichungsverfahren identifiziert worden. Ziel und Fokus der Analysen war, die wichtigsten Innovationen des Vorjahres zu identifizieren. Auf dieser Grundlage wurden die Auswirkungen der Innovationen auf die Unternehmen, Branchen und Gesellschaft untersucht. Als Ergebnis dieses Analyseprozesses wurden die innovativsten Firmen insgesamt und für verschiedene Branchen identifiziert.

Das vierte Ranking trägt den Titel »The 50 most innovative companies« im Jahr 2018 und wurde von der Zeitung *USA Today* auf Grundlage einer Analyse von 24/7 Wall St. veröffentlicht.[6] Nach den Angaben im Artikel über das Ranking basiert es auf Patentdatenanalysen, insbesondere auf Informationen des Unternehmens IFI Claims Patent Services. Das U.S. Patent and Trademark Office hat Firmen im Jahr zuvor mehr als 320000 Patente erteilt. Da viele Patente zu derselben Muttergesellschaft gehören, kombinierte 24/7 Wall St. diese Patente, um die 50 innovativsten Unternehmen der Welt zu identifizieren. Jede Firma in diesem Ranking erhielt im Jahr zuvor mindestens 700 Patente, die Topunternehmen sogar Tausende. Tatsächlich ist eine sehr begrenzte Anzahl von Firmen für einen großen Anteil der Patente verantwortlich. Konkret sind 50 Unternehmen, darunter Apple, Google, Microsoft und Amazon, für etwa 30 Prozent der Patente verantwortlich.

Das fünfte Ranking trägt den Titel der »50 smartest companies 2017« und wurde von der Zeitschrift *MIT Technology Review* veröffentlicht.[7] Es war die aktuellste Ausgabe dieses Rankings zum Zeitpunkt der Erhebung der Informationen für das Meta-Ranking im Jahr 2018. Nach den Angaben im Artikel über dieses Ranking wählen die Redakteure des Magazins jedes Jahr diejenigen Unternehmen aus, die sich durch die Kombination neuer Technologien mit vielversprechenden Geschäftsmodellen auszeichnen. Im Gegensatz zu einigen anderen Rankings basiert dieses Ranking nicht auf quantitativen Indikatoren wie Patenten oder F&E-Ausgaben. Es gibt kein spezielles Einreichungsformular, aber die Redakteure sind offen für Vorschläge zu Unternehmen, die aus gutem Grund aufgenommen werden sollten. Einige Unternehmen im Ranking sind große etablierte Firmen wie Amazon und IBM, aber die Liste enthält auch relativ neue Unternehmen und Start-ups.

Zur Erstellung des Meta-Rankings wurden die Ergebnisse der fünf Einzelrankings aggregiert. Um die Erkenntnisse zu validieren, wurde diese Aggregation auf drei Arten durchgeführt. Die erste und einfachste Methode besteht darin, die Anzahl zu berücksichtigen, wie oft ein Unternehmen in ein Ranking aufgenommen wurde. Wird das Unternehmen in ein Ranking einbezogen, ist diese Kennzahl 1, ansonsten 0. Die spezifische Position in einem Ranking (zwischen Platz 1 und 50) wird also nicht berücksichtigt. Der niedrigste Werte für diese erste Aggregationsmethode beträgt 0 Punkte und der Höchstwert umfasst 5 Punkte für ein Unternehmen, das in allen fünf Rankings enthalten ist.

Die zweite Aggregationsmethode berücksichtigt den spezifischen Platz zwischen 1 und 50. Um eine Kennzahl zu berechnen, die für eine höhere Position eine größere Anzahl von Punkten ergibt, wurde die Rankingposition eines Unternehmens mit folgender Formel transformiert: Anzahl der Punkte = 51 – ursprünglicher Platz. So erhält das Unternehmen auf dem ersten Platz eines Rankings 50 Punkte, während die Firma auf Platz 50 einen Punkt erhält. Wird ein Unternehmen nicht in ein Ranking aufgenommen, erhält es 0 Punkte. Dementsprechend beträgt der niedrigste Wert für diese zweite Aggregationsmethode 0 Punkte, während der Höchstwert 250 Punkte beträgt, wenn ein einzelnes Unternehmen in jedem der fünf Rankings den ersten Platz belegen würde.

Die dritte Aggregationsmethode berücksichtigt außerdem den besonderen Wert der Spitzenpositionen eines Rankings. Dieser Ansatz trägt den spezifischen Herausforderungen Rechnung, einen Platz unter den Top 10 und nicht nur unter den Top 50 Unternehmen zu erreichen. Dementsprechend geht diese Methode nicht von einem gleichen Abstand zwischen den Plätzen in jedem Ranking aus. Tatsächlich gibt es in den meisten der fünf Rankings keine absoluten oder relativen Zahlen, die als Grundlage für die Ergebnisse dienen. Daher erfolgt hierfür eine Annahme bei der dritten Aggregationsmethode. Für die 10 Unternehmen am Ende jedes Rankings steigt die Anzahl der Punkte um 1. So erhält Platz 50 einen Punkt und Platz 41 bekommt 10 Punkte. Dann steigt die Anzahl der Punkte um 2 für die nächsten 10 Unternehmen. Dementsprechend erhält Platz 40 zwölf Punkte und Platz 31 erzielt 30 Punkte. Danach erhöht sich die Anzahl der Punkte um 3 für die nächsten 10 Firmen. Platz 30 erhält also 33 Punkte und Platz 21 bekommt 60 Punkte. Für die folgenden 10 Unternehmen steigt die Anzahl der Punkte um 4, sodass Platz 20 die

Punktzahl 64 erhält und Platz 11 die Punktzahl 100. Bei den Top-10-Firmen steigt die Anzahl der Punkte um 5 pro Platz. Platz 10 erhält dementsprechend 105 Punkte und Platz 1 erzielt 150 Punkte. Somit ist ein Ergebnis mit Platz 1 und Platz 50 in zwei Rankings (150 + 1 = 151 Punkte) mehr wert als ein Ergebnis mit den Plätzen 25 und 26 (48 + 45 = 93 Punkte). Wird ein Unternehmen in einem Ranking nicht aufgeführt, erhält es 0 Punkte. Der niedrigste Wert für diese dritte Aggregationsmethode beträgt daher 0 Punkte und der Höchstwert 750 Punkte, wenn ein Unternehmen in jedem der fünf Rankings den ersten Platz belegen würde.

Die Ergebnisse des Meta-Rankings sind in Vergleichsanalysen mit diesen drei Aggregationsmethoden relativ robust. Dennoch sind einige Einschränkungen des Meta-Rankings erwähnenswert. Erstens hängt das Meta-Ranking von den fünf Einzelrankings und deren Methodik ab. Einige Rankings betrachten nur einen Teil aller Unternehmen, beispielsweise auf Grundlage öffentlich verfügbarer Finanzdaten für mehrere Jahre. Zweitens schließen die zugrunde liegenden Rankings teilweise einige Sektoren aus. So berücksichtigt das *Forbes*-Ranking keine Finanzdienstleistungsunternehmen. Für Firmen aus diesen Branchen ist es daher schwieriger, eine gute Position im Meta-Ranking zu erreichen. Drittens konzentriert sich das Ranking von *USA Today* ausschließlich auf die Patentposition innovativer Unternehmen. Die Bedeutung von Patenten für Innovation ist jedoch von Branche zu Branche sehr unterschiedlich und diese Unterschiede können sich auf die Ergebnisse des Meta-Rankings auswirken. Viertens kann die Dominanz amerikanischer Unternehmen auf den Spitzenplätzen des Meta-Rankings teilweise darauf zurückzuführen sein, dass alle fünf Einzelrankings in den USA veröffentlicht werden, auch wenn sie in Anspruch nehmen, die innovativsten Unternehmen weltweit zu umfassen. Fünftens hat die Aggregationsmethode einen gewissen Einfluss auf die Ergebnisse des Meta-Rankings. Während die drei Aggregationsmethoden zu weitgehend konsistenten Ergebnissen führen, sollten kleine Ergebnisunterschiede einzelner Unternehmen nicht überinterpretiert werden. Sechstens erfolgt keine empirische Analyse der Erfolgswirkung der Rankingergebnisse.

Welche Unternehmen sind die innovativsten der Welt?

Ein überraschendes erstes Ergebnis des Meta-Rankings liegt in der großen Anzahl von Unternehmen, die in mindestens einem der fünf Rankings zu den 50 innovativsten Firmen zählen. Konkret gehören 203 verschiedene Unternehmen zu den fünf Top-50-Rankings, die zu einem theoretischen Maximum von genau 249 Plätzen geführt haben, da zwei verschiedene regionale Einheiten von Unilever in das *Forbes*-Ranking aufgenommen wurden.[8] Es gibt also nur sehr begrenzte Überschneidungen zwischen den fünf Rankings. Anstatt ein relativ einheitliches Bild der 50 innovativsten Unternehmen der Welt zu zeichnen, führen die verschiedenen methodischen Ansätze und strategischen Ausrichtungen der fünf Rankings zu sehr unterschiedlichen Ergebnislisten. Tatsächlich werden nur die 31 Unternehmen, die in Tabelle 1 aufgeführt sind, in mindestens zwei der fünf Rankings erwähnt. Die Punkte für die erste Aggregationsmethode zeigen, dass nur elf Unternehmen in mindestens drei der Rankings enthalten sind. Zwei Unternehmen sind Teil von vier Rankings und nur ein Unternehmen wird in allen fünf Rankings erwähnt.

Platz	Unternehmen	Punkte Methode 1	Punkte Methode 2	Punkte Methode 3
1	Amazon	5	225	625
2	Apple	4	174	472
3	Tencent	4	154	389
4	Google/Alphabet	3	140	400
5	Netflix	3	133	367
6	SpaceX	3	125	329
7	Tesla	3	114	300
8	Microsoft	3	114	287
9	IBM	3	105	279

Platz	Unternehmen	Punkte Methode 1	Punkte Methode 2	Punkte Methode 3
10	Intel	3	105	257
11	General Electric	3	76	148
12	Samsung	2	95	275
13	Regeneron Pharma	2	83	215
14	Toyota	2	77	186
15	LG Electronics	2	71	179
16	Unilever	2	73	177
17	Facebook	2	72	174
18	Salesforce	2	54	154
19	Marriott	2	63	132
20	Illumina	2	62	129
21	Alibaba	2	51	115
22	Hewlett-Packard	2	52	104
23	Siemens	2	55	102
24	Cisco Systems	2	49	96
25	AT&T	2	46	75
26	DJI	2	42	70
27	Huawei	2	36	65
28	Expedia	2	37	61
29	Adidas	2	29	38
30	Daimler	2	23	31
31	Philips	2	9	9

Tabelle 1: Ergebnisse des Meta-Rankings
(Quelle: Lichtenthaler, 2018, Journal of Strategy and Management[9])

Die relativ geringe Konsistenz der Ergebnisse der fünf Rankings der innovativsten Unternehmen der Welt ist ein wesentliches Ergebnis des Meta-Rankings. Somit kann die erste Aggregationsmethode auch als die wichtigste Vorgehensweise angesehen werden, da die Erwähnung in mehreren Rankings aufgrund der geringen Überschneidungen der Ergebnisse ein starkes Signal der Innovationsfähigkeit darstellt. Daher zeigt Tabelle 1 die Topunternehmen gemäß ihren Punkten bei der ersten Aggregationsmethode. Auf dieser Basis führt Amazon das Meta-Ranking mit fünf Punkten für die erste Aggregationsmethode an. Es gibt zwei Zweitplatzierte, weil Apple und Tencent in vier Rankings erwähnt werden. Die folgenden acht Unternehmen führen dann zu einer klaren Top 11 für das Meta-Ranking, da sie in drei Rankings erwähnt werden: Google/Alphabet, Netflix, SpaceX, Tesla, Microsoft, IBM, Intel und General Electric. Interessanterweise umfasst die Gruppe mit drei Punkten für die erste Aggregationsmethode vier relativ junge Technologieunternehmen, nämlich Google/Alphabet, Netflix, SpaceX und Tesla, sowie vier große und etablierte Firmen, nämlich Microsoft, IBM, Intel und General Electric.

Um die tieferen Ursachen für die Rankingergebnisse nachvollziehen zu können, bieten zwei Rankings, nämlich das dritte Ranking des Fast Company Magazine und das fünfte Ranking des MIT Technology Review, detailliertere Informationen zu den berücksichtigten Unternehmen, die über die Patentzahlen im vierten Ranking von USA Today hinausgehen. Diese kurzen Informationen liefern konkretere Erkenntnisse, warum die Firmen als innovativ gelten. Dabei ist ein relativ starker Fokus der Argumente im MIT Technology Review Ranking auf digitale Transformation und KI-Themen zu berücksichtigen. Dieser besondere Fokus verdeutlicht nochmals die Relevanz von KI für Innovation.

Auf dieser Basis werden die folgenden Informationen für die Top-11-Unternehmen angegeben. Amazon wird vor allem wegen seiner enormen Präsenz in verschiedenen Bereichen und seiner großen KI-Kompetenzen berücksichtigt. In ähnlicher Weise wird davon ausgegangen, dass Apple in verschiedenen Bereichen die Zukunft mitgestaltet, einschließlich KI. Tencent wird wegen seiner großen Zahl von Nutzern berücksichtigt sowie aufgrund der Schlüsselrolle, die relevante Inhalte für das Unternehmen spielen. Bei Google/Alphabet wird die entscheidende Position bei KI hervorgehoben. Netflix wird im Hinblick auf die Transformation der Branche und die Berücksichtigung verschiedener Bildschirmgrößen erwähnt. SpaceX wird berücksichtigt, weil durch die Firma der Weltraum in Reichweite ist. Für Tesla liegt der Fokus auf den ehrgeizigen Plänen, wie zum Beispiel der riesigen Fabrik. Für Microsoft wird die starke Rolle des Cloud-Geschäfts hervorgehoben. Bei IBM werden die Anwendungen der Blockchain-Technologie und von KI unterstrichen und auch bei Intel wird KI erwähnt. Für General Electric liegt der Schwerpunkt auf industriellen Analytiklösungen, die ebenfalls stark auf KI zurückgreifen.

Insgesamt werden 9 der 11 Topunternehmen im Meta-Ranking wegen ihrer führenden Rolle bei KI als hoch innovativ angesehen. Konkret wurden 5 der 11 führenden Firmen, das heißt Amazon, Apple, Google/Alphabet, IBM und Intel, speziell aufgrund ihrer starken Position bei KI in die einzelnen Innovationsrankings aufgenommen. Darüber hinaus werden 2 der 11 führenden Unternehmen, das heißt Microsoft und General Electric, mit Blick auf Technologien erwähnt, die direkt mit KI zusammenhängen, zum Beispiel industrielle Analytik, oder die eine Grundlage für die Nutzung von KI bilden, zum Beispiel Cloud-Technologien. Außerdem werden 2 der 11 führenden Firmen, das heißt Tencent und Netflix, unter anderem in die Rankings aufgenommen, weil sie Kundendaten erfolgreich für neue Lösungen nutzen und dabei stark auf KI zurückgreifen. Nur für 2 der 11 Topunternehmen im Meta-Ranking, das heißt SpaceX und Tesla, wird KI nicht als Schlüsselfaktor genannt. Der Hauptgrund für die innovative Reputation dieser beiden Firmen ist vielmehr in der Transformation etablierter Branchen zu sehen.

Im Gegensatz zur begrenzten Übereinstimmung der Ergebnisse der fünf Rankings führen die drei Aggregationsmethoden für das Meta-Ranking zu sehr konsistenten Ergebnissen. Insbesondere sind 9 der 11 führenden Unternehmen für jede Aggregationsmethode identisch. Wie erwartet wird das Meta-Ranking von amerikanischen Firmen dominiert, 19 der 31 führenden Unternehmen kommen aus den USA. Dieses Ergebnis verdeutlicht die Innovationskraft amerikanischer Unternehmen, jedoch kann auch die Herkunft der fünf Rankings, die alle in den USA erstellt wurden, eine Rolle spielen. Darüber hinaus zählen vier chinesische Firmen zu den Top-Innovatoren mit Tencent auf Platz 3, Alibaba auf Platz 21, DJI auf Platz 26 und Huawei auf Platz 27. Drei Unternehmen kommen aus Deutschland, das heißt Siemens (Platz 23), Adidas (Platz 29) und Daimler (Platz 30), und zwei Firmen aus Südkorea, das heißt Samsung (Platz 12) und LG (Platz 15). Die 31 führenden Unternehmen werden durch eine Firma aus Japan (Toyota auf Platz 14), eine Firma aus den Niederlanden (Philips auf Platz 31) und eine Firma aus Großbritannien/Niederlande (Unilever auf Platz 16) komplettiert.

Bezüglich der Branchenverteilung der innovativsten Unternehmen befinden sich viele »Technologiefirmen« unter den führenden Unternehmen, darunter die Top 3, das heißt Amazon, Apple und Tencent. Grundsätzlich sind jedoch unterschiedliche Branchen vertreten, zum Beispiel Automobilunternehmen wie Toyota und Daimler sowie Konglomerate wie General Electric und Siemens. Unter den Top 31 Unternehmen befinden sich auch mehrere »Digital Natives« wie Facebook und Netflix, aber auch etablierte Firmen aus anderen Branchen wie Adidas und Unilever. Außerdem gehören zwei Unternehmen, die stark von einer einzigen Person beeinflusst werden, das heißt Elon Musk, zu den Top Ten, mit SpaceX auf Platz 6 und Tesla auf Platz 7. Mit Blick auf Innovationen über KI hinaus konzentrieren sich viele der Unternehmen nicht nur auf Produktinnovationen, sondern sind laut den Artikeln über die Rankings auch bekannt für Dienstleistungsinnovationen und insbesondere Geschäftsmodellinnovationen. Auch sind mehrere der Firmen hoch angesehen für erfolgreiche Transformationsprozesse und/oder die Disruption ihrer Branchen, zum Beispiel Amazon, Netflix und SpaceX.

Welche Bedeutung hat KI für die innovativsten Unternehmen?

Die Ergebnisse des Meta-Rankings haben mehrere Implikationen. Erstens unterstreichen die Ergebnisse die Relevanz externer Wahrnehmungen der Innovationskraft. Insbesondere verdeutlicht das Meta-Ranking die unterschiedlichen Ergebnisse der fünf Einzelrankings. Alle fünf Rankings behaupten zwar, die innovativsten Unternehmen der Welt zu identifizieren, allerdings sind ihre Ergebnisse aufgrund der verschiedenen Methodik und strategischen Ausrichtungen sehr unterschiedlich. Die Ergebnisse weichen stark voneinander ab. Und außer der Schlüsselrolle von KI gibt es offenbar nur wenig Übereinstimmung, welche 50 Firmen tatsächlich die innovativsten Unternehmen der Welt sind. Die erstaunlich geringe Übereinstimmung der Rankings kann als starkes Signal für die Vielfalt der Innovationsmöglichkeiten interpretiert werden – und für die Vielfalt der Möglichkeiten, weswegen ein Unternehmen als innovativ wahrgenommen wird. Im Gegensatz zur begrenzten Konsistenz der Einzelrankings führen die verschiedenen Aggregationsmethoden für das Meta-Ranking zu sehr konsistenten Ergebnissen. Auf Basis der Ergebnisse der fünf Einzelrankings zeigen unterschiedliche Methoden eine überzeugende Liste der innovativsten Unternehmen. Aufgrund der konsistenten Ergebnisse dieser Vergleichsanalysen verdeutlichen die Ergebnisse des Meta-Rankings, welche Firmen als Innovationsführer wahrgenommen werden. Während die Wahrnehmung eines Unternehmens als einer der Top-Innovatoren in verschiedenen Einzelrankings stark variiert, führen verschiedene Aggregationsmethoden zu konsistenten Ergebnissen. Wenn es einen wesentlichen Treiber dafür gibt, ein Unternehmen als innovativ wahrzunehmen, dann ist es gegenwärtig eindeutig eine führende Rolle in KI und angrenzenden Themenfeldern.

Zweitens liefert das Meta-Ranking neue Erkenntnisse über die Bedeutung verschiedener Arten von Innovationen, die gemeinsam zu einer hohen Wahrnehmung der Innovationskraft beitragen. Laut den Artikeln über die fünf Rankings nehmen die meisten der Topunternehmen im Meta-Ranking eine führende Rolle bei der Entwicklung und Anwendung von KI ein. Auf dieser Grundlage sind die Topunternehmen für Produktinnovationen und Dienstleistungsinnovationen bekannt, während Prozessinnovationen und andere Innovationsarten offenbar eine weniger wichtige Rolle in der öffentlichen Wahrnehmung spielen. Am wichtigsten für eine hohe wahrgenommene Innovationskraft sind jedoch Geschäftsmodellinnovationen auf Basis von KI und weiterer digitaler Technologien. Viele Unternehmen im Ranking, darunter Amazon und Apple, sind dafür bekannt, Kunden mit neuen digitalen Geschäftsmodellen zu überzeugen, die im Vergleich zu etablierten Geschäftsmodellen von den Kunden oft als vorteilhaft angesehen werden. Die neuen Geschäftsmodelle spielen daher eine Schlüsselrolle für den finanziellen Erfolg dieser Firmen. In vielen Fällen ergänzen die neuen Geschäftsmodelle zielgerichtet andere Arten von Innovationen, wie zum Beispiel Produkt- und Dienstleistungsinnovationen.

Drittens verdeutlichen die Ergebnisse des Meta-Rankings die Relevanz der Transformation der Innovationsaktivitäten eines Unternehmens als Grundlage für eine starke Wahrnehmung der Innovationsfähigkeit. Beispielsweise sind SpaceX und Netflix dafür bekannt, durch transformative Innovationsprozesse etablierte Industrien zu revolutionieren. Die meisten anderen der Top 11 Unternehmen sind angesehen für ihre KI-Aktivitäten, insbesondere Amazon, Apple, Tencent, Google/Alphabet, Microsoft, IBM und Intel. Möglicherweise gibt es also ein großes zusätzliches Potenzial für disruptive Innovationen durch KI, das derzeit von vielen Firmen jedoch nicht erreicht wird, auch wenn diese Unternehmen auf andere Weise innovativ sind. Die Bedeutung von Innovation ist momentan bereits hoch und wird künftig vermutlich weiter zunehmen. Ein wesentlicher Grund für diese erwartete höhere Relevanz ist die kontinuierliche Entwicklung hin zu KI, die neben der Optimierung bestehender Produkte und Prozesse zur Effizienzsteigerung auch die Entwicklung völlig neuer Lösungen erlaubt. Dabei hilft ein systematisches Innovationsmanagement, den Wert von KI und digitaler Innovation zu realisieren, weil Innovation, Digitalisierung und KI in vielen Firmen immer stärker zusammenhängen und die besondere Bedeutung von digitalen Innovationen und KI in den nächsten Jahren voraussichtlich anhalten wird.

Viertens zeigen die Ergebnisse des Meta-Rankings, wie die Schaffung neuer Märkte die externe Wahrnehmung der Innovationskraft steigert. Zu den Topfirmen des Meta-Rankings gehören lange bestehende Unternehmen aus etablierten Branchen wie General Electric und Daimler sowie relativ junge Unternehmen aus Wachstumsbranchen. Diese relativ jungen Firmen wie Tencent und Netflix sind in den letzten Jahren sehr schnell gewachsen und ein Großteil dieses Wachstums ist darauf zurückzuführen, dass sie zumindest in ihren jeweiligen Regionen völlig neue Märkte für ihre Produkte und Dienstleistungen geschaffen haben. Die führenden Unternehmen in den neuen Märkten gelten als besonders innovativ und diese öffentliche Wahrnehmung hilft ihnen, ihren Wettbewerbsvorteil durch Innovation aufrechtzuerhalten. Diese Firmen können somit ihr Innovationstempo halten und die Transformation von Start-ups auf neuen Märkten hin zu Corporate Entrepreneurship in großen Organisationen erfolgreich vollziehen.

Schließlich bieten die Ergebnisse des Meta-Rankings neue Erkenntnisse, wie Unternehmen von Innovationen profitieren können im Kontext von KI und digitaler Transformation. Unternehmen aus vielen verschiedenen Branchen zählen zu den innovativsten Firmen im Meta-Ranking. Das Ranking wird nicht nur von »Technologieunternehmen« dominiert, die sich auf Software und IT konzentrieren. Dennoch hat ein bedeutender Teil der Innovationsführer ein Geschäftsmodell mit Schwerpunkt auf digitalen Plattformen, die durch KI gestärkt werden. Diese Unternehmen sind »Digital Natives« und dominieren einen großen Teil ihrer Märkte, weil sie eine wichtige Plattform anbieten, wie zum Beispiel Amazon und Facebook. Digitale Innovationen und KI spielen aktuell eine bedeutende Rolle in den Innovationsaktivitäten der meisten großen Unternehmen, aber die herausragende Position dieser führenden digitalen Innovatoren verdeutlicht die Komplementarität verschiedener Arten von digitalen Innovationen, einschließlich »Multi-sided Platforms« als neues Geschäftsmodell. Außerdem unterstreicht das Meta-Ranking die zusätzlichen Erkenntnisse, die eine intelligenzbasierte Sichtweise auf die Wettbewerbsvorteile in der digitalen Wirtschaft liefern kann.

Teil B
Bezugsrahmen

Kapitel 4

Ein intelligenzbasierter Ansatz des Unternehmenserfolgs

Im Mittelpunkt der Unternehmensstrategie steht die Frage, wie eine Firma Wettbewerbsvorteile erzielen und möglichst erfolgreich werden kann.[1] Dabei kann die Fähigkeit eines Unternehmens, sich zu einem bestimmten Zeitpunkt einen Wettbewerbsvorteil zu verschaffen und diesen möglichst langfristig aufrechtzuerhalten, als der heilige Gral des strategischen Managements angesehen werden. Folglich haben sich auch bereits mehrere Denkrichtungen mit diesen wichtigen Fragestellungen befasst. In den letzten Jahrzehnten haben die sich daraus ergebenden Sichtweisen einen unterschiedlichen Grad an Aufmerksamkeit erhalten, wobei jede Perspektive darauf ausgerichtet war, einige Stärken und Schwächen der anderen Sichtweisen auszugleichen. Grundsätzlich kann eine allgemeine Unterscheidung zwischen extern und intern ausgerichteten Sichtweisen zum Verständnis und zur Analyse des Unternehmenserfolgs getroffen werden. Beliebte Perspektiven mit Fokus auf externen Faktoren sind die »Industrial Organization«-Perspektive und der »Five Forces«-Ansatz zur Analyse von Wettbewerbsstrategien.[2] Die grundlegende Idee dieser Ansätze besteht darin, dass diejenigen Unternehmen erfolgreich sein werden, die eine gute Wettbewerbsposition in einer attraktiven Branche innehaben.

Im Gegensatz zu diesen extern ausgerichteten Perspektiven gibt es auch mehrere relevante Ansätze, die sich primär auf interne Faktoren konzentrieren. Insbesondere sind hier die ressourcenbasierten und kompetenzbasierten Ansätze zu nennen.[3] Diese Ansätze verfolgen die Grundannahme, dass diejenigen Unternehmen besonders erfolgreich sein werden, die über wertvolle Ressourcen verfügen. Diese Ressourcen bilden wiederum die Grundlage zum Aufbau relevanter Kompetenzen und Fähigkeiten. Besonders entscheidende Kompetenzen können zu Kernkompetenzen werden, die für Wettbewerber nur schwer nachzuahmen sind. Diese Kompetenzen und Fähigkeiten können einem Unternehmen dabei helfen, Wettbewerbsvorteile zu erzielen. Über den Aufbau eines Wettbewerbsvorteils zu einem Zeitpunkt hinaus sollten Firmen in der Lage sein, diesen Wettbewerbsvorteil regelmäßig zu erneuern, um über einen längeren Zeitraum hinweg erfolgreich zu sein. Angesichts eines zunehmend dynamischen Wettbewerbsumfelds in vielen Branchen legen der Ansatz der dynamischen Fähigkeiten und der innovationsbasierte Ansatz einen besonderen Schwerpunkt auf die Aktivitäten und Fähigkeiten, die zur dynamischen Erhaltung von Wettbewerbsvorteilen benötigt werden.[4]

Teilweise können sich einzelne Argumente der extern und intern ausgerichteten Sichtweisen widersprechen. Viele Teile ergänzen sich jedoch, weil sie die Aufmerksamkeit des Managements auf unterschiedliche Aspekte richten, die von der Unternehmensführung aktiv beeinflusst werden können. Ein reiner Fokus auf externe marktbezogene Strategievariablen wird heutzutage oftmals nicht ausreichen, um einen nennenswerten Wettbewerbsvorteil zu erzielen. Gleichzeitig ist eine ausschließliche Berücksichtigung interner Ressourcen und Fähigkeiten oft nicht genug, um diese Kompetenzen vollständig auf den Märkten zu nutzen. Häufig ist es wiederum auch nicht ausreichend, sich nur auf die dynamischen Perspektiven, zum Beispiel den Ansatz der dynamischen Fähigkeiten und den innovationsbasierten Ansatz, zu konzentrieren, weil man sich damit möglicherweise zu sehr auf die kontinuierliche Anpassung von Organisationen ausrichtet und andere wichtige Aspekte außer Acht lässt. Insgesamt liefern diese verschiedenen strategischen Ansätze jedoch wichtige Erkenntnisse, gerade wenn mehrere Sichtweisen genutzt werden, um die jeweilige Lage eines Unternehmens aus unterschiedlichen Blickwinkeln zu beleuchten.

Hinsichtlich KI ist die Anwendbarkeit und der Mehrwert dieser Ansätze zwar vorhanden, oftmals jedoch begrenzt. Die extern ausgerichteten strategischen Sichtweisen ermöglichen eine detaillierte Analyse der Änderungen im Wettbewerbsumfeld, die sich durch aktuelle Entwicklungen bei KI ergeben. Im Gegensatz dazu verdeutlichen die intern ausgerichteten Ansätze, dass die professionelle Entwicklung und Anwendung von

KI-Lösungen als eine spezifische Fähigkeit von Organisationen angesehen werden kann, die möglicherweise eine Kernkompetenz bildet. Zusätzlich unterstreichen die dynamisch ausgerichteten Sichtweisen, zum Beispiel der innovationsbasierte Ansatz, die Notwendigkeit, die Geschäftsaktivitäten eines Unternehmens grundsätzlich zu transformieren, um auf den Fortschritt in KI und anderen Technologiefeldern zu reagieren. Die bestehenden strategischen Perspektiven liefern somit Ansatzpunkte zur Berücksichtigung aktueller Entwicklungen bei KI, sie ermöglichen es Managern jedoch nicht, die Auswirkungen von KI und ihr Zusammenspiel mit dem Fachwissen der Mitarbeiter vollständig abzubilden. Gerade die Wechselwirkungen der unterschiedlichen Arten von Intelligenz und ihr Einfluss auf den Unternehmenserfolg können mit dem bestehenden strategischen Bezugsrahmen nicht umfassend analysiert werden. Daher kann ein intelligenzbasierter Ansatz wichtige neue Erkenntnisse zum Verständnis des Erfolgs und Misserfolgs von Unternehmen liefern.

Hierzu wurden vor etwa drei Jahrzehnten wichtige Grundlagen geschaffen. Zusammen mit der wachsenden Bedeutung des Wissensmanagements in Unternehmen wurde in den 1990er-Jahren ein wissensbasierter Ansatz zum Verständnis des Unternehmenserfolgs entwickelt.[5] Dabei handelt es sich um eine Weiterentwicklung des ressourcenbasierten Ansatzes, wobei Wissen als die wichtigste Ressource von Unternehmen angesehen wird. Wissen ist oftmals komplex und schwierig zu imitieren, insbesondere wenn es sich um implizites Wissen handelt, das sich nicht leicht artikulieren lässt. Wissen kann eine wichtige Grundlage zur Erzielung von Wettbewerbsvorteilen bilden, weil es für Wettbewerber schwierig ist, größere Unterschiede zur Wissensbasis eines Unternehmens aufzuholen. Darüber hinaus ermöglicht der wissensbasierte Ansatz detaillierte Analysen, wie elektronische Wissensmanagementsysteme zum Unternehmenserfolg beitragen, indem sie den Austausch von Wissen innerhalb der Organisation und mit externen Partnern vereinfachen. Der wissensbasierte Ansatz hat einen wichtigen Beitrag geleistet, um die Rolle von Wissen und Wissensmanagement für Wettbewerbsvorteile zu verstehen, aber der Einfluss von Intelligenz – sowohl menschlicher als auch künstlicher Intelligenz – wird dabei nicht vollständig berücksichtigt.

Vom wissensbasierten zum intelligenzbasierten Ansatz

Der wissensbasierte Ansatz liefert wichtige Erkenntnisse, wie Unternehmen sich einen Wettbewerbsvorteil erarbeiten können, indem sie spezifisches Wissen aus zugrunde liegenden Informationen und Daten aufbauen. Bei Daten handelt es sich in der Regel um einzelne Elemente, zum Beispiel Zahlen und Wörter. Wenn die Daten organisiert, strukturiert und nützlich sind, werden sie zu Informationen, die verknüpfte Elemente darstellen, zum Beispiel Gleichungen oder Sätze. Wenn Informationen zusätzliche Bedeutung erhalten durch Kontextualisierung, Organisation und Synthese, entsteht dadurch Wissen, zum Beispiel Kapitel oder Theorien. Es gibt andere Systematisierungen von Daten, Informationen und Wissen, aber dieses Verständnis steht im Einklang mit dem wissensbasierten Ansatz des Unternehmenserfolgs. Dieser Ansatz verdeutlicht die begrenzten Möglichkeiten, einen Wettbewerbsvorteil allein durch Daten und Informationen zu erzielen, wohingegen der Schritt von Informationen zu Wissen von entscheidender Bedeutung ist, weil das zusammengefasste und organisierte Wissen in einem bestimmten Kontext von Wettbewerbern schwierig überblickt und nachgemacht werden kann.

Über mögliche Wettbewerbsvorteile hinaus, die sich durch unterschiedliches Wissen ergeben können, haben Unternehmen die Möglichkeit, aufgrund einer einzigartigen Intelligenzarchitektur erfolgreich zu werden, die sowohl ihre menschliche als auch künstliche Intelligenz umfasst. Hierbei wird Intelligenz als der nächste Schritt über Wissen hinaus betrachtet, der Verstand und Weisheit ermöglicht. Wissen wird zu Intelligenz, wenn es Erkenntnis und Verständnis ermöglicht, weil es integriert und umsetzbar ist. Der Analogie von Wörtern, Sätzen und Kapiteln folgend – die sich auf Daten, Informationen und Wissen beziehen – könnte ein Beispiel für Intelligenz ein Buch sein. Hinsichtlich der Analogie von Zahlen, Gleichungen und Theorien könnte es sich bei Intelligenz um ein System oder Paradigma handeln. Intelligenz beschreibt also Wissen, das angewendet und so organisiert wird, dass spezielle Erkenntnisse möglich sind, die ganz ohne Intelligenz nicht aus dem Wissen selbst gewonnen werden könnten. Somit ist der intelligenzbasierte Ansatz eine Weiterentwicklung des wissensbasierten Ansatzes.

Auf den ersten Blick scheinen diese Unterscheidungen nur aus wissenschaftlicher Sicht relevant zu sein. Allerdings ergeben sich dadurch auch unmittelbare Auswirkungen auf das strategische Management. So verdeutlicht der intelligenzbasierte Ansatz insbesondere, dass der Erfolg von Firmen mit demselben Wissen ganz unterschiedlich ausfallen kann. Selbst wenn zwei Unternehmen Zugang zum selben internen und externen Wissen hätten, können sie damit ganz unterschiedliche Wettbewerbspositionen erreichen, wenn eine der Firmen über eine überlegene Intelligenz verfügt, die spezielle Erkenntnisse als Grundlage für gezielte strategische Schritte erlaubt, die dem anderen Unternehmen fehlen. Diese intelligenzbasierten Vorteile können auf menschliche oder künstliche Intelligenz zurückzuführen sein – oder auf eine Kombination aus beiden. Unabhängig von der Art der Intelligenz könnten die Unterschiede im Unternehmenserfolg jedoch nicht mit einem rein wissensbasierten Strategieverständnis erklärt werden.

Man kann sich zum Beispiel zwei Unternehmen vorstellen, die aufgrund umfassender Aktivitäten zur Technologiebeobachtung auf neue technologische Entwicklungen aufmerksam werden. Beide Firmen eignen sich neues Wissen über spezielle technologische Entwicklungen an. Die Firma mit einem höheren Grad an Intelligenz kann in der Lage sein, wertvolle Erkenntnisse aus diesem zusätzlichen Wissen zu ziehen, die wiederum die Entwicklung neuer Produkte und Dienstleistungen auf Basis der neuen Technologien ermöglichen. Wenn sich damit ein ganz neuer Markt für das Unternehmen eröffnet, ist der Wettbewerbsvorteil in diesem Markt primär auf die Intelligenz des Unternehmens zurückzuführen, da die zwei Firmen in diesem veranschaulichenden Beispiel über ähnliche Daten, Informationen und Wissen verfügen. Dieses Beispiel unterstreicht daher den wichtigen Beitrag eines intelligenzbasierten Ansatzes über ein wissensbasiertes Strategieverständnis hinaus. Dabei ist zu beachten, dass in diesem einfachen Beispiel keine speziellen KI-Lösungen erforderlich sind, um den Mehrwert des intelligenzbasierten Ansatzes zu verdeutlichen.

Diese inhaltlichen Argumente veranschaulichen, warum verschiedene Arten von Intelligenz über spezielles Wissen hinaus höchst wettbewerbsrelevant sind. Zur Erzielung eines zukunftsfähigen Wettbewerbsvorteils ist es daher für Unternehmen von entscheidender Bedeutung, bestimmte Arten von Intelligenz aufzubauen, über die ihre bestehenden und möglichen Wettbewerber nicht in ähnlicher Weise verfügen. Trotz der hohen Relevanz von Intelligenz geht der intelligenzbasierte Ansatz des Unternehmenserfolgs nicht davon aus, dass Daten, Informationen und Wissen nicht wichtig sind. Vielmehr ist Wissen auch aus Sicht des intelligenzbasierten Ansatzes entscheidend. Wenn Unternehmen in einem hypothetischen Szenario nur Intelligenz ohne zugrunde liegendes Wissen hätten, würden sie immer wieder ähnliche Arten von Wissen entwickeln. Im Prinzip würde ein Unternehmen mit einem hohen Grad an Intelligenz – menschlicher und/oder künstlicher Intelligenz – unnötigerweise verschiedene Konzepte, Abläufe und andere Dinge immer wieder neu erfinden, ohne auf eine Wissensbasis aufbauen zu können, über die seine Wettbewerber in aller Regel verfügen. Aus strategischer Sicht wäre daher der Aufbau eines hohen Grads an Intelligenz ohne jegliches Wissen wenig zielführend.

Menschliche und künstliche Intelligenz

Intelligenz kann auf vielfältige Weise definiert werden. Grundsätzlich beinhaltet Intelligenz verschiedene mentale Aktivitäten wie Lernen, Denken, Verstehen, das Erkennen von Beziehungen und vieles mehr. Während Algorithmen und Datenanalytiklösungen verwendet werden können, um eine gewisse Art von KI zu ermöglichen, kann bisher kein Computer diese mentalen Aktivitäten vollständig abbilden. Dennoch gab es in den letzten Jahren große Fortschritte in verschiedenen Bereichen der KI. Daher ist es hilfreich, systematisch zu untersuchen, über welche Arten von Intelligenz Menschen normalerweise verfügen und ob diese mentalen Aktivitäten möglicherweise in absehbarer Zukunft simuliert werden können. Schon immer haben bestimmte Arten von MI eine wichtige Grundlage für Wettbewerbsvorteile dargestellt. Insbesondere legen einige Firmen wie Google und viele Beratungsunternehmen bei der

Auswahl von Kandidaten in Einstellungsverfahren großen Wert auf ausgewählte Indikatoren für verschiedene Arten von Intelligenz. Ein intelligenzbasierter Ansatz des Unternehmenserfolgs ermöglicht es Führungskräften daher auch, die MI ihrer Mitarbeiter als besonderen Mehrwert im Wettbewerb hervorzuheben.

Es gibt verschiedene Gründe, die für einen positiven Einfluss von MI auf den Unternehmenserfolg sprechen. MI hat direkte und indirekte Auswirkungen. So kann die MI der Mitarbeiter direkt bessere Ergebnisse ermöglichen. Beispielsweise können verschiedene Arten von MI dazu beitragen, fundierte Managemententscheidungen zu treffen, die sich positiv auf die nachfolgenden Ergebnisse auswirken. In ähnlicher Weise tragen bestimmte technische Fähigkeiten menschlicher Experten zu Lösungen bei, die den Produkten der Wettbewerber überlegen sind. Dadurch kann sich ein Wettbewerbsvorteil ergeben, der leicht auf menschliches Fachwissen zurückzuführen ist – auch wenn Intelligenz nur zu überlegenen Produkten führt, die dann die Basis für ein besseres Ergebnis bilden. Abgesehen von diesen relativ direkten Vorteilen kann MI auch zu besseren Entscheidungen bei der Auswahl neuer Mitarbeiter, bei der zielgerichteten Nutzung von Budgets oder bei der Auswahl der richtigen Partner für strategische Kooperationen oder M&A-Deals beitragen.

Alle diese wichtigen strategischen Aspekte werden stark von der Intelligenz der Menschen beeinflusst, die an den spezifischen Themen und Entscheidungen beteiligt sind. Somit geht die Gesamtwirkung von MI weit über einzelne außergewöhnliche Ideen und spezielle Talente ausgewählter Mitarbeiter hinaus. Insbesondere beeinflusst MI auch die Auswahl von KI-Anwendungen. Damit hängt die geeignete Nutzung von KI zu einem Teil von der Entscheidung des Managements ab, sich für die jeweilige Anwendung auf eine bestimmte KI zu verlassen. Folglich ist der Einfluss von MI auf den Unternehmenserfolg vermutlich weitgehender und stärker als häufig angenommen, selbst wenn die zunehmende Relevanz von KI berücksichtigt wird. Auch wenn dieser Einfluss viele verschiedene Formen annehmen und eine relativ lange Wirkungskette aufweisen kann, wird er häufig auf bestimmte Arten von MI zurückzuführen sein. Es gibt viele verschiedene Ansätze, MI zu systematisieren. Eine detaillierte Übersicht würde den Rahmen dieses Kapitels sprengen, aber die folgende Einteilung von Howard Gardner von der Harvard University hat sich zu einem in verschiedenen Feldern genutzten Überblick über unterschiedliche Arten von MI entwickelt.[6] Die Systematisierung bildet einen Teil der Theorie der multiplen Intelligenzen, die verschiedene Arten von MI unterscheidet, anstatt sie als eine Gesamtfähigkeit zu betrachten. Konkret unterscheidet die Theorie sieben Arten von MI, die ein unterschiedliches Potenzial zur Simulation durch Computer aufweisen.

Die erste Art von MI ist die kinästhetische Intelligenz, die sich auf die Kontrolle von Körperbewegungen und die Fähigkeit bezieht, mit Objekten sorgfältig umzugehen. Diese Art von Intelligenz kann von Robotern nachgeahmt werden, selbst wenn sie nur sich wiederholende Aufgaben ausführen. Die zweite Art von MI ist kreative Intelligenz, welche die Entwicklung neuer Denkmuster zur Erzielung einzigartiger künstlerischer, musikalischer oder schriftlicher Ergebnisse betrifft. Die dritte Art von MI bezieht sich auf die interpersonale Intelligenz, welche die Sensibilität eines Menschen für die Gefühle anderer und die Fähigkeit zur Zusammenarbeit in einer Gruppe beschreibt. Daher ähnelt diese Art von Intelligenz anderen Konzepten aus dem Bereich der emotionalen Intelligenz. Die vierte Art von MI ist intrapersonelle Intelligenz, sie bezieht sich auf nach innen gerichtete und selbstreflexive Fähigkeiten. Sie ermöglicht einem Menschen eine tiefe Selbsterkenntnis und ein klares Verständnis der eigenen Stärken und Schwächen. Insofern handelt es sich derzeit um eine Art von Intelligenz, die Menschen vorbehalten ist. Die fünfte Art ist die linguistische Intelligenz, sie beschreibt die Fähigkeit, mit Wörtern und Sprachen umzugehen. Zu dieser Art von Intelligenz gehört beispielsweise das Verstehen geschriebener und gesprochener Sprache, das Verarbeiten der Informationen und das Bereitstellen einer passenden und verständlichen Antwort. Die sechste Art von MI ist die logisch-mathematische Intelligenz, sie bezieht sich auf Logik, Argumentation, Zahlen und Abstraktionen. Auf diese Weise können Ergebnisse berechnet, Muster untersucht und Vergleiche gezogen werden. Die siebte Art von MI ist die bildlich-räumliche Intelligenz, welche die Beurteilung der Strukturen von Räumen und die Fähigkeit zur Visualisierung von Umgebungen beschreibt.[7]

Zusätzlich zu diesen sieben Arten von MI haben Howard Gardner und Kollegen weitere Arten angesprochen, darunter existenzielle, spirituelle und pädagogische Intelligenz. Der Schwerpunkt liegt hier jedoch auf den ursprünglichen sieben Arten von MI, da auch das Ergänzen um weitere Arten vermutlich nicht zu einer komplett umfassenden Liste führt. Aus Sicht des strategischen Managements ist es auch nicht entscheidend, welche Einteilung von MI verwendet wird. Um einen Wettbewerbsvorteil zu erzielen, ist es vielmehr wichtig, dass ein Unternehmen beziehungsweise die Mitarbeiter eines Unternehmens über spezielle Fähigkeiten verfügen und dass das Unternehmen in der Lage ist, diese besonderen Fähigkeiten möglichst gut zu nutzen. Diese Nutzung einer bestimmten Art von MI kann relativ losgelöst oder in Kombination mit einer oder mehrerer Arten von KI erfolgen. Vergleichbar mit den verschiedenen Kategorisierungen von MI gibt es auch viele verschiedene Bezugsrahmen und Übersichten der Arten von KI. Über die zahlreichen Definitionen von KI hinaus bestehen vermutlich noch mehr unterschiedliche Kategorisierungen verschiedener Arten von KI.

Hierbei ist es besonders wichtig, das dynamische Verständnis von KI zu berücksichtigen, das sich mit der Zeit ändert. KI bezieht sich im Allgemeinen auf Theorie und Computersysteme, die in der Lage sind, Aufgaben auszuführen, die normalerweise MI erfordern würden. Über die Zeit hinweg werden jedoch manche KI-Anwendungen zu Standardvorgehensweisen und diese automatisierten Routinen werden nicht mehr als KI bezeichnet. Innerhalb des gesamten Bereichs der heutigen KI hat das Thema maschinelles Lernen in den letzten Jahren vermutlich die größte öffentliche Aufmerksamkeit erhalten. Maschinelles Lernen beruht typischerweise auf Algorithmen und statistischen Ansätzen, die es Computersystemen ermöglichen, ihre Leistung bei der Ausführung einer bestimmten Aufgabe schrittweise zu verbessern. Dabei stützt sich maschinelles Lernen auf zugrunde liegende Trainingsdaten, die es dem System erlauben, Vorhersagen zu treffen, um die Aufgabe abzuschließen, ohne speziell auf die Ausführung der Aufgabe programmiert zu sein. Eine Unterkategorie des maschinellen Lernens ist Deep Learning, das sich auf Netzstrukturen, zum Beispiel künstliche neuronale Netze, anstelle von fokussierten und aufgabenspezifischen Algorithmen bezieht.

Eine andere wichtige Kategorisierung unterscheidet vier verschiedene Arten von KI: reaktive Maschinen, Limited-Memory, Theory-of-Mind und

Self-Awareness. Reaktive Maschinen haben kein Gedächtnis und keine Erfahrung. Stattdessen verlassen sie sich auf intelligente Algorithmen und massive Rechenleistung. Limited-Memory-Systeme verfügen über ein gewisses Gedächtnis, um auf der Erfahrung für verschiedene Situationen aufzubauen. Dies ermöglicht es dem System, die Reaktionszeit beim Treffen neuer Entscheidungen zu verkürzen. Theory-of-Mind bezieht sich auf Systeme, die sowohl ihre eigenen Ziele als auch potenziell störende Ziele anderer Entitäten berücksichtigen. Diese Art von Verständnis ist möglich, aber die Geschäftsanwendungen sind noch begrenzt. Self-Awareness beschreibt Systeme, die ein Selbstverständnis und ein gewisses Bewusstsein haben. Dies wäre die Art von KI, die in Filmen und manchen Zukunftsszenarien dargestellt wird.[8] Die Unterscheidung dieser vier Arten von KI ist hilfreich, sie umfasst jedoch mehrere Bereiche, die zur Erzielung von Wettbewerbsvorteilen in naher und mittlerer Zukunft nicht von zentraler Bedeutung sind. Daher ist es vermutlich zielführender, sich auf Arten von KI zu konzentrieren, die auf verschiedenen Anwendungen der zugrunde liegenden Technologien basieren. Dabei ist die folgende Kategorisierung aus strategischer Sicht hilfreich, obwohl sich die verschiedenen Arten von KI nicht vollständig gegenseitig ausschließen. Beispielsweise liefert maschinelles Lernen auch die Grundlage für einige Anwendungen, die als andere Kategorien betrachtet werden. Die Unterscheidung der folgenden sieben Arten ist jedoch hilfreich, um die Auswirkungen der Interaktionen von KI und MI auf den Wettbewerb zu diskutieren.

Die erste Art von KI sind Expertensysteme, die darauf abzielen, die Entscheidungsfindung eines menschlichen Experten nachzuahmen. Typischerweise umfassen diese Systeme eine zugrunde liegende Wissensbasis mit Fakten und Regeln sowie die Inferenzmaschine, welche die Regeln anwendet. Die zweite Art der KI bezieht sich auf maschinelles Lernen, zu dem beispielsweise Deep Learning und Predictive Analytics als Kernthemen gehören. Die dritte Art von KI beinhaltet verschiedene Technologien, die Natural Language Processing ermöglichen. Dabei liegt der Schwerpunkt auf dem Extrahieren, Gruppieren und Kategorisieren von Informationen sowie auf deren Übersetzung und ähnlichen Anwendungen. Der vierte Typ von KI beschreibt Planungs- und Optimierungssysteme, die sich auf die Entwicklung von Handlungsstrategien und Abläufen für die spätere Ausführung beziehen. In der Regel liegt der Schwerpunkt auf komplexen Lösungen in mehrdimensionalen Räumen. Der fünfte Typ von KI bezieht sich auf Robotik und Maschinen. Um dieses Gebiet weiter zu unterteilen, kann man auf die Unterscheidung zwischen reaktiven Maschinen, Limited-Memory, Theory-of-Mind und Self-Awareness zurückgreifen. Der sechste Typ von KI bezieht sich auf Sprachsynthesesysteme, die Lösungen für beide Richtungen, das heißt Text-to-Speech und Speech-to-Text, umfassen. Die siebte Art von KI bezieht sich auf Computer Vision und beinhaltet Bilderkennung, Machine Vision und ähnliche Anwendungen.[9]

Die Nutzung dieser verschiedenen Arten von KI kann menschliche Arbeit bis zu einem gewissen Grad ersetzen. Die separate Nutzung von KI und MI bildet jedoch nur eine Möglichkeit, wie Unternehmen von den aktuellen Fortschritten bei KI-Technologie profitieren können. Das Ersetzen menschlicher Arbeit ermöglicht es Firmen in erster Linie, Effizienzgewinne zu erzielen. Diese Vorteile können sich zwar positiv auf das finanzielle Ergebnis auswirken, sie sind jedoch nur ein Aspekt der Nutzung von KI. Wenn Unternehmen zusätzlich versuchen, völlig neuartige Lösungen als Grundlage für weiteres Umsatzwachstum zu entwickeln, müssen sie häufig eine oder mehrere Arten von KI mit einer oder mehreren Arten von MI kombinieren. Beispielsweise können verbesserte Algorithmen zur Vorhersage des Kundenverhaltens mit menschlicher Kreativität kombiniert werden, um ganz neue Geschäftsmodelle zu entwickeln. Daher ist es wichtig, die Erweiterung von MI abzugrenzen von vollständig unabhängigen Aufgaben, die von KI ausgeführt werden können. Außer einem Algorithmus ist ein weiteres Beispiel ein Gerät für Chirurgen, das KI enthält, um die physischen Fähigkeiten des Chirurgen im Vergleich zu einem Roboter zu verbessern, der nur völlig unabhängige Bewegungen ausführen kann. Auf diese entscheidenden Wechselwirkungen von KI und MI wird im folgenden Kapitel näher eingegangen.

Die verschiedenen Arten von MI und KI bilden den Kern des intelligenzbasierten Ansatzes des Unternehmenserfolgs. Dies wird im Bezugsrahmen in Abbildung 2 veranschaulicht. Durch den Aufbau und die Nutzung der verschiedenen Arten von Intelligenz – und unter Berücksichtigung ihrer Wechselwirkungen – können Unternehmen einen Wettbewerbsvorteil gegenüber anderen Firmen erlangen, die nicht über ein ähnliches Maß der jeweiligen Arten von Intelligenz verfügen. Dabei greifen KI und MI auf die zugrunde liegenden Daten, Informationen und Wissen zurück. Ohne diese zugrunde liegenden Komponenten, welche die Wissensbasis eines Unternehmens bilden, wäre der Wert der meisten Arten von Intelligenz relativ begrenzt. Denken Sie beispielsweise an einen Algorithmus für die vorausschauende Wartung. Ohne aussagekräftige Daten würde zum Beispiel selbst die fortschrittlichste Version eines Algorithmus für Predictive Maintenance kaum einen Mehrwert liefern. Ohne grundlegende Informationen und Kenntnisse bietet auch die interpersonale Intelligenz eines Menschen nur begrenzte Vorteile. KI und MI bauen somit auf der zugrunde liegenden Wissensbasis auf. Die Entwicklung und Anwendung der verschiedenen Arten von Intelligenz führt wiederum zum Aufbau von weiteren Daten, Informationen und Wissen. So stärkt ein Unternehmen sein Wissen, indem es die verschiedenen Arten von Intelligenz aufbaut und erweitert.

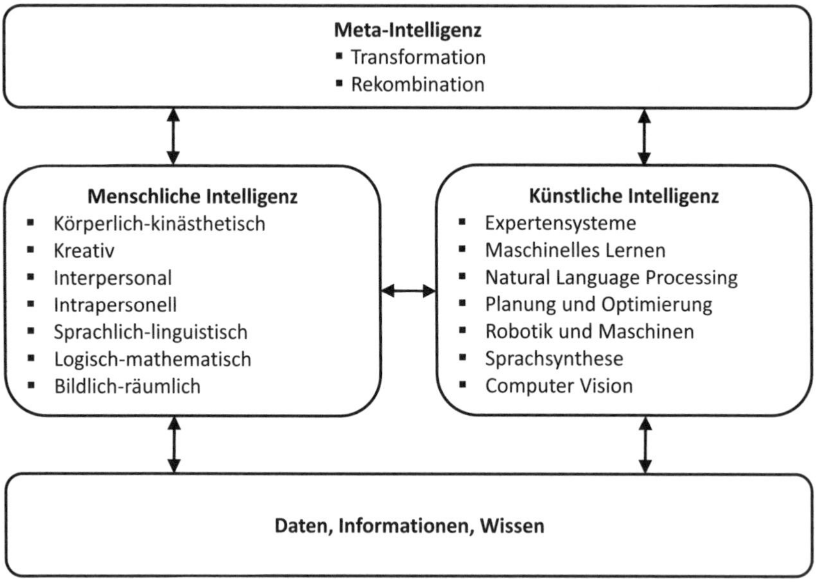

Abbildung 2: Bezugsrahmen für den intelligenzbasierten Ansatz
(Quelle: Lichtenthaler, 2019, Journal of Innovation Management[10])

Zusammen mit den zugrunde liegenden Daten, Informationen und Wissen kann die Kombination von MI und KI eine wichtige Grundlage für Wettbewerbsvorteile darstellen. Ein detailliertes Verständnis dieser Zusammenhänge ist für Führungskräfte angesichts der jüngsten Fortschritte in KI von entscheidender Bedeutung, allerdings stellen die verschiedenen Arten von MI und KI nur einen ersten Schritt dar. Der Aufbau eines intelligenzbasierten Wettbewerbsvorteils zu einem Zeitpunkt ist wichtig. Und die Intelligenzarchitektur eines Unternehmens kann hervorragend zur Erzielung eines solchen Wettbewerbsvorteils geeignet sein. Allerdings wird sie höchstwahrscheinlich nicht ausreichen, um in Zukunft eine starke Wettbewerbsposition zu behaupten. Im Laufe der Zeit wird sich der intelligenzbasierte Vorteil eines Unternehmens zwangsläufig verringern. Mit Blick auf MI können beispielsweise Schlüsselpersonen ein Unternehmen verlassen, das nach Wegen suchen muss, um die verschiedenen Arten von Intelligenz, die mit diesen wichtigen Mitarbeitern verloren gehen, zu ersetzen oder sogar zu überkompensieren. Mit Blick auf KI wird beispielsweise eine heutige Spitzenposition bei Natural Language Processing in einigen Jahren nicht einmal annähernd eine führende Position in diesem Bereich darstellen, da die Wettbewerber schnell aufholen und sich dieses gesamte Feld äußerst dynamisch entwickelt.

Selbst mit dem höchsten Grad einer der Arten von Intelligenz kann ein Unternehmen nur dann einen Wettbewerbsvorteil erzielen, wenn die Intelligenz strategisch dazu eingesetzt wird, die Wettbewerbsposition des Unternehmens in geeigneter Weise zu stärken. Allerdings wird dies nicht ausreichen, um den Wettbewerbsvorteil im Laufe der Zeit aufrechtzuerhalten. Dementsprechend müssen Firmen nicht nur ihre verschiedenen Arten von KI und MI stärken. Vielmehr müssen sie auch eine Intelligenz höherer Ordnung entwickeln, um die unterschiedlichen Arten von KI und MI auf Grundlage ihrer Strategien dynamisch weiterzuentwickeln. Diese Meta-Intelligenz umfasst die Transformation und Rekombination der verschiedenen Arten von MI und KI. Auf diese Weise kann die Intelligenzarchitektur eines Unternehmens gezielt angepasst werden, um auf die sich ändernden Bedingungen des Wettbewerbsumfelds zu reagieren oder diese proaktiv zu gestalten. Daher brauchen die Unternehmen Intelligenz[x] – die aus verschiedenen Arten von KI und MI sowie Meta-Intelligenz besteht. Auf diese entscheidende Rolle der Meta-Intelligenz bei der Transformation und Rekombination der verschiedenen Arten von Intelligenz wird in Kapitel 6 näher eingegangen.

Implikationen des intelligenzbasierten Ansatzes

Eine intelligenzbasierte Sichtweise hat wichtige strategische Implikationen. Die Kombination von KI und MI sowie die Meta-Intelligenz werden in den nächsten Kapiteln noch ausführlicher behandelt. Auch der grundlegende Bezugsrahmen des intelligenzbasierten Ansatzes liefert bereits einige wesentliche Erkenntnisse. Erstens erweitert ein intelligenzbasierter Ansatz des Unternehmenserfolgs die bestehende Perspektive des wissensbasierten Ansatzes deutlich. Insbesondere wird dadurch ersichtlich, wie verschiedene Arten von MI und KI aufgebaut und angewendet werden können, um das zugrunde liegende Wissen sowie die Informationen und Daten, die im wissensbasierten Ansatz berücksichtigt werden, auszunutzen. Der Fokus auf die verschiedenen Arten von Intelligenz ermöglicht es somit, nennenswerte Ergebnisunterschiede von Firmen mit einer weitgehend ähnlichen Wissensbasis zu verstehen. Insbesondere kann Wissen an sich einem Unternehmen keinen Wettbewerbsvorteil verschaffen, wenn es nicht in sinnvoller Weise und im Einklang mit der Unternehmens- und Geschäftsstrategie genutzt wird. Daher stellen die verschiedenen Formen von Intelligenz ein wichtiges fehlendes Bindeglied zwischen der Wissensbasis eines Unternehmens und dem späteren Unternehmenserfolg dar.

Zweitens verdeutlicht das Konzept der Intelligenzarchitektur die Notwendigkeit einer integrierten Sicht auf die verschiedenen Arten von MI und KI, die auf der zugrunde liegenden Wissensbasis beruhen. Damit unterstreichen die verschiedenen Arten von Intelligenz die Entwicklung der Wissensbasis eines Unternehmens, denn die verschiedenen Intelligenzarten bauen nicht nur auf dem bestehenden Wissen auf. Sie tragen vielmehr auch dazu bei, das Wissen zu erweitern und ganz neues Wissen zu generieren. Insbesondere zeigt das Verständnis der gesamten Intelligenzarchitektur eines Unternehmens, dass spezifische KI-Anwendungen nicht nur als Insellösungen betrachtet werden dürfen. Wenn Führungskräfte die Vorteile von KI voll ausschöpfen möchten, müssen sie vor allem auf die Schnittstellen zwischen diesen Anwendungen und den anderen Teilen der Intelligenzarchitektur ihrer Unternehmen achten. Diese Schnittstellen sind für die Erzielung von Wettbewerbsvorteilen von entscheidender Bedeutung, da sie nicht so einfach nachgeahmt werden können wie unabhängige KI-Lösungen, deren potenzielle Auswirkungen auf die Erzielung von Wettbewerbsvorteilen sich künftig voraussichtlich verringern, weil sie von vielen verschiedenen Wettbewerbern beherrscht werden. Im Gegensatz dazu wird die komplexe Intelligenzarchitektur eines Unternehmens weiterhin eine solide Grundlage für nachhaltige Wettbewerbsvorteile bieten.

Drittens ermöglicht ein intelligenzbasierter Ansatz neue Einblicke in die Wettbewerbswirkungen von MI und menschlichem Fachwissen. Besondere Fähigkeiten von Mitarbeitern spielen auch in anderen Ansätzen zur Erklärung des Unternehmenserfolgs eine wichtige Rolle, beispielsweise im ressourcenbasierten und wissensbasierten Ansatz. Ein intelligenzbasierter Ansatz ermöglicht jedoch ein detailliertes Verständnis, wie verschiedene Arten von MI tatsächlich zur Erzielung eines Wettbewerbsvorteils beitragen können. Die sieben verschiedenen Arten von MI gehen deutlich über viele bestehende Analysen hinaus, die den Unternehmenserfolg anhand der Rolle der Mitarbeiter zu erklären versuchen. Insbesondere ermöglicht die Fokussierung auf verschiedene Arten von MI eine systematische Analyse der Wechselwirkungen mit den unterschiedlichen Arten von KI. Dabei ist vor allem auf die entscheidende Rolle von MI hinzuweisen – trotz der erheblichen Fortschritte von KI. Es gibt vielfältige Gründe für die weiterhin hohe Bedeutung von MI, wobei ein einfacher Grund oft übersehen wird. Menschliche Experten wählen die jeweilige Anwendung von KI in Unternehmen aus. So fortschrittlich KI-Technologien heute oder in Zukunft auch sein mögen, sie werden immer noch wesentlich von menschlichem Fachwissen und menschlicher Intelligenz abhängen, um ihre Auswirkungen im Wettbewerb zu entfalten. Somit unterstreicht dieses kurze Beispiel der Auswirkungen von

MI auf die Auswahl von KI-Lösungen nachdrücklich die Bedeutung von MI im intelligenzbasierten Ansatz des Unternehmenserfolgs – heute und in Zukunft.

Viertens bietet eine intelligenzbasierte Perspektive neue Einblicke in die strategischen Implikationen des Einsatzes von KI. Insbesondere gibt es damit einen Bezugsrahmen zur systematischen Untersuchung der direkten und indirekten Auswirkungen verschiedener Arten von KI auf den Unternehmenserfolg. Dabei wird die Notwendigkeit verdeutlicht, das Zusammenspiel von KI-Anwendungen mit verschiedenen Arten von MI in der jeweiligen Situation zu analysieren. Eine bestimmte KI-Anwendung kann sich positiv auf Wettbewerbsvorteile auswirken, wenn sie mit einer geeigneten MI kombiniert wird. Im Gegensatz dazu kann dieselbe KI-Lösung kaum Vorteile bringen, wenn sie nicht mit den anderen Teilen der Intelligenzarchitektur eines Unternehmens abgestimmt ist. Diese entscheidende Rolle des internen organisatorischen Kontexts, in dem KI verwendet wird, wurde bisher häufig übersehen. In vielen Situationen trägt KI jedoch nicht automatisch zu einem besseren Ergebnis bei. Stattdessen ist die strategische Ausrichtung in der Organisation von zentraler Bedeutung, um sicherzustellen, dass sich Investitionen in KI auch wirklich lohnen. Es wird künftig immer wichtiger werden, die gesamte Intelligenzarchitektur eines Unternehmens zu analysieren, weil spezifische KI-Anwendungen zunehmend zu Standardlösungen werden, die von vielen verschiedenen Firmen nahezu gleich gut beherrscht werden.

Fünftens ist ein intelligenzbasierter Ansatz immer auch dynamisch. Die deutlichen Verbesserungen von KI-Technologie in den letzten Jahren unterstreichen die Notwendigkeit, sich in Bezug auf die Entwicklung, individuelle Anpassung und Anwendung der neuesten KI-Versionen von der Konkurrenz abzuheben. Angesichts der großen Dynamik des Wettbewerbsumfelds der meisten Firmen und besonders der Fortschritte bei KI wird die kontinuierliche Entwicklung und Erweiterung der MI eines Unternehmens noch wichtiger als bisher. Dabei ermöglicht ein intelligenzbasierter Ansatz einen umfassenden Überblick über die Intelligenzarchitektur eines Unternehmens. Die unterschiedlichen Arten von MI und KI bieten den Führungskräften unmittelbare Ansatzpunkte, um bisherige Kompetenzen und Erfahrungen anzupassen und zu aktualisieren.

Dabei unterstreicht das Konzept einer Meta-Intelligenz die Notwendigkeit der kontinuierlichen Erneuerung der Intelligenzarchitektur. Ohne die Transformation der verschiedenen Arten von MI und KI geht jeder potenzielle Wettbewerbsvorteil in relativ kurzer Zeit verloren. Neben der Aktualisierung der verschiedenen Arten von Intelligenz müssen Führungskräfte deren Wechselbeziehungen neu kombinieren, um sicherzustellen, dass die Schnittstellen von MI und KI auch künftig zur Strategie und Wettbewerbsposition eines Unternehmens beitragen.

Kapitel 5

Kombination und Komplementarität menschlicher und künstlicher Intelligenz

»Roboter werden mindestens ein Drittel unseres Geschäfts vernichten.« Diese und ähnliche Aussagen werden in letzter Zeit von vielen Leitern von Geschäftsbereichen in etablierten Versicherungsunternehmen getroffen. Auch befürchten die Mitarbeiter in vielen dieser Unternehmen angesichts der Weiterentwicklung von KI und anderer Technologien in den nächsten Jahren einen erheblichen Stellenabbau. Führungskräfte in zahlreichen Branchen, von Maschinenbau und Elektronik bis hin zu Einzelhandel und Versicherung, sind sich einig darüber, dass KI das Potenzial hat, etablierte Geschäftsfelder nachdrücklich zu beeinträchtigen, wodurch eine deutliche Zahl bisheriger Arbeitsplätze verloren geht. Gleichzeitig fühlen sich jedoch viele Experten, auch in der F&E, nicht bedroht – ihrer Ansicht nach sind die einzigartigen Kompetenzen, die für kreative Arbeit erforderlich sind, nicht mit KI replizierbar. Daher sind sie ziemlich entspannt bezüglich ihrer konkreten Rolle in einem künftigen Wettbewerbsumfeld, das auf eine stärkere Nutzung von KI setzt. Selbst Enthusiasten geben zu, dass es zahlreiche Einschränkungen von erfolgreichen KI-Anwendungen gibt für mindestens die nächsten 10 Jahre, wenn nicht sogar weit über diesen Zeitraum hinaus.[1]

Wer hat recht – das Lager, das die Potenziale von KI als Ersatz menschlicher Arbeit aufzeigt, oder das Lager, das sich auf die Einzigartigkeit von MI konzentriert? Tatsächlich sind diese beiden Perspektiven Teil einer komplexeren Geschichte. Bislang hat sich zu diesen Fragen keine einheitliche Sichtweise herausgebildet, weder im wissenschaftlichen Bereich noch in der öffentlichen Diskussion. Auch bei den Experten aus der Industrie und Beratungsunternehmen herrscht keine Einigkeit über die voraussichtlichen

Folgen von KI. Zahlreiche Studien kommen zu erstaunlich unterschiedlichen Ergebnissen hinsichtlich der Auswirkungen von KI auf die Anzahl der Arbeitsplätze in verschiedenen Branchen. Einige aktuelle Studien verschiedener Organisationen, darunter die OECD, das Weltwirtschaftsforum, Forrester und McKinsey, gehen davon aus, dass die Weiterentwicklung von KI nur zu einem begrenzten Nettoverlust von Arbeitsplätzen führen wird, sofern auch die neuen Jobs, die durch KI entstehen, berücksichtigt werden. Ein Artikel, der diese Studien zusammenfasst, kommt daher zum Ergebnis, dass es vielleicht noch zu früh ist, um die Zahl überflüssiger und neuer Arbeitsplätze sowie deren relative Bedeutung vorherzusagen.[2]

Der größte Teil der Aufmerksamkeit, die KI in den letzten Jahren erhalten hat, konzentrierte sich tatsächlich auf Effizienzsteigerungen, die von neuen Automatisierungsverfahren mit intelligenten Algorithmen erreicht werden, wodurch zumindest einige menschliche Arbeiten ersetzt werden können. Das Potenzial, völlig neue Lösungen zu entwickeln und Wachstum durch die Kombination menschlicher und künstlicher Intelligenz zu erzielen, wurde bis vor Kurzem nicht ausreichend berücksichtigt. Nur langsam haben Führungskräfte begonnen, sich mit den Vorteilen der Kombination von MI und KI zu befassen. Diese strategische Perspektive betrachtet menschliche und künstliche Intelligenz eher als Ergänzung und weniger als Ersatz und sie kann dazu beitragen, die unterschiedlichen Ergebnisse bisheriger Studien, Artikel und Diskussionen zu erklären.

4S-Matrix für das Zusammenspiel von menschlicher und künstlicher Intelligenz

Die Beziehung zwischen menschlicher und künstlicher Intelligenz kann in Form einer Matrix dargestellt werden, die vier verschiedene Kombinationen des Zusammenspiels von menschlicher und künstlicher Intelligenz umfasst. Dies führt zur 4S-Matrix, die in Abbildung 3 dargestellt ist. Die erste Form des Zusammenspiels wird »Standard« genannt und bezeichnet Aktivitäten, die ein begrenztes Maß an MI und KI erfordern, sodass hierbei KI eine führende Rolle einnimmt. Standardverfahren, die bereits vor längerer Zeit automatisiert wurden und eine geringe Menge menschlicher oder künstlicher Intelligenz beanspruchen, können leicht von relativ einfachen Maschinen übernommen werden. Beispielsweise begann die roboterbasierte Automatisierung von Produktionsprozessen in der Automobilindustrie, zum Beispiel bei Ford oder Mercedes, schon vor Jahrzehnten. Während diese Aktivitäten zu Beginn des Automatisierungsprozesses die damals neueste KI-Technologie genutzt haben, gelten sie heute als Standardroutinen.

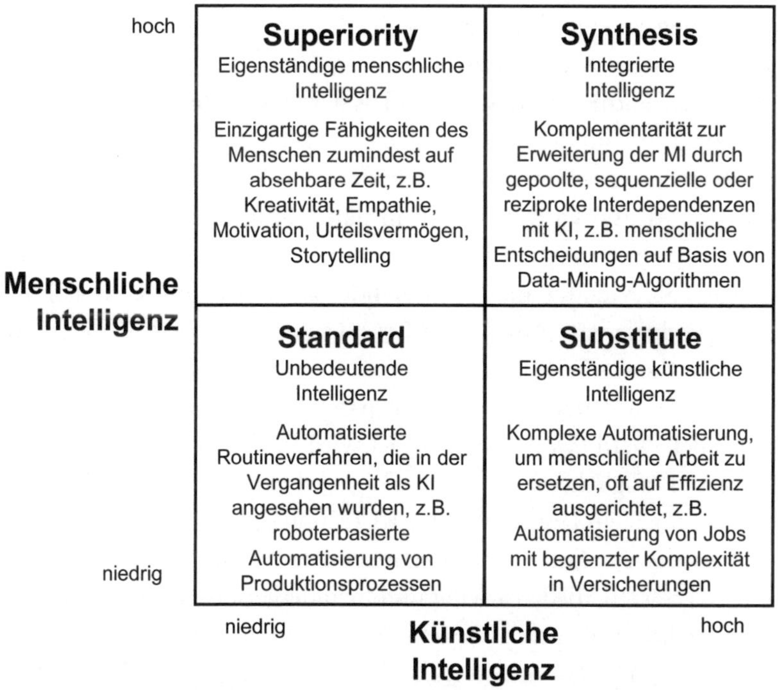

Abbildung 3: 4S-Matrix für das Zusammenspiel von menschlicher und künstlicher Intelligenz
(Quelle: Lichtenthaler, 2018, Research-Technology Management[3])

Die zweite Form des Zusammenspiels wird als »Substitute« bezeichnet und sie beinhaltet ein hohes Maß an KI und ein begrenztes Maß an MI. In diesem Teil der Matrix stellt KI einen Ersatz für MI dar. Solche

Anwendungen haben die größte Aufmerksamkeit in den aktuellen Diskussionen über KI erregt. Ein Beispiel ist die zunehmende Automatisierung von Jobs mit begrenzter Komplexität und leicht definierbaren Qualifikationsniveaus in der Versicherungsbranche, wie zum Beispiel die Verwendung von Customer Service Bots bei ausgewählten Interaktionen mit Kunden. Daher haben viele führende Versicherungsunternehmen wie MetLife und Allianz Initiativen gestartet, die auf einen stärkeren Einsatz von KI anstelle von MI abzielen, zum Beispiel zur Optimierung der Abwicklung im Schadenfall. Der Schwerpunkt dieser Aktivitäten liegt auf Effizienzsteigerung und Kostensenkung durch die Nutzung von KI als Ersatz menschlicher Arbeitskräfte.

Die dritte Form des Zusammenspiels wird als »Superiority« bezeichnet und bezieht sich auf die Einzigartigkeit von MI gegenüber KI in bestimmten Bereichen – zumindest auf absehbare Zeit. In diesem Teil der Matrix dominiert MI und wird dies auch in naher und mittlerer Zukunft tun. Einzigartige menschliche Fähigkeiten wie Kreativität, Empathie, Urteilsvermögen, Storytelling und inspirierende Reden sind mit KI (noch) nicht leicht reproduzierbar.[4] Aus diesem Grund sind viele Personen, die in kreativen Bereichen arbeiten, zum Beispiel in großen Werbeagenturen wie der Omnicom Group, noch ganz entspannt, wenn es darum geht, KI als potenziellen Wettbewerb zu sehen. KI wird in diesen Unternehmen verwendet und möglicherweise gehen einige Arbeitsplätze dadurch verloren, aber es ist noch ein langer Weg, bis KI-Technologien die kreativen Aufgaben übernehmen. Auch wird es sehr schwierig sein, menschliche Fähigkeiten zu ersetzen, die Kreativität und Erfindergeist fördern, wie zum Beispiel die richtigen Fragen zu stellen oder sich Dinge vorzustellen, die noch nicht existieren.[5] Dennoch werden die Anwendungen, bei denen MI das Ergebnis von KI übertrifft, in den nächsten Jahren weiter zurückgehen. Damit rückt folgende Schlüsselfrage in den Mittelpunkt der Aufmerksamkeit vieler Führungskräfte. Welches werden – und sollten – die menschlichen Kernkompetenzen eines Unternehmens in einer vollständig digitalen Zukunft sein?

Schließlich wird die vierte Form des Zusammenspiels als »Synthesis« bezeichnet, weil dieser Bereich über die jeweils eigenständige MI und KI hinausgeht und sich auf ihre Interaktion zur Erreichung integrierter Intelligenz konzentriert. Dabei wird KI verwendet, um MI zu erweitern – und nicht, um diese zu ersetzen. Zum Beispiel kann die Entscheidungsfindung menschlicher Experten durch Informationen verbessert werden, die mit Data-Mining-Algorithmen bereitgestellt werden. Ein von Conatix entwickeltes teilautomatisiertes Business-Intelligence-System nutzt beispielsweise verschiedene Technologien aus dem Bereich des maschinellen Lernens, um bisher unstrukturierte externe Daten und Informationen zu entdecken und zu strukturieren. Der Algorithmus arbeitet eng mit menschlichen Forschern zusammen, um seine Zielsetzungen zu aktualisieren und neu auszurichten, sodass dadurch noch effektivere Business-Intelligence-Erkenntnisse entstehen.[6]

Im Bereich der »Synthesis« arbeiten menschliche und künstliche Intelligenz zusammen und schaffen eine Art integrierte Intelligenz. In diesem Szenario wird KI menschliche Arbeitsplätze nicht eliminieren, sondern neu gestalten. Dieser Ansatz bietet völlig neuartige Möglichkeiten, aber auch spannende neue Herausforderungen für die Gestaltung von Arbeitsplätzen und Systemen. Die Interaktion und Teamarbeit zwischen Mensch und Maschine wird verschiedene Ebenen der Autonomie ermöglichen und damit Chancen zur Entwicklung völlig neuer Lösungen bieten, die weder von menschlicher und künstlicher Intelligenz allein noch von weniger integrierten Formen des Zusammenspiels bereitgestellt werden können.[7] Diese neuen Lösungen bieten einen Mehrwert, der zu zusätzlichen Arbeitsplätzen und weiteren Investitionen in die Entwicklung von KI-Technologie führen kann.

Das »Synthesis«-Szenario kann zum Beispiel im Bereich der Radiologie ein durchaus üblicher Fall werden. Einige KI-Enthusiasten haben zwar angenommen, dass KI menschliche Radiologen bei der Erkennung von Pathologien in Röntgenbildern ersetzen kann, aber verschiedene Studien deuten darauf hin, dass vollständige »Substitution« unwahrscheinlich ist. Vielmehr wird sich das Berufsbild von Radiologen – die Dinge, die sie tatsächlich tun – ändern. Beispielsweise müssen Radiologen in Zukunft mit KI zusammenarbeiten und sie trainieren, um ihre Arbeit bestmöglich zu unterstützen. Dabei wird erwartet, dass die Ergebnisse von Röntgenuntersuchungen durch diese Zusammenarbeit deutlich verbessert werden. KI wird Routineaufgaben übernehmen und Daten zur Unterstützung der

Entscheidungsfindung bereitstellen, während Radiologen für die fachliche Beurteilung und Diskussion möglicher Behandlungen mit anderen Ärzten benötigt werden. Auf diese Weise wird KI einen Mehrwert liefern, ohne MI zu ersetzen. Das Ausmaß dieses Mehrwerts ist momentan schwer vorherzusagen, aber integrierte menschliche und künstliche Intelligenz kann völlig neue Lösungen und Modelle der Wertschöpfung ermöglichen. Wirklich große Fortschritte können dabei Kooperation erfordern, wobei KI genutzt wird, um das menschliche Denken und Handeln zu verbessern.[8]

Die Vorteile der Komplementarität können sich durch gepoolte, sequenzielle oder reziproke Interdependenzen menschlicher und künstlicher Intelligenz ergeben. Bei gepoolter Interdependenz liefern menschliche und künstliche Intelligenz unterschiedliche Beiträge, die gemeinsam zu einem Ergebnis führen, das die Summe der Teile übersteigt. So werden beispielsweise Investmententscheidungen verbessert, indem sowohl auf menschliche Analysen als auch auf die Schlussfolgerungen von KI-basiertem Data Mining zurückgegriffen wird. Bei sequenzieller Interdependenz ist das Ergebnis einer Art von Intelligenz die Grundlage für Aktivitäten der anderen Intelligenz. Beispielsweise können Customer Service Bots verwendet werden, um allgemeine Fragen von Kunden zu beantworten, die dann an Call-Center-Mitarbeiter übergeben werden, wenn die spezifischen Anliegen über die Möglichkeiten der KI hinausgehen. Reziproke Interdependenz hingegen ist zyklisch. So können beispielsweise strategische Planungsprozesse auf mehreren Runden von KI-basiertem Data Mining beruhen, die jeweils von menschlichen Analysen unterbrochen werden, um die folgenden KI-Aktivitäten möglichst exakt abzustimmen.

Die unterschiedlichen Formen des Zusammenspiels menschlicher und künstlicher Intelligenz werden durch die KI-Initiativen bei einigen großen, etablierten Unternehmen in den letzten Jahren veranschaulicht, darunter General Electric und Siemens. Beide Unternehmen gehören zu den weltweit führenden Anbietern von Automatisierungslösungen, die dem »Standard«-Bereich zuzurechnen sind. Gleichzeitig investieren General Electric und Siemens weiterhin stark in herausragende MI und einzigartige menschliche Fähigkeiten, zum Beispiel in den Bereichen Ingenieurwesen, Kreativität und Storytelling. Dies spiegelt den Bedarf an Expertise wider für Fähigkeiten aus dem Bereich der »Superiority«, die nicht von KI abgebildet werden können. Daher haben die beiden Unternehmen ihre Vorgehensweisen in den Bereichen »Standard« und »Superiority« deutlich verbessert, wobei jeweils die Innovationsprozesse angepasst wurden, um mit höherer Agilität und Flexibilität auf die besonderen Herausforderungen bei Entwicklungsprojekten für digitale Komponenten zu reagieren.[9] Außerdem wurden die KI-Initiativen von General Electric und Siemens in den letzten Jahren deutlich verstärkt. Die Firmen haben zahlreiche KI-Experten eingestellt und sie bauen weiter interne Kompetenzen auf, um integrierte Erkenntnisse von Ingenieuren und KI-Experten zu gewinnen. Bisher lag ein Schwerpunkt dieser Initiativen auf dem Bereich der »Substitution«, um Effizienzsteigerungen zu erreichen, indem menschliche Arbeit durch KI ersetzt wurde.

Beide Unternehmen haben daran gearbeitet, die Prozesse ihrer Kunden mit KI zu optimieren unter Nutzung industrieller Internet-of-Things-Plattformen wie Predix von General Electric und MindSphere von Siemens. Als Teil dieser Aktivitäten wurden Tausende von digitalen Zwillingen von Gebäuden und komplexen Maschinen entwickelt. Diese digitalen Zwillinge ermöglichen es den Ingenieuren, die Gebäude und Maschinen effizienter zu betreiben, indem sie Prozesse mithilfe von maschinellem Lernen optimieren und riesige Datenmengen analysieren, die bisher nur als isolierte Datensignale vorlagen.[10] Zunehmend haben beide Unternehmen jedoch begonnen, den Fokus ihrer KI-Aktivitäten auf die Entwicklung neuer Lösungen zu verlagern, die zu zusätzlichen Geschäftsmodellen und Ertragsquellen führen. Sie bewegen sich also in Richtung des »Synthesis«-Bereichs, wo KI stark durch menschliche Expertise ergänzt wird. Auf dieser Basis wird ein neuer Mehrwert für die Kunden geschaffen und diese neuen Geschäftsaktivitäten können zu einer nennenswerten Zahl neuer Arbeitsplätze führen. Vor allem versuchen die Unternehmen dabei, die Wechselwirkungen menschlicher und künstlicher Intelligenz zu nutzen, die sich aus einer engen Zusammenarbeit zwischen ihren Ingenieuren und Experten für maschinelles Lernen ergeben.

Komplementarität von menschlicher und künstlicher Intelligenz

Die »Synthesis«-Perspektive unterstreicht die Bedeutung der Komplementarität von KI und MI, da sie ein hohes Maß an beiden Arten von Intelligenz beinhaltet. Dennoch erfordert jede Situation mit einem zumindest moderaten Umfang von MI und KI auch eine gewisse Zusammenarbeit. Selbst wenn Unternehmen versuchen, verschiedene Aufgaben so weit wie möglich zu modularisieren, gibt es in solchen Situationen mehrere wichtige Schnittstellen von MI und KI. Die Unterscheidung von gepoolter, sequenzieller und reziproker Interdependenz von MI und KI bietet einen hilfreichen Ausgangspunkt für das Management der Schnittstellen der verschiedenen Arten von Intelligenz. Insbesondere kann MI die Optimierung der KI-Anwendungen eines Unternehmens ermöglichen. Gleichzeitig kann KI dazu beitragen, die MI der Mitarbeiter zu verbessern. Damit kann es zu Wechselbeziehungen und einer engen Kooperation von KI und MI kommen, wie H. James Wilson und Paul R. Daugherty in ihrem 2018 erschienenen Artikel mit dem Titel »Humans and AI are joining forces« beschreiben.[11] Ihrer Argumentation zufolge haben die Mitarbeiter drei wichtige Rollen bei der weiteren Stärkung der KI-Anwendungen eines Unternehmens.

Erstens müssen die Mitarbeiter KI trainieren, zum Beispiel beim maschinellen Lernen. Dabei wird MI benötigt, um den Algorithmen meist mit einer großen Menge von Trainingsdaten zu zeigen, wie eine bestimmte Aufgabe ausgeführt werden muss. So wurden beispielsweise unzählige Trainingsanrufe benötigt, bis die Duplex-Technologie von Google mit dem persönlichen digitalen Assistenten so weit entwickelt war, dass damit Telefonate geführt werden können, um zum Beispiel Termine zu vereinbaren oder Reservierungen vorzunehmen. Diese Rolle des Menschen im Training wird weiterhin wichtig bleiben, auch wenn sich der Schwerpunkt des Trainings von KI in Zukunft wohl verschieben wird. Derzeit erforschen Firmen mit Trainings, ob persönliche digitale Assistenten einen gewissen Grad an interpersonaler Intelligenz erlernen können, um emotional angemessene Reaktionen in ihren Interaktionen mit Menschen zu ermöglichen. Zahlreiche Trainingsrunden sind erforderlich, um die Assistenten in dieser Hinsicht nennenswert zu verbessern.

Zweitens werden die Mitarbeiter eines Unternehmens benötigt, um die Ergebnisse von KI-basierten Prozessen zu erklären. Zunehmend stellen KI-Aktivitäten Black-Box-Verfahren dar, die zu interessanten Schlussfolgerungen führen, jedoch zusätzliche Expertise erfordern, um zu verstehen, wie diese Schlussfolgerungen gezogen wurden. So kann es beispielsweise im Bereich medizinischer Anwendungen von KI entscheidend sein, wie KI verschiedene Inputfaktoren gewichtet, um zu bestimmten Aussagen zu gelangen. Auch kann es wichtig sein, menschliche Experten in die Entscheidung einzubinden, welche zusätzlichen Maßnahmen angesichts der Ergebnisse von KI-Analysen erforderlich sind. Dabei ist die sich ändernde Rolle von Radiologen, die in diesem Kapitel bereits beschrieben wurde, ein gutes Beispiel. Auch wenn sich der Beitrag von MI aufgrund der wachsenden Rolle von KI ändert, wird menschlicher Input auf absehbare Zeit noch wichtig sein. Allerdings kann sich der Schwerpunkt häufig von der eigenen Ausführung einer bestimmten Aufgabe auf die Erläuterung der Ergebnisse von KI verlagern.

Drittens können menschliche Experten erforderlich sein, um die reibungslose Anwendung von KI zu gewährleisten. Insbesondere werden menschliche Experten benötigt, um zu überprüfen, ob KI-Anwendungen ordnungsgemäß und sicher funktionieren. Dementsprechend ist MI nicht nur entscheidend für die Auswahl der spezifischen KI-Anwendung, sondern auch für ihre kontinuierliche Nutzung und tagtägliche Verbesserung. Dabei können Sicherheitsfragen eine wichtige Rolle spielen, zum Beispiel bei der Interaktion von Menschen und Robotern in Fertigungsprozessen. Außerdem können sich wichtige ethische Fragen stellen, ebenso wie Fragen des Datenschutzes und der Privatsphäre, die bei allen kundenbezogenen Interaktionen von besonderer Bedeutung sind. Eine detailliertere Diskussion dieser drei Rollen menschlicher Experten bei der Verbesserung von KI-Anwendungen ist im Artikel von H. James Wilson und Paul R. Daugherty zu finden.[12] Diese drei Rollen sind bei vielen Formen des Zusammenspiels von MI und KI wichtig, und sie sind besonders relevant im »Synthesis«-Bereich.

Neben der Schlüsselrolle menschlicher Experten bei der Optimierung der KI-Anwendungen eines Unternehmens kann auch der umgekehrte Einfluss wichtig sein. Dabei handelt es sich um Situationen, in denen KI die Fähigkeiten und Intelligenz von Personen erweitert. Auch hier gibt es drei entscheidende Rollen, die KI bei der Erweiterung menschlicher Expertise spielt, gemäß dem Artikel »Humans and AI are joining forces« von H. James Wilson und Paul R. Daugherty.[13] Die erste Art, wie KI Menschen hilft, bezieht sich auf Situationen, in denen KI menschliche Fähigkeiten und MI verstärken kann. Grundsätzlich kann KI hilfreiche Informationen im richtigen Moment liefern, die es einem Menschen ermöglichen, seine kognitiven Fähigkeiten voll auszuschöpfen. Außerdem können verschiedene Berechnungen und Analysen von KI auf effizientere und effektivere Weise durchgeführt werden. Neben diesen Verfahren zur Informationsverarbeitung und Datenanalyse kann KI Menschen auch dabei helfen, ihre Kreativität zu steigern, selbst wenn KI alleine nicht in der Lage ist, völlig neue und kreative Lösungen zu entwickeln. So hat Autodesk beispielsweise die Dreamcatcher KI entwickelt, die Designern potenziell geeignete Lösungen auf Basis bestimmter Kriterien darstellt, die als gegeben gesetzt werden. Damit können sich die Designer auf die Beurteilung der Form und Funktion für die jeweilige Anwendung konzentrieren.[14]

Die zweite Art, wie KI Menschen helfen kann, bezieht sich auf die Interaktion zwischen Mensch und Maschine. Insbesondere können Unternehmen durch KI viel enger mit ihren Kunden, Mitarbeitern oder anderen Parteien interagieren als nur mit Interaktionen von Mensch zu Mensch. Gute Beispiele hierfür sind Customer Service Bots oder persönliche digitale Assistenten auf Basis von Technologien zur Natural Language Communication. Der Anteil der Nachrichten oder Anrufe, den diese Bots selbstständig verarbeiten können, liegt häufig über 75 Prozent. Und dieser Prozentsatz steigt kontinuierlich an. Dadurch können sich die Mitarbeiter auf eine deutlich geringere Zahl von Mensch-zu-Mensch-Interaktionen konzentrieren, um Kundenbeschwerden oder andere Fälle zu lösen, die von der KI nicht bearbeitet werden können. Damit unterstützt KI, insbesondere mithilfe von Technologien für Natural Language Processing, den Menschen beim Management umfangreicher Interaktionen, die ohne den Einsatz von KI nicht auf dem gleichen Serviceniveau durchgeführt werden könnten.

Die dritte Art, wie KI Menschen unterstützen kann, bezieht sich auf die Nutzung von KI in einem Roboter oder einer anderen Maschine, die dann eng mit Menschen zusammenarbeitet. Auch wenn sich ein Großteil der öffentlichen Aufmerksamkeit für KI auf Roboter konzentriert, geht KI weit über Robotik hinaus. Viele KI-Anwendungen, wie Alexa und Siri, gibt es nur virtuell. Wenn es zielführend ist, kann KI jedoch in Hardwarekomponenten eingebaut werden. Dadurch kann KI ein reines Hardwareprodukt oder eine Maschine in einen zumindest etwas intelligenten Roboter verwandeln. Auf dieser Grundlage ergeben sich viele Möglichkeiten für eine engere Zusammenarbeit zwischen Mensch und Maschine, da KI ein ganz anderes Maß an reibungsloser, sicherer und natürlicher Interaktion ermöglicht. Vor allem wird damit eine flexible Zusammenarbeit machbar und Roboter führen nicht nur genau definierte Schritte und Bewegungen aus. Eine detailliertere Diskussion dieser drei Möglichkeiten, wie KI Menschen unterstützen kann, findet sich im Artikel von H. James Wilson und Paul R. Daugherty.[15] Diese drei Möglichkeiten ergeben sich bei vielen Formen des Zusammenspiels von MI und KI und sie sind besonders relevant im »Synthesis«-Bereich.

Implikationen der Komplementarität

Es gibt keine einheitliche Beziehung zwischen menschlicher und künstlicher Intelligenz. Es gibt auch nicht die eine Antwort darauf für alle Unternehmen. Vielmehr sind alle vier Formen des Zusammenspiels – »Standard«, »Substitute«, »Superiority« und »Synthesis« – für die meisten großen Unternehmen relevant, wenn auch in unterschiedlichem Maße. Wie also sollen Führungskräfte damit umgehen? Müssen Firmen, die sich auf KI als Ersatz für MI konzentrieren, ihre Initiativen neu ausrichten? Wahrscheinlich nicht – vielmehr müssen sie ihre laufenden KI-Aktivitäten um neue Ansätze erweitern und ergänzen, welche die Beziehung zwischen menschlicher und künstlicher Intelligenz ausweiten und vertiefen. Wenn diese Wechselwirkungen nicht untersucht werden, kann ein Unternehmen viele Chancen verpassen. Bei der Ableitung möglichst ganzheitlicher KI-Aktivitäten sind drei Schritte zielführend. Sie helfen Firmen dabei, über die Nutzung von KI als Ersatz menschlicher Arbeit hinaus das Wertschöpfungspotenzial der Komplementarität von menschlicher und künstlicher Intelligenz zu nutzen.

Erstens sollten Führungskräfte weiterhin den Bereich der »Substitution« verfolgen und, falls möglich, Effizienzsteigerungen erzielen, indem MI durch KI ersetzt wird. Diese Aktivitäten können als Basis der Anwendung von KI zur Stärkung der bestehenden Geschäftstätigkeit angesehen werden. Häufig lassen sich solche Effizienzsteigerungen recht schnell realisieren, sobald KI-Lösungen implementiert werden. Zweitens sollten Führungskräfte die Einzigartigkeit im Sinne von »Singularity« anerkennen und die wichtigsten Stärken von MI für ihre künftigen Geschäftstätigkeiten identifizieren. Diese Analysen werden entscheidend dazu beitragen, einen nachhaltigen Wettbewerbsvorteil im künftigen digitalen Wettbewerbsumfeld zu erzielen. Auf absehbare Zeit wird es einige Schlüsselbereiche geben, in denen herausragende menschliche Expertise trotz der erheblichen Fortschritte bei KI-Technologie die Grundlage für Wettbewerbsvorteile bilden wird. Drittens sollten Führungskräfte über die »Standard«-, »Substitution«- und »Singularity«-Perspektiven hinaus denken, um systematisch den strategischen Raum zu erschließen, der sich aus der »Synthesis«-Perspektive auf MI und KI ergibt. Ohne die vielfältigen Möglichkeiten zu berücksichtigen, die aus der systematischen Kombination von MI und KI entstehen, werden sich die potenziellen Vorteile von KI-Initiativen nur in begrenztem Umfang realisieren lassen.

Es gibt viele verschiedene Möglichkeiten, wie die Zusammenarbeit und Kombination von MI und KI die Wettbewerbsposition und das Ergebnis eines Unternehmens verbessern können. So kann beispielsweise die Kombination der kreativen Intelligenz der Mitarbeiter mit den neuesten Anwendungen maschinellen Lernens dazu beitragen, Industrial Design und Fertigungsprozesse weiter zu optimieren. Außerdem bietet die Kombination der interpersonalen Intelligenz von Mitarbeitern mit komplexen Planungs- und Optimierungsverfahren auf Basis von KI neue Chancen für personalisierte Kundenerlebnisse. Darüber hinaus ermöglicht die Kombination von maschinellem Lernen mit menschlicher Entscheidungsfindung effektivere und effizientere Entscheidungen, zum Beispiel bei der Genehmigung oder Sperrung von Kreditkartentransaktionen. Viele der Vorteile einer intensiven Kombination von MI und KI ergeben sich zwar aus der Steigerung der Effizienz, sie tragen aber auch entscheidend zu völlig neuen Lösungen und Geschäftsmodellen bei.

Im Hinblick auf die langfristigen Auswirkungen von KI auf den Wettbewerb werden sich die größten Vorteile höchstwahrscheinlich aus der komplementären »Synthesis« von menschlicher und künstlicher Intelligenz ergeben, weil damit völlig neue Formen der Wertschöpfung möglich werden. Diese Komplementarität bildet nicht nur die Grundlage für neue Kundenlösungen und Geschäftsmodelle, sondern sie wird auch zur Schaffung neuer Arbeitsplätze und zur grundlegenden Umgestaltung vieler bestehender Arbeitsplätze führen. Dementsprechend deuten mehrere aktuelle Studien darauf hin, dass die Mehrheit der Führungskräfte einen relativ begrenzten Verlust von Arbeitsplätzen in ihren Unternehmen durch KI erwartet. Konkret geht in vielen Firmen eine nennenswerte Anzahl von Arbeitsplätzen verloren, aber gleichzeitig werden viele neue Arbeitsplätze geschaffen. Eine noch höhere Anzahl von Arbeitsplätzen wird jedoch vermutlich einen deutlichen Wandel durchlaufen, der von den Mitarbeitern eine Änderung ihrer Rollen, Kompetenzen und Schwerpunkte im Arbeitsalltag erfordert. Eine zentrale Herausforderung für Führungskräfte liegt dabei in einer professionellen Orchestrierung der Transformationsprozesse, um sowohl den isolierten als auch den integrierten Mehrwert menschlicher und künstlicher Intelligenz zur Geltung zu bringen.

Kapitel 6

Transformation und Rekombination menschlicher und künstlicher Intelligenz

In den letzten Jahren gab es umfassende öffentliche Diskussionen über anstehende digitale Transformationsprozesse in nahezu allen Branchen. Im Rahmen dieser Diskussionen über digitale Transformation und KI entstand ein großer Hype um intelligente und vernetzte Produkte. Diese große öffentliche Aufmerksamkeit ist durchaus verdient, aber sind diese intelligenten und vernetzten Produkte tatsächlich »intelligent«? Ja, bis zu einem gewissen Grad. Viele dieser Produkte sind jedoch nicht intelligent genug angesichts der aktuellen Diskussionen über KI mit Fokus auf komplexe Datenanalytik und intelligente Algorithmen. Inwieweit KI tatsächlich MI ersetzen und erweitern kann, wird nicht allein durch intelligente und vernetzte Produkte bestimmt. Auch Roboter umfassen nur einen kleinen Teil von KI-Anwendungen. Vielmehr erleben wir derzeit eine neue Transformationswelle, die über das hinausgeht, was bisher als digitale Transformation bezeichnet wurde, auch wenn die erste Welle der digitalen Transformation noch lange nicht vorbei ist.[1]

Von der digitalen Transformation zur Intelligenztransformation

In den meisten Branchen gibt es eine deutliche Tendenz hin zu einer nächsten Phase der Transformation, die über die typischen Entwicklungen der digitalen Transformation hinausgeht, die wir bisher erlebt haben.

Im Wesentlichen basiert diese nächste Stufe der Disruption auf einer umfassenderen Nutzung von KI und sie kann als logischer nächster Schritt der strategischen Erneuerungsprozesse betrachtet werden. Daher können diese Veränderungen als Intelligenztransformation bezeichnet werden. Bei diesem nächsten Schritt der Veränderung liegt ein Schwerpunkt auf der vollständigen Nutzung der Daten von intelligenten und vernetzten Produkten mithilfe aktueller Algorithmen und komplexer Analytik, weil dies von MI in der Regel bisher nicht bewerkstelligt werden konnte. Intelligente Produkte beinhalten typischerweise Sensoren zur Echtzeit-Datenüberwachung, beispielsweise den Sensor des Antiblockiersystems eines Fahrzeugs. Auf dieser Basis ermöglicht eine Konnektivitätskomponente die Interaktion mit dem Internet und anderen Produkten. Ein Beispiel dafür sind die Protokolle für die Konnektivität beim autonomen Fahren. Diese intelligenten und vernetzten Produkte stellen einen großen Entwicklungsschritt dar und viele weitere dieser Produkte werden in den kommenden Jahren benötigt.[2]

Intelligente und vernetzte Produkte bieten jedoch nur die Grundlage für eine umfassendere Nutzung von KI, zum Beispiel fortschrittliche Algorithmen, die tatsächlich ein sicheres autonomes Fahren ermöglichen. Die Initiativen zur digitalen Transformation, die in den letzten Jahren in den meisten etablierten Unternehmen gestartet wurden, sind daher nur notwendig, aber nicht hinreichend für die erfolgreiche Entwicklung von intelligenten neuen Lösungen für die digitale Zukunft. Als Folge der Digitalisierungsinitiativen sammeln viele Unternehmen mittlerweile Daten in großem Stil. Einige dieser Daten haben starken Technologiebezug, zum Beispiel über interne Maschinen und Produktionsprozesse. Andere Daten betreffen eher den Markt, zum Beispiel Interaktionen mit Kunden an mehreren Touchpoints während der gesamten Customer-Journey.

Daher stehen das Topmanagement und die weiteren Führungskräfte vor der Herausforderung, von diesen enormen Datenmengen zu profitieren – und bisher sind viele Unternehmen und einzelne Experten wenig erfolgreich bei der Bearbeitung dieser komplexen Aufgaben. Oftmals ist die Kombination der Erkenntnisse aus einer Vielzahl von Datenquellen von großem Wert. Ein wesentlicher Vorteil dabei ist die drastische Senkung der Kosten, um künftige Ereignisse vorherzusagen. Beispiele hierfür sind Predictive-Maintenance-Ansätze bei den internen Aktivitäten sowie individuellere Interaktionen und personalisierte Angebote an einzelne Kunden, um eine hohe Kundenzufriedenheit zu erreichen. Während diese potenziellen Vorteile auf dem Papier relativ klar erscheinen, sind sie im Unternehmensalltag oft schwer zu realisieren. Daten aus Digitalisierungsinitiativen sind schön und gut, aber die Daten allein reichen oft nicht aus, um die Möglichkeiten der digitalen Transformation voll auszuschöpfen. Was soll man in einer solchen Situation also machen?

Die Probleme vieler Unternehmen, von ihren Digitalisierungsinitiativen und vor allem den daraus entstehenden Daten zu profitieren, haben mehrere Gründe. Einige dieser Probleme sind auf eine begrenzte Effektivität und Effizienz bei der Umsetzung der Digitalisierungsprogramme zurückzuführen. Beispielsweise haben viele Unternehmen große Schwierigkeiten, neue Geschäftsmodelle für ihre digitalen Lösungen und Dienstleistungen zu entwickeln. Außerdem verfolgen viele Firmen eine Vielzahl isolierter digitaler Projekte, aber es fehlt ein systematischer Ansatz, um den gesamten strategischen Raum der digitalen Transformation auszunutzen. Ein weiteres typisches Problem ist das Management und die Steuerung des Portfolios von digitalen Projekten, die oft voneinander abhängen und sich gegenseitig ergänzen. Diese typischen Umsetzungsbarrieren lassen sich häufig durch ein professionelles Management der Digitalisierungsinitiativen überwinden.

Allerdings ist ein effektives Management der digitalen Transformation oft nur Teil einer komplexeren Geschichte. Vor allem gibt es häufig grundlegendere Probleme bei der erfolgreichen Nutzung von Daten und diese Schwierigkeiten gehen über typische Herausforderungen bei der Implementierung hinaus. Die meisten Experten weisen nachdrücklich auf den Wert von Daten hin, wenn sie über die Vorteile der digitalen Transformation für Unternehmen aus ganz unterschiedlichen Branchen sprechen. Allerdings ist der Wert der Daten an sich in der Regel relativ gering. Daten sind nur der erste Schritt, in den meisten Fällen müssen mehrere Datenquellen kombiniert werden, um aussagekräftige Informationen zu liefern. Dieser Schritt von Daten zu Informationen wird in vielen Firmen erfolgreich gemeistert. Um neue Einnahmequellen von externen Partnern oder Effizienzsteigerungen in internen Prozessen zu erzielen, müssen diese Informationen meist jedoch weiter umgewandelt werden in Wissen und Intelligenz.

Mit Wissen und Intelligenz lassen sich typischerweise die Potenziale von Daten heben und Grundlagen für Wettbewerbsvorteile in einer komplett digitalisierten Zukunft schaffen. Gleichzeitig sind dieses Wissen und diese Intelligenz oft ein entscheidender Grund für die geringen Erfolgsraten von Digitalisierungsinitiativen. Viele dieser Initiativen haben zwar zu vielversprechenden Ergebnissen in den Unternehmen geführt, sie sind aber oft nicht den ursprünglichen Erwartungen der Führungskräfte gerecht geworden. Abgesehen von Implementierungsschwierigkeiten sind die Herausforderungen bei der Generierung und Nutzung von werthaltigem Wissen und Intelligenz aus den zugrunde liegenden Daten und Informationen Hauptursachen für eine intensivere Nutzung von KI in vielen Firmen. Diese Unternehmen haben erkannt, dass komplexe Analytik und intelligente Algorithmen Schlüsselbestandteile darstellen, um ihre Digitalisierungsprogramme erfolgreich zu machen und deutlich positive Effekte zu erzielen für ihre Marktposition, Wettbewerbsvorteile und finanziellen Ergebnisse.

Ohne die Nutzung von Big Data, komplexer Analytik und verschiedene andere Ansätze wird es schwierig bleiben, die Vorteile der umfangreichen Investitionen in die digitale Transformation voll auszuschöpfen. Die ausschließliche Nutzung der MI interner Experten wird angesichts der hohen Komplexität der Digitalisierungsinitiativen, insbesondere in etablierten Unternehmen, oft nicht ausreichen. Fachexperten werden dringend benötigt, denn sie spielen eine Schlüsselrolle bei der Nutzung der enormen Daten- und Informationsmengen, die bei den Digitalisierungsinitiativen vieler Firmen anfallen. Dennoch sind diese Experten in der Regel nicht in der Lage, alle Daten und Analysen mithilfe etablierter Technologien selbst zu bewältigen. Deswegen setzen sie zunehmend auf neueste KI-Technologie, um ihre eigenen Analysen zu ersetzen oder zumindest zu ergänzen.

Daher haben viele große Unternehmen wie Apple, Bank of America und General Electric in den letzten Jahren ihre Nutzung von KI-Technologie deutlich ausgeweitet. Meist liegt der Schwerpunkt dieser Aktivitäten auf der Realisierung von Effizienzvorteilen, die darauf basiert, menschliche Arbeit durch intelligente Algorithmen zu ersetzen. Dieser Ansatz ermöglicht oft ein vergleichsweise unabhängiges Management von KI und MI. Dabei können die verschiedenen Arten von Intelligenz relativ isoliert voneinander entwickelt werden. So können Unternehmen beispielsweise ihre KI-Expertise in bestimmten Bereichen der Datenanalyse erweitern und außerdem neue Ingenieure für spezifische Technologiebereiche einstellen, um ihre menschliche Kompetenz zu stärken. Doch immer mehr Firmen gehen noch einen Schritt weiter und versuchen, neue Wachstumschancen durch die Kombination der beiden Arten von Intelligenz zu erschließen.

Unter diesen Rahmenbedingungen werden die beiden Arten von Intelligenz nicht mehr unabhängig voneinander eingesetzt, sondern sie verstärken sich gegenseitig. Dieser strategische Ansatz geht über das isolierte Management mehrerer Arten von Intelligenz hinaus. Er führt oft zu völlig neuen Lösungen und Geschäftsmodellen, die komplexe Algorithmen für die Nutzung der Daten von intelligenten und vernetzten Produkten beinhalten. Damit ermöglicht dieser Ansatz vor allem neue Wege zur Generierung von Innovation und Wachstum über Effizienzsteigerung und Optimierung hinaus. Unabhängig davon, ob ein Unternehmen seinen Schwerpunkt auf die Steigerung von Effizienz oder Wachstum legt, erfordert der zunehmende Einsatz von KI eine klare strategische Ausrichtung im Rahmen der neuen Welle der Intelligenztransformation, die auf die digitale Transformation folgt.

Transformation und Rekombination der Intelligenz

Viele Unternehmen müssen nicht nur ihre KI-Fähigkeiten verbessern und gleichzeitig ihre MI weiterentwickeln. Vielmehr benötigen sie zusätzlich eine Meta-Intelligenz als übergeordnete Intelligenz, um die verschiedenen Arten von MI und KI im Einklang mit der Unternehmensstrategie und der Geschäftsstrategie zu transformieren. Diese dynamische Transformation im Laufe der Zeit kann nicht erreicht werden, indem man sich nur auf menschliche und künstliche Intelligenz verlässt. Vielmehr ist dafür eine Meta-Intelligenz nötig zur Transformation, Erneuerung, Erweiterung und Veränderung der Intelligenz. Daher benötigen Unternehmen Intelligenz^{X} – bestehend aus den verschiedenen Arten von KI, MI und Meta-Intelligenz. Insbesondere beinhaltet die Meta-Intelligenz die Transformation und Rekombination der verschiedenen Arten von Intelligenz. Diese Erneuerungen sind vergleichbar mit der dynamischen Evolution von organisationalen Fähigkeiten und Innovationsprozessen.[3]

Die Transformation der beiden Arten von Intelligenz kann erforderlich sein, weil es kontinuierlich Fortschritte bei KI-Technologie gibt oder weil die MI eines Unternehmens auf neue Bereiche ausgeweitet und vertieft werden muss. Somit werden eine oder beide Arten von Intelligenz gestärkt und verbessert. Auf diese Weise wird die Intelligenz einer Firma erneuert, weil neue Komponenten zur bestehenden Intelligenz hinzugefügt werden, die möglicherweise einige bisherige Komponenten ersetzen. Außer der Transformation der Intelligenz kann die Rekombination der verschiedenen Intelligenzarten aufgrund positiver oder negativer Interdependenzen notwendig sein. Diese wechselseitigen Abhängigkeiten können eine Anpassung der Intelligenzarchitektur eines Unternehmens erfordern, die das Zusammenspiel von KI und MI darstellt. Bei der reinen Rekonfiguration werden die Intelligenztypen nicht erneuert. Stattdessen werden ihre Verbindungen und Schnittstellen verändert und verbessert.

Je nach Umfang der Transformation und Rekombination gibt es verschiedene Veränderungen, die mit den bisherigen Erkenntnissen zur Erneuerung von Innovationsaktivitäten und Produkteigenschaften in Einklang stehen. Je nach Situation und Veränderungsbedarf können sich Unternehmen auf die unabhängige Transformation oder Rekombination ihrer beiden Intelligenzarten konzentrieren. Darüber hinaus werden Unternehmen bis zu einem gewissen Grad sowohl Transformation als auch Rekombination gleichzeitig verfolgen. Diese Möglichkeiten führen zu den folgenden vier Erneuerungen, die in Abbildung 4 dargestellt sind: inkrementelle, modulare, architektonische und radikale Erneuerung. Erstens umfasst die inkrementelle Erneuerung nur eine begrenzte Transformation und Rekombination von KI und MI. Beispiele sind Updates von KI-Technologie zur Einführung neuer Funktionalitäten oder die selektive Implementierung einer neuen Kreativitätstechnik, um die Ideengenerierung und Intelligenz von Mitarbeitern besser zu nutzen. Beide Ansätze konnten in jüngster Zeit in vielen ganz unterschiedlichen Großunternehmen, wie zum Beispiel Facebook und Harley-Davidson, beobachtet werden.

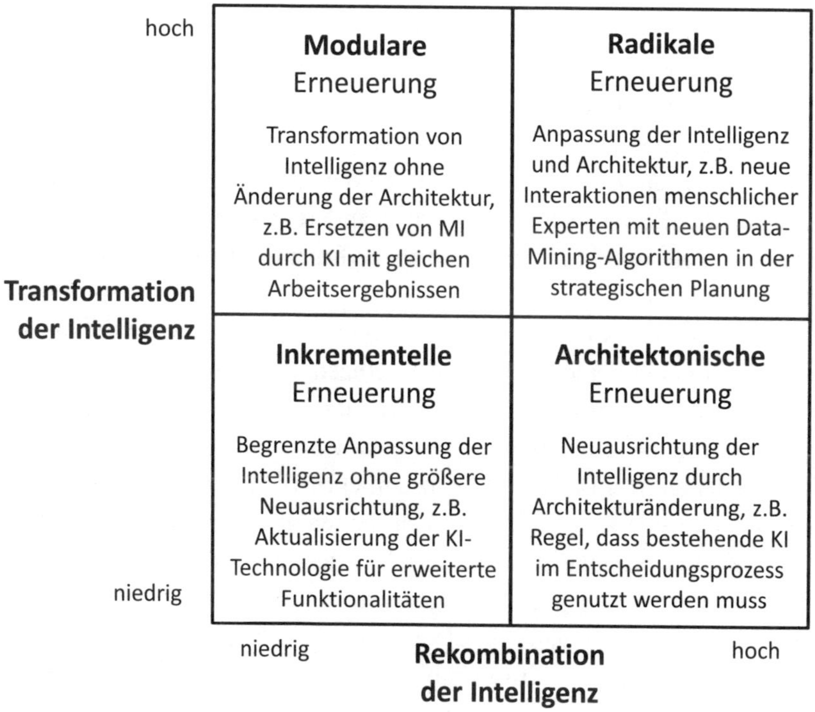

Abbildung 4: Erneuerung der Intelligenz
(Quelle: Lichtenthaler, 2019, Journal of Business Strategy[4])

Zweitens beinhaltet die modulare Erneuerung eine nennenswerte Transformation der Intelligenz, wohingegen der Grad der Rekombination relativ begrenzt ist. Somit bleibt die Intelligenzarchitektur weitgehend unberührt, aber die einzelnen Intelligenzarten werden umfassend neu konfiguriert.[5] Bezüglich MI zum Beispiel haben viele Unternehmen, wie zum Beispiel Apple und SAP, ihre mitarbeiterzentrierten Innovationsprozesse stark verändert, um zusätzlich zu den traditionellen Prozessen stärker auf Vorgehensweisen des Design Thinking zu setzen. Diese Änderungen wurden häufig unabhängig von KI-Aktivitäten vorgenommen und auch die gesamte Intelligenzarchitektur wurde nur in begrenztem Maße davon berührt. Hinsichtlich KI umfasst diese modulare Transformation auch die Substitution einer Art von Intelligenz durch die andere. Daher stellt die modulare Erneuerung auch die Veränderung dar, die in den letzten Jahren die größte öffentliche Aufmerksamkeit erhalten hat, weil sich die strategischen Initiativen vieler Unternehmen darauf konzentriert haben, MI durch eine solche KI zu ersetzen, die zu nahezu identischen Arbeitsergebnissen führt. Somit haben sich die Schnittstellen der beiden Arten von Intelligenz nicht wesentlich geändert, da der Schwerpunkt auf Effizienzsteigerung liegt, indem ähnliche Ergebnisse zu niedrigeren Kosten erzielt werden.

Drittens konzentriert sich die architektonische Erneuerung auf die Rekombination der beiden Arten von Intelligenz, wohingegen der Grad der Transformation begrenzt ist.[6] Diese Erneuerung wurde bisher oft übersehen, weil die meisten Unternehmen noch keine integrierte Sicht auf ihre verschiedenen Arten von Intelligenz einnehmen. Sie verfolgen eher relativ isolierte KI-Initiativen und entwickeln außerdem weiterhin die MI ihrer Experten. Ein systematisches Verständnis des Zusammenspiels der Intelligenzarten im Sinne einer Intelligenzarchitektur wurde dagegen weitgehend vernachlässigt – ganz zu schweigen von einer gezielten Neuausrichtung der Intelligenzarten im Zeitablauf. Ein Beispiel ist die Aktualisierung der Anlagerichtlinien eines Unternehmens, um die Berücksichtigung bereits bestehender KI verpflichtend zur Voraussetzung für Investmententscheidungen zu machen. Diesen Schritt sind die Investmentunternehmen WorldQuant und Aspect Capital gegangen. Dabei liegt der Fokus der architektonischen Erneuerung nicht auf der Implementierung völlig neuer Technologien. Vielmehr geht es darum, die Beziehungen von KI und MI zu überdenken und damit die Schnittstellen zu Technologien zu verändern, die zumindest in Teilen des Unternehmens bereits eingesetzt wurden.

Viertens umfasst die radikale Erneuerung ein hohes Maß an Transformation und Rekombination. Dadurch wird die Intelligenz eines Unternehmens aktualisiert und verbessert sowie gleichzeitig die Intelligenzarchitektur verändert. Ein Beispiel dafür ist die Implementierung neuer und verbesserter Data-Mining-Algorithmen in den strategischen Planungsprozessen eines Unternehmens, die eine enge Zusammenarbeit mit der MI der Strategieabteilung erfordern. Dadurch gibt es viele neue Schnittstellen von MI mit aktueller KI-Technologie, die eine umfassende Anpassung der Intelligenzarchitektur eines Unternehmens benötigen. Ein weiteres Beispiel sind Start-up-Unternehmen wie Talenya, die mithilfe komplexer Datenanalytik Stellen besetzen und Kandidaten für offene Stellen bei ihren Kunden vorselektieren. Die neue Technologie bestimmt, ob die Kandidaten zu einem persönlichen Gespräch eingeladen werden, wobei die endgültige Entscheidung auf den Einschätzungen der KI und der Experten aus der Personalabteilung beruht.

Schritte der Erneuerung

Die Welle der digitalen Transformation mit intelligenten und vernetzten Produkten ist noch nicht vorbei, und die Welle der vollständigen Implementierung von KI hat noch lange nicht ihren Höhepunkt erreicht. Somit hat sich bisher auch nur ein marginaler Einfluss auf die Erneuerung der verschiedenen Arten von Intelligenz in Unternehmen ergeben. Wahrscheinlich wird ein professionelles Management der Wechselwirkungen zwischen menschlicher und künstlicher Intelligenz in den nächsten Jahren ein wichtiger Bestandteil der Änderungsprozesse vieler Unternehmen werden. Dabei wird die Meta-Intelligenz besonders wichtig sein, weil sie die Weiterentwicklung der beiden Arten von Intelligenz entscheidend mitsteuert. Je mehr Führungskräfte versuchen, die Vorteile der Kombination der beiden Arten von Intelligenz zu nutzen, anstatt nur eine durch die andere zu ersetzen, desto wichtiger wird die Meta-Intelligenz sein.

Ohne diese Meta-Intelligenz werden die meisten KI-Initiativen relativ isolierte Aktivitäten bleiben, die positive Auswirkungen haben können, aber wahrscheinlich nicht den Erwartungen entsprechen werden. Natürlich können auch Unternehmen ohne gut entwickelte Meta-Intelligenz neue Technologien nutzen, und das recht erfolgreich. Auch können Firmen ohne hohe Meta-Intelligenz die Kompetenzen ihrer menschlichen Experten weiterentwickeln, um neue Technologiefelder und Fachexpertise abzudecken. Angesichts der wachsenden Bedeutung von KI werden es Unternehmen mit einer begrenzten Meta-Intelligenz jedoch schwer haben, die Vorteile ihrer verschiedenen Arten von Intelligenz zu nutzen. Diese Firmen können ihre bestehenden Intelligenzarten in geeigneter Weise anwenden. Höchstwahrscheinlich werden sie jedoch im Laufe der Zeit nicht die richtigen Arten von Intelligenz aufbauen.

Wenn Unternehmen über keine hohe Meta-Intelligenz verfügen, können zum Beispiel die folgenden Aufgaben nicht professionell erledigt werden: die richtigen Fragen zur Weiterentwicklung der Intelligenzarchitektur des Unternehmens stellen, über den Einsatz künstlicher oder menschlicher Intelligenz und Expertise entscheiden, eine hohe Benutzerfreundlichkeit von KI für die jeweiligen Anwendungen im Unternehmen sicherstellen, Veränderungsprozesse für mehr Offenheit gegenüber der Zusammenarbeit mit KI einleiten, die Intelligenzarchitektur zur Berücksichtigung neuer Fähigkeiten und Kompetenzen anpassen, Schnittstellen und mögliche Konflikte zwischen verschiedenen Arten von Intelligenz prüfen. Diese Aufgaben sind Schlüsselbestandteile einer Meta-Intelligenz, die es Firmen ermöglicht, inkrementelle, modulare, architektonische oder radikale Erneuerungen ihrer Intelligenzarten zum Erfolg zu führen. Anstatt diese Erneuerungsprozesse isoliert durchzuführen, ermöglicht die Meta-Intelligenz ein hohes Maß an Kongruenz mit der aktuellen Situation und den besonderen Herausforderungen eines Unternehmens. Wie sollten Führungskräfte also reagieren?

Erstens müssen Topmanager die Notwendigkeit erkennen, die Vorteile der Transformation ihrer Unternehmen in Richtung KI voll auszuschöpfen. Langfristig wird es kaum eine Alternative zu diesem Wandel geben. Während viele Unternehmen im Allgemeinen und Topführungskräfte im Besonderen der Nutzung neuester Technologie offen gegenüberstehen, nehmen viele andere Organisationen hierbei eine sehr abwartende Haltung ein. Häufig sind die Führungskräfte in diesen Firmen damit zufrieden, einige Initiativen zur digitalen Transformation gestartet zu haben, und sie möchten nun erst einmal abwarten, bis die erhofften Vorteile dieser

Initiativen eintreten. Auch wenn diese Zurückhaltung in gewissem Maße eine natürliche Reaktion sein mag, lässt sie die Tatsache außer Acht, dass der Mehrwert der digitalen Transformation oft von einem professionellen Einsatz neuester Technologien abhängt, um die dabei gewonnenen Daten zu nutzen und zu monetarisieren.

Zweitens sollten Führungskräfte die Vorteile der Komplementarität der verschiedenen Arten von Intelligenz nutzen, anstatt nur MI durch KI zu ersetzen. Eine bloße Substitution einer Art von Intelligenz durch die andere kann einen wichtigen strategischen Schritt für ein Unternehmen darstellen. Allerdings werden viele Vorteile einer stärkeren Nutzung von KI nicht realisiert, wenn die Interdependenzen der beiden Intelligenzarten nicht berücksichtigt werden. Der Schwerpunkt der KI-Initiativen in den meisten Unternehmen hat bisher auf der separaten Nutzung der Intelligenzarten gelegen. Dies hat zu einem Fokus auf inkrementelle und modulare Erneuerungen geführt, welche die Möglichkeit für eine relativ isolierte Anwendung neuester Analyselösungen und komplexer Data-Mining-Algorithmen bieten. Im Gegensatz dazu sind die Chancen der architektonischen und radikalen Erneuerung weitgehend unberücksichtigt geblieben, aber diese Erneuerungen sind entscheidend, um von den Vorteilen der Komplementarität der beiden Intelligenzarten zu profitieren.

Drittens sollten Unternehmen eine Meta-Intelligenz entwickeln, um ihren Wandel im Hinblick auf die Transformation und Rekombination menschlicher und künstlicher Intelligenz erfolgreich zu gestalten. Die ausschließliche Konzentration auf eine einzelne Art von Intelligenz wird wahrscheinlich nicht ausreichen, um sich künftig Wettbewerbsvorteile zu verschaffen. Insbesondere erfordert die Meta-Intelligenz ein systematisches Verständnis der Intelligenzarchitektur und ihrer dynamischen Anpassung über die Zeit hinweg. Oft sind hierfür eine intensive funktionsübergreifende Zusammenarbeit sowie die Entwicklung neuer Kompetenzen in einzelnen Abteilungen nötig. So müssen beispielsweise Personalabteilungen zumindest ausreichendes Wissen über die Chancen und Herausforderungen bei der Anwendung datenbasierter Technologien entwickeln. Nur mit diesem Vorwissen können HR-Experten erfolgreich mit den anderen internen Experten für KI, Digitalisierung und IT zusammenarbeiten, um künftige Berufsbilder an der Schnittstelle zu KI optimal zu gestalten.

Viertens müssen Führungskräfte bei der Ausrichtung ihrer Unternehmen einen Mittelweg finden zwischen Effizienzvorteilen durch KI und ausreichender Berücksichtigung von Innovation und Wachstum. Eine systematische Analyse der Vorteile der Erneuerung der beiden Arten von Intelligenz erleichtert Firmen die Entscheidung, ihre Komfortzonen der Nutzung von KI zur Kostensenkung und Optimierung zu verlassen. Neben der Entwicklung völlig neuer Lösungen, die zusätzliche Geschäftsmodelle und Einnahmequellen ermöglichen, werden die vier Formen der Erneuerung die Flexibilität eines Unternehmens aufgrund einer geeigneten Gestaltung der Intelligenzarchitektur stärken. Effizienz und Optimierung sind Kernbestandteile von Erneuerungen der Intelligenz und viele dieser kostenbezogenen Vorteile können schneller erreicht werden als die Vorteile durch Innovation. Eine ausschließliche Fokussierung auf diese kostenbezogenen Vorteile schränkt den Mehrwert von Erneuerungen der Intelligenzarchitektur deutlich ein.

Fünftens sollten Unternehmen jetzt damit beginnen, die gesamten Möglichkeiten der vier Arten von Erneuerung ihrer Intelligenz zu analysieren. Es ist sicherlich teilweise richtig, dass man heute noch kein perfektes Zusammenspiel von KI und MI für die Zukunft absehen und gestalten kann. Ein wesentlicher Grund hierfür ist die absehbare Weiterentwicklung intelligenter Algorithmen und Datenanalytik in den nächsten Jahren. Daher müssen technologische Lösungen, die heute implementiert werden, in einigen Jahren möglicherweise deutlich überarbeitet werden. Dennoch sollten Unternehmen jetzt beginnen. Ohne eine Verbesserung der Fähigkeiten im Management der Intelligenzarchitektur über bloße technologische Herausforderungen hinaus wird es schwierig werden, künftig einen intelligenzbasierten Wettbewerbsvorteil zu erzielen. Es reicht nicht aus, in der Komfortzone einer überschaubaren Nutzung von KI zu verharren, ohne sich um die gesamte Intelligenzarchitektur zu kümmern, auch wenn Firmen grundsätzlich offen für umfangreichere künftige Veränderungen wären. Typischerweise sind einige Runden des Experimentierens erforderlich, um einen intelligenzbasierten Wettbewerbsvorteil zu erzielen, und Unternehmen müssen jetzt mit dem Experimentieren beginnen.

In den meisten Unternehmen haben die Auswirkungen von KI erst begonnen, sich zu entfalten. Mit weiteren Fortschritten in verschiedenen

Technologiebereichen werden die Anwendungsmöglichkeiten weiter zunehmen, aber viele Firmen sind nicht gut darauf vorbereitet, diese technologischen Entwicklungen zu nutzen. Durch die Einstellung einiger neuer KI-Experten und durch die Implementierung spezifischer Lösungen können Firmen in gewissem Umfang MI durch intelligente Algorithmen ersetzen. Diese Maßnahmen ermöglichen oft Kosteneinsparungen, die in relativ kurzer Zeit erreicht werden können. Die Auswirkungen von KI werden jedoch weit über diese isolierte Nutzung komplexer Datenanalytik und intelligenter Algorithmen hinausgehen. Insbesondere wird die gesamte Intelligenzarchitektur von Firmen betroffen sein, wodurch sich auch erhebliche Auswirkungen auf die Aktivitäten menschlicher Fachkräfte ergeben. Während einige Unternehmen einer proaktiven Erneuerung ihrer Intelligenzarchitektur relativ offen gegenüberstehen, sind andere eher zurückhaltend aufgrund einer Organisationskultur, die umfangreichen strategischen Veränderungen nicht zuträglich ist.

Um diese Hindernisse zu überwinden und die potenziellen Vorteile voll auszuschöpfen, benötigen Firmen eine neue Art von Intelligenz jenseits von KI und MI. Diese Meta-Intelligenz zielt darauf ab, die Intelligenzarchitektur eines Unternehmens im Kontext der Unternehmensstrategie zu erneuern, indem die verschiedenen Arten von Intelligenz transformiert und neu kombiniert werden. Es handelt sich also um eine Intelligenz höherer Ordnung, denn es reicht nicht aus, nur die beiden Intelligenzarten losgelöst voneinander zu berücksichtigen. Vielmehr werden Firmen zunehmend Intelligenz^{X} benötigen – bestehend aus KI, MI und Meta-Intelligenz. Zukünftige Wettbewerbsvorteile können sich aus einer besonderen Stärke einer dieser drei Arten von Intelligenz ergeben. Somit können Unternehmen aufgrund eines höheren Niveaus der Meta-Intelligenz Wettbewerber mit einem ähnlichen Niveau der beiden anderen Arten von Intelligenz übertreffen. Wie KI und MI beruht auch die Meta-Intelligenz auf grundsätzlich gegebenen Anlagen sowie deren Weiterentwicklung. Daher sollten Führungskräfte jetzt damit beginnen, diese dritte Art von Intelligenz als Grundlage für Intelligenz^{X} in ihren zukünftigen Organisationen zu entwickeln.

Teil C
Strategie

Kapitel 7

Innovation und Evolution

Die Herausforderungen von KI und Digitalisierung stehen weiterhin ganz oben auf der strategischen Agenda der meisten großen und mittleren Unternehmen. Aufgrund der erheblichen Managementherausforderungen haben die Digitalisierungsinitiativen vieler Firmen die Erwartungen bisher nicht erfüllt. Diese begrenzten Erfolgsraten stellen für viele Führungskräfte ein großes strategisches Problem dar, denn ihre Unternehmen stehen vor dem Dilemma, in den etablierten Geschäftsfeldern aktuell noch erfolgreich zu sein, wobei gleichzeitig eine schwache zukünftige Position bei KI und digitalen Aktivitäten vorauszusehen ist. Die unterschiedlichen Technologieentwicklungen, Marktanwendungen und Managementherausforderungen von Digitalisierung und KI haben in vielen Branchen disruptive Auswirkungen. Tatsächlich führen diese Veränderungen dazu, dass Branchengrenzen verschwimmen und für viele etablierte Firmen neue Wettbewerber entstehen. Daher erwarten Führungskräfte für viele Branchen eine große Transformationswelle, darunter Automotive, Chemie, Elektronik, Maschinenbau und Informationstechnologie. Inzwischen haben viele große und mittlere Unternehmen die Notwendigkeit erkannt, auf die disruptiven Änderungen zu reagieren und diese zu beeinflussen, weil dadurch der Kern ihrer Geschäftstätigkeit infrage gestellt wird.

Daher haben viele Firmen detaillierte digitale Strategien formuliert und einen Chief Digital Officer ernannt, der für die digitale Transformation und produktbezogene Implementierung von KI verantwortlich ist. Auf dieser Grundlage haben viele Firmen unternehmensweite Initiativen zu Digitalisierung und KI gestartet. Im Mittelpunkt dieser Programme stehen meist Transformationsaktivitäten, um die Organisation auf die digitale Zukunft vorzubereiten. Dieser Fokus stellt eine klare Stärke dieser Initiativen dar, denn Transformation ist entscheidend für die erfolgreiche Bewältigung der Veränderungen in der Branche und im Geschäftsumfeld. Genauer gesagt konzentrieren sich die Digitalisierungsinitiativen und KI-Initiativen vieler Firmen auf rein digitale Innovationen. Dies ist zwar teilweise notwendig, aber ein ausschließlicher Fokus auf KI und digitale Innovation wird höchstwahrscheinlich nicht ausreichen – und kann möglicherweise sogar gefährlich sein. Tatsächlich kann eine solche Ausrichtung die Fähigkeit eines Unternehmens einschränken, sich an die Herausforderungen intelligenzbasierter Wettbewerbsumgebungen anzupassen. Daher ist ein reiner Fokus auf KI mit unzureichender nicht digitaler Innovation eigentlich eine große Schwäche der KI-Initiativen vieler Unternehmen. Insbesondere wird durch die Implementierung von KI auf Basis etablierter Geschäftsmodelle oft die dominante Logik eines Unternehmens aufrechterhalten – und diese Managementlogik kann ein wichtiges Hindernis darstellen, um heutige Wettbewerbsvorteile zu erhalten und eine starke Wettbewerbsposition in der digitalen Zukunft zu erreichen.[1]

Digitale und nicht digitale Innovation

Digitale Innovation umfasst KI und alle anderen Anwendungen digitaler Technologie in einem Unternehmen, einschließlich mobiler Lösungen, eingebauter Sensoren, Konnektivität und Cloud-Lösungen. Diese Technologien tragen dazu bei, die Fertigungsprozesse sowie weitere Geschäftsprozesse zu optimieren, und sie bilden außerdem die Grundlage für neue Anwendungen. Um jedoch ganz neue Produkteigenschaften zu entwickeln, die neue Lösungen ermöglichen, können weitere Innovationsaktivitäten erforderlich sein, die oftmals nicht digital sind. Allerdings handelt es sich dabei nicht um analoge Innovationen der alten Schule, sondern um wichtige strategische Schritte im Bereich von Innovation und Corporate Entrepreneurship, mit denen das Potenzial von KI und digitalen Technologien voll ausgeschöpft werden kann. Beispiele hierfür sind neue Dienstleistungen als Grundlage für integrierte Lösungen, die sowohl physische Produkte als auch immaterielle digitale Dienstleistungen umfassen. Weitere Beispiele sind neue Geschäftsmodelle, die Unternehmen helfen, ihre neuen digitalen Lösungen zu monetarisieren. Oftmals führt erst die Kombination von KI und anderen technologiebasierten digitalen Innovationen mit nicht digitalen Innovationen zum Markterfolg neuer Anwendungen.

Die Notwendigkeit, digitale und nicht digitale Innovationen zu kombinieren, lässt sich am besten an einigen Beispielen veranschaulichen. Chemieunternehmen wie Dow Chemical können KI für komplexe Big-Data-Analysen nutzen, um Cross-Selling-Chancen zu identifizieren, die sich aus einem besseren Verständnis der Bedürfnisse und Prozesse ihrer Kunden ergeben. Ein reiner Fokus auf diese digitale Innovation würde jedoch verhindern, dass die Unternehmen Daten über die Kunden ihrer Kunden ganz am Ende der Wertschöpfungskette verwenden. Diese Daten können neue Erkenntnisse über Anwendungen beim Endkunden als Grundlage für nicht digitale Innovationen liefern, um die Chemikalien zu verbessern und die Bedürfnisse der Endkunden besser zu erfüllen. In ähnlicher Weise können Finanzdienstleistungsunternehmen wie die Deutsche Bank die Effizienz von Transaktionen durch KI und andere digitale Technologien verbessern. Ein ausschließlicher Fokus auf diese neuen Technologien würde jedoch die Fähigkeit einschränken, neue Wachstumschancen zu erkennen, indem neue Geschäftsmodelle zur besseren Ausnutzung der vorhandenen Ressourcen entwickelt werden.

Außerdem kann ein Hersteller von Hörgeräten, wie Sivantos mit seiner Marke Signia, KI und andere digitale Technologien nutzen, um das Kundenerlebnis seiner Produkte zu verbessern, zum Beispiel mit einer intelligenten Smartphone-App mit mehreren Funktionen, einschließlich Basisfunktionalitäten wie der Anzeige des Batteriestatus der Hörgeräte. Diese digitale Innovation, die sich auf Konnektivitätslösungen konzentriert, ist ein wichtiger Schritt, würde aber die Innovationsaktivitäten auf Hörgeräte beschränken. Daher wäre das Unternehmen anfällig gegenüber neuen Wettbewerbern, die Hörgeräte mit einer Vielzahl weiterer Funktionen anbieten, wie zum Beispiel Telefonate, Musikwiedergabe oder Ambient Assisted-Living-Funktionen auf Basis von KI. Ohne diese zusätzlichen Funktionalitäten, die nicht digitale Innovationen erfordern, dürften traditionelle Hörgerätehersteller in Zukunft mit erheblichen Wettbewerbsproblemen konfrontiert sein.

Wie sind etablierte Unternehmen bei digitalen und nicht digitalen Innovationen aufgestellt? Basierend auf einer Vielzahl von Unternehmensbeispielen sowie früheren Studien[2] sind vier Situationen besonders hervorzuheben, je nach Grad an digitaler und nicht digitaler Innovation, von inkrementellen Verbesserungen bis hin zu radikalen Neuheiten. Erstens halten viele Unternehmen und Führungskräfte immer noch an ihrer traditionellen dominanten Logik fest, weil ihre Geschäfte nach wie vor relativ gut laufen und sie noch nicht die Notwendigkeit sehen, aktiv einzugreifen (Abbildung 5). Mittelfristig wird diese abwartende Haltung jedoch höchstwahrscheinlich zu nennenswerten Wettbewerbsherausforderungen führen. Einige Firmen versuchen gezielt, diese Probleme zu vermeiden, indem sie vorherrschende Annahmen in ihrem Kerngeschäft infrage stellen. Unilever untersucht beispielsweise neue Möglichkeiten, wie man mit Kunden an wichtigen digitalen Touchpoints auf dem Weg zum Kauf in einem datengetriebenen Ökosystem interagieren kann.[3]

Zweitens haben viele Unternehmen in den letzten Jahrzehnten systematische Programme für Innovationsmanagement, Corporate Entrepreneurship, strategische Agilität und Lean Start-up aufgesetzt. Diese Aktivitäten umfassen Produktinnovationen, Prozessinnovationen und Dienstleistungsinnovationen und sie haben sich in der Vergangenheit als sehr hilfreich erwiesen. Dennoch sind diese systematischen Innovationsprozesse in der Regel unzureichend für digitale Innovationen, auch weil damit die neuen Herausforderungen für das Management der Digitalisierung nicht angemessen berücksichtigt werden.

Drittens haben viele Unternehmen die Grenzen ihrer traditionellen Innovationsaktivitäten erkannt und spezielle Initiativen für KI und Digitalisierung gestartet. Diese Initiativen konzentrieren sich jedoch in der Regel ausschließlich auf digitale Innovation und KI. So optimieren die Unternehmen beispielsweise ihre internen Fertigungsprozesse mithilfe neuer digitaler Lösungen und komplexer Analytik. Darüber hinaus verbessern sie weitere Geschäftsprozesse auf Basis von Internet-of-Things-Lösungen. Digital ausgerichtete Unternehmen müssen von ihren Daten profitieren und

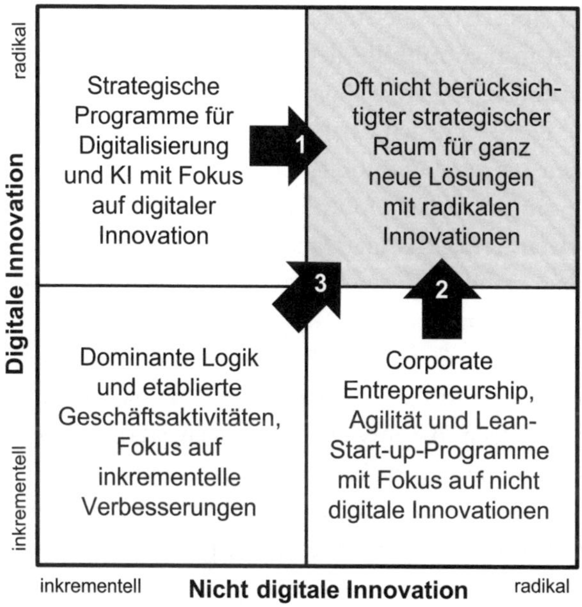

Abbildung 5: Digitale und nicht digitale Innovation

das kann nur mit innovativen KI-Anwendungen erreicht werden.[4] Aufgrund des typischen Fokus auf Effizienzsteigerung versäumen es viele Unternehmen jedoch, die Chancen der Digitalisierung voll auszuschöpfen. Mark Bernstein, ehemaliger Präsident von Xerox PARC, erklärt: »Unternehmen müssen ein Gleichgewicht finden zwischen dem Einsatz digitaler Technologien zur internen Effizienzsteigerung und der Entwicklung ganz neuer digitaler Lösungen, die Innovation und Wachstum ankurbeln.«[5]

Viertens vernachlässigen viele Unternehmen die Chancen, die sich aus der Kombination und Bündelung digitaler Innovationen mit nicht digitalen Innovationen ergeben würden. Die Vorteile aus dieser komplementären Rolle verschiedener Innovationstypen würden den Firmen dabei helfen, nicht nur Effizienzgewinne zu heben, sondern auch von Steigerungen der Effektivität zu profitieren. Insbesondere können Unternehmen durch die Kombination digitaler und nicht digitaler Innovationen völlig neue Lösungen und integrierte Dienstleistungsangebote entwickeln, die digitale Produkte, Dienstleistungen und Prozesse umfassen.

So stellt der Sportartikelhersteller Adidas beispielsweise etablierte Vorgehensweisen infrage mithilfe der Speedfactory, die mehrere Technologien einschließlich 3D-Druck kombiniert, um völlig neue Lösungen zu entwickeln.[6] Diese enormen Chancen werden in der großen Mehrheit der Unternehmen aus der Automobil-, Chemie-, Elektronik- und Maschinenbaubranche aufgrund des Optimierungsschwerpunkts ihrer Digitalisierungsinitiativen vernachlässigt. Daher bleiben die Möglichkeiten für neue Wettbewerber, etablierte Firmen in reifen Branchen durch disruptive Innovation anzugreifen, bestehen.

Wie können Führungskräfte die typischen Einschränkungen bei der strategischen Ausrichtung für KI überwinden? Neben den relativ statischen Empfehlungen, die in vielen bisherigen Studien gegeben wurden[7], sind drei strategische Schritte besonders interessant aus dynamischer Sicht, welche die Anpassung strategischer Initiativen im Zeitablauf berücksichtigt. Der strategische Schritt »neue Einnahmequellen« ist durch Pfeil 1 in Abbildung 5 dargestellt und beschreibt die Erweiterung laufender KI-Initiativen über die Effizienzsteigerung im heutigen Kerngeschäft hinaus. Viele dieser Initiativen können auf Basis der verfügbaren Technologien erweitert werden, um mit innovativen Geschäftsmodellen völlig neue Umsatzquellen zu erschließen. Pfeil 2 in Abbildung 5 bezieht sich auf »neue digitale Möglichkeiten« und beschreibt die Transformation von Innovationsprogrammen zur Nutzung digitaler Marktchancen im Kontext von KI. Dies kann beispielsweise die Festlegung eines Schwellenwerts beinhalten, sodass mindestens 50 Prozent aller Innovationsprojekte oder aller Innovationsausgaben einen Bezug zu KI und digitalen Projekten haben. Um dieses intelligenzbasierte Ziel zu berücksichtigen, muss das Portfoliomanagement von Innovationsprojekten möglicherweise grundlegend geändert werden. Pfeil 3 in Abbildung 5 beschreibt »neue strategische Programme« und bezieht sich auf den Beginn völlig neuer strategischer Initiativen zusätzlich zu den bestehenden Aktivitäten bei Innovation und KI. Diese neuen Initiativen können sich insbesondere auf hochinnovative Konzepte mit einem hohen Grad an KI für neue Märkte konzentrieren.

Eine überzeugende strategische Initiative zur Überwindung der Einschränkungen bei den derzeitigen Aktivitäten vieler Firmen sollte den folgenden Ablauf berücksichtigen, um über die bloße Optimierung bestehender Prozesse hinauszugehen. KI und Digitalisierung beinhalten neue Technologien, aber Unternehmen müssen in der Regel zunächst eine strategische Analyse der Auswirkungen der digitalen Technologien auf ihre Geschäftsmodelle vornehmen. Auf dieser Basis werden Möglichkeiten zur Effizienzsteigerung und zur Entwicklung völlig neuer Lösungen mit verbessertem Kundennutzen auf den Märkten betrachtet. Anschließend können geeignete neue Geschäftsmodelle und geeignete Kombinationen digitaler und nicht digitaler Innovationen für integrierte Lösungen auf Basis von KI entwickelt werden. Die digitale Umsetzung dieser Innovationen mithilfe neuer KI-Lösungen, oft zusammen mit externen Technologieanbietern, ist ein wichtiger nächster Schritt. Abschließend wird bei der Markteinführung der neuen Lösungen KI genutzt und es werden zusätzlich die neuen Geschäftsmodelle und möglicherweise andere nicht digitale Innovationen berücksichtigt. Daher geht eine solche Initiative weit über die reine Implementierung von KI-Anwendungen hinaus und umfasst auch andere nicht digitale Innovationen.

Technische und evolutionäre Fitness

Unternehmen initiieren KI-Aktivitäten, um Ergebnisse zu erzielen für die jeweilige Art von Intelligenz und Meta-Intelligenz. Die Unterscheidung von Aufwand und Ergebnis ist wichtig, da diese beiden Aspekte erheblich voneinander abweichen. Ein Effizienzfaktor[8] zwischen dem Aufwand eines Unternehmens und dem Ergebnis bei KI zeigt, dass Firmen unterschiedlich gut in der Lage sind, von ihren KI-Aktivitäten zu profitieren. Der Effizienzfaktor verdeutlicht, dass KI-Aktivitäten nicht automatisch zu Ergebnissen führen, insbesondere im Hinblick auf die hohen Misserfolgsraten bei der Implementierung von KI. Auch unterstreicht der Effizienzfaktor, dass sich Unternehmen trotz ähnlichem Aufwand aufgrund von Implementierungsunterschieden stark bei den Ergebnissen von KI unterscheiden können und umgekehrt. Es gibt große Unterschiede in der Effizienz von Firmen bei der Umwandlung von KI-Aktivitäten in bessere

Ergebnisse hinsichtlich des finanziellen Unternehmenserfolgs. Einige Firmen haben trotz großer Investitionen nur begrenzte Ergebnisse vorzuweisen aufgrund einer relativ schwachen Implementierung von KI oder unpassender Geschäftsmodelle. Darüber hinaus bietet das Ergebnis von KI-Aktivitäten lediglich die Grundlage für größeren Unternehmenserfolg, verbessert diesen aber nicht automatisch.[9]

In dieser Hinsicht bildet KI eine wichtige Basis für die Steigerung des Unternehmenserfolgs, insbesondere wenn KI mit anderen nicht digitalen Innovationen kombiniert wird. Damit können Firmen Wettbewerbssituationen vermeiden, die in erster Linie auf Kostensenkungen ausgerichtet sind. Um von KI zu profitieren, sind jedoch Effizienzsteigerungen oder erfolgreiche Innovationen nötig und nicht nur KI-Aktivitäten, die kurzfristig vor allem Kosten verursachen. Diese Unterscheidung unterstreicht die Notwendigkeit, zwischen kurz- und langfristigen Erfolgswirkungen von KI zu differenzieren. Unternehmen mit einem niedrigen Effizienzfaktor bei der Umsetzung von KI können möglicherweise nicht davon profitieren, da ihre Ergebnisse übermäßige Anstrengungen erfordern. Unternehmen mit hohen Effizienzfaktoren hingegen werden durch die Nutzung ihrer verschiedenen Arten von Intelligenz über einen längeren Zeitraum hinweg bessere Ergebnisse erreichen. Die Meta-Intelligenz ermöglicht es Firmen, über lange oder sogar unbegrenzte Zeit hinweg einen höheren Unternehmenserfolg zu erzielen, weil dadurch die Intelligenzarchitektur transformiert werden kann, um kontinuierlich geeignete Intelligenzniveaus zu erreichen. Gemeinsam bilden die verschiedenen Arten von Intelligenz die Grundlage für nachhaltigen Unternehmenserfolg.

Diese Argumente helfen dabei, das komplexe Verhältnis zwischen KI und Unternehmenserfolg darzustellen. Vor allem verdeutlicht ein intelligenzbasierter Ansatz, dass Firmen in KI investieren, wenn es einen starken Zusammenhang zwischen ihren Aktivitäten und Ergebnissen bei KI sowie merkliche finanzielle Erträge aus den verschiedenen Arten von KI-Ergebnissen gibt. Teilweise können Unternehmen keinen Mehrwert aus ihrer Intelligenzarchitektur ziehen, weil es schwierig ist, die KI-Aktivitäten in Ergebnisse umzuwandeln oder die KI-Ergebnisse für höheren Unternehmenserfolg zu nutzen. Diese Firmen werden entweder ihre KI-Aktivitäten einschränken oder sie müssen Wege finden, den Zusammenhang zwischen Aufwand und Ergebnis bei KI oder die Wirkung von KI auf den Unternehmenserfolg zu stärken. Diese Diskussion unterstreicht die Notwendigkeit einer Meta-Intelligenz und einer dynamischen Sicht auf die Gestaltung der Intelligenzarchitektur. Darüber hinaus hilft die Unterscheidung von KI-Aktivitäten, KI-Ergebnissen und Unternehmenserfolg, unterschiedliche Sichtweisen zur Kausalität der Beziehung zwischen KI und Unternehmenserfolg zu berücksichtigen.[10] Firmen investieren in KI-Aktivitäten, wenn sie eine ausreichende Rendite dieser Aktivitäten in Bezug auf Ergebnisse und Unternehmenserfolg erwarten. Gleichzeitig beeinflussen die KI-Aktivitäten eines Unternehmens seine zukünftigen Ergebnisse und finanziellen Kennzahlen. In dieser Hinsicht ist die Meta-Intelligenz entscheidend, weil Firmen dadurch ihre Intelligenzarchitektur erneuern und die Wahrscheinlichkeit positiver Erfolgswirkungen der verschiedenen Arten von Intelligenz erhöhen.

Diese Aspekte beziehen sich auf die Unterscheidung von technischer Fitness und evolutionärer Fitness in der Literatur zum strategischen Management. Dabei beschreibt technische Fitness, wie effektiv eine bestimmte Art von Intelligenz ihre beabsichtigte Funktion erfüllt, wenn man sie durch ihre Kosten teilt.[11] Somit stellt die technische Fitness einer Intelligenz die Produktivität eines Unternehmens beim Aufbau und bei der Nutzung dieser Intelligenz dar, weil ein höheres Qualitätsniveau nicht automatisch mit höheren Kosten verbunden ist und umgekehrt. Daher ist es zielführend, die technische Fitness zu berücksichtigen, anstatt ausschließlich die Qualität oder Kosten der KI-Aktivitäten eines Unternehmens zu analysieren. Allerdings ist technische Fitness allein nur notwendig, aber nicht hinreichend, um einen hohen finanziellen Unternehmenserfolg zu erzielen. Hierzu benötigen Firmen zusätzlich evolutionäre Fitness ihrer verschiedenen Arten von Intelligenz. Evolutionäre Fitness beschreibt, wie gut eine bestimmte Art von Intelligenz es einem Unternehmen ermöglicht, seinen finanziellen Erfolg zu verbessern, indem die Intelligenzarchitektur erweitert oder transformiert wird.[12]

Beispielsweise kann eine bestimmte Intelligenz, wie die kreative Intelligenz menschlicher Experten, trotz geringer technischer Fitness eine hohe evolutionäre Fitness aufweisen, wenn die Wettbewerbsbedingungen im Umfeld günstig sind. Allerdings können Unternehmen nicht ohne

Weiteres die evolutionäre Fitness aller Arten von Intelligenz stärken, da sie über begrenzte Ressourcen und Budgets verfügen und gleichzeitig mit erheblichen Wettbewerbseinschränkungen durch etablierte Unternehmen und potenzielle neue Marktteilnehmer konfrontiert sind, die ebenfalls von ihrer Intelligenzarchitektur profitieren möchten. Daher müssen Firmen ihre KI-Aktivitäten auf vielfältige Weise ausbalancieren. Neben einer abgestimmten Nutzung von KI und MI müssen sie die verschiedenen Arten von Intelligenz und Meta-Intelligenz in Einklang bringen. Eine wiederholte Nutzung einer bestimmten Art von KI oder MI, zum Beispiel interpersonaler Intelligenz, kann die Effizienz eines Unternehmens bei der Anwendung dieser Art von Intelligenz erhöhen. Gleichzeitig können dadurch selbst kleinere Änderungen dieser Art auf Basis der Meta-Intelligenz schwieriger werden.[13] Wenn ein Unternehmen hingegen regelmäßig seine Intelligenzarchitektur transformiert und rekombiniert, reduziert sich dadurch das Risiko von Lock-in-Effekten, wenn Umweltveränderungen eine veränderte Intelligenz erfordern. Allerdings kann eine regelmäßige Erneuerung der verschiedenen Arten von Intelligenz Firmen daran hindern, mit der jeweiligen Intelligenz das maximale Ergebnis zu erzielen. Unternehmen stehen also vor der großen Aufgabe, eine ausgewogene Nutzung von KI, MI und Meta-Intelligenz zu erreichen, sodass die verschiedenen Arten von Intelligenz im Einklang mit den Geschäftsstrategien stehen.

Intelligenz und Meta-Intelligenz

Die Diskussion über die Kombination von KI mit anderen nicht digitalen Innovationen unterstreicht die Notwendigkeit, über Effizienzsteigerungen durch relativ isolierte KI-Anwendungen hinaus zu denken. Während dieses Thema die Komplementarität verschiedener Arten von Intelligenz aufzeigt, verdeutlicht die Unterscheidung von technischer und evolutionärer Fitness die Rolle der Meta-Intelligenz, welche die Intelligenzarchitektur eines Unternehmens im Laufe der Zeit dynamisch anpasst und transformiert. Daher ist die Meta-Intelligenz entscheidend für die Weiterentwicklung der verschiedenen Arten von MI und KI angesichts von Veränderungen im Wettbewerbsumfeld eines Unternehmens. Neben der Stärkung der technischen Fitness dieser verschiedenen Intelligenzarten ist die Meta-Intelligenz besonders wichtig für die Stärkung ihrer evolutionären Fitness. Somit ist die Meta-Intelligenz auch entscheidend für das Management der Trade-offs zwischen den verschiedenen Arten von Intelligenz sowie der Trade-offs zwischen der Nutzung und Stärkung der Intelligenzarten oder deren Transformation und Rekombination mithilfe der Meta-Intelligenz.

Die Meta-Intelligenz stellt also eine Intelligenz zweiter Ordnung dar, welche die verschiedenen Arten von MI und KI dynamisch transformiert. Eine zu starke Nutzung der Meta-Intelligenz hat höchstwahrscheinlich eine negative Wirkung auf den Unternehmenserfolg, weil dadurch die Möglichkeiten eingeschränkt werden, ein hohes Kompetenzniveau in den spezifischen Arten von MI und KI zu entwickeln. Im Gegensatz zur Meta-Intelligenz können diese Intelligenzarten als Intelligenz erster Ordnung angesehen werden. Da sich die Meta-Intelligenz auf die dynamische Transformation und Rekombination der verschiedenen Arten von KI und MI bezieht, besitzt sie die Eigenschaften einer Intelligenz zweiter Ordnung. Nur durch diese übergeordneten Aktivitäten der Transformation und Rekombination kann ein Unternehmen sicherstellen, dass seine Intelligenzarchitektur auf dem neuesten Stand bleibt. Beispielsweise können menschliche Expertise und KI durch die Einstellung neuer Experten oder die Implementierung neuer Algorithmen verbessert werden.

In dieser Hinsicht gibt es wichtige Unterschiede zwischen MI und KI auf der einen Seite und der Meta-Intelligenz auf der anderen Seite. So beruhen beispielsweise die verschiedenen Arten von Intelligenz erster Ordnung primär auf dem individuellen Lernen menschlicher Experten oder auf dem maschinellen Lernen von KI. Im Gegensatz dazu stützt sich die Meta-Intelligenz in erster Linie auf das organisationale Lernen des gesamten Unternehmens sowie auf das sogenannte Lernen zweiter Ordnung, das dem Unternehmen hilft, seine verschiedenen Arten von MI und KI im Laufe der Zeit an neue Chancen und Bedrohungen im Umfeld anzupassen. Diese Unterschiede sind in Tabelle 2 dargestellt. Insbesondere können MI und KI dazu beitragen, zu einem bestimmten Zeitpunkt einen Wettbewerbsvorteil zu erlangen. Damit haben sie typischerweise auch einen relativ direkten Einfluss auf den Unternehmenserfolg. Im Gegensatz zu diesen Effekten hat die Meta-Intelligenz primär eine indirekte Erfolgswirkung durch die Transformation und Rekombination der verschiedenen Arten von MI und KI. Damit ist die Meta-Intelligenz entscheidend für die Aufrechterhaltung eines Wettbewerbsvorteils über einen längeren Zeitraum.

Kriterien	Intelligenz	Meta-Intelligenz
Ansatz	Menschlich, künstlich	Transformation, Rekombination
Lernen	Individuelles Lernen, maschinelles Lernen	Organisationales Lernen, Lernen zweiter Ordnung
Vorteil	Wettbewerbsvorteile erzielen	Wettbewerbsvorteile aufrechterhalten
Einfluss	Relativ direkte Erfolgswirkung	Relativ indirekte Erfolgswirkung

Tabelle 2: Vergleich der Arten von Intelligenz
(Quelle: Lichtenthaler, 2019, Next Industry[14])

Bei der Implementierung von KI analysieren die meisten Führungskräfte sorgfältig, ob die Anwendungen tatsächlich die neuesten Algorithmen und Lösungen für Datenanalytik umfassen. In ähnlicher Weise haben die meisten Firmen systematische Prozesse zur kontinuierlichen Weiterentwicklung ihrer menschlichen Expertise in Abstimmung mit der Unternehmensstrategie eingerichtet. Zum Beispiel haben die meisten großen Unternehmen ausgefeilte Programme und Trainings zur Führungskräfteentwicklung, um ihre verschiedenen Arten von MI zu verbessern und weiterzuentwickeln. Außerdem erstellen Firmen in der Regel klare Kompetenzprofile, bevor sie neue Mitarbeiter einstellen. Auf dieser Grundlage können sie die Wahrscheinlichkeit erhöhen, dass die neuen Mitarbeiter die

Expertise, Fähigkeiten und Intelligenz mitbringen, die in einer digitalen Zukunft benötigt werden. Somit verfügen Unternehmen in der Regel über professionelle Mechanismen für das aktive Management von MI und KI. Die jüngsten strategischen Initiativen zur Umsetzung von KI in vielen Firmen können als Indikator für diesen systematischen Ansatz angesehen werden. Daher sind sich Führungskräfte in der Regel der Notwendigkeit bewusst, die verschiedenen Arten von MI und KI aktiv zu steuern.

Im Gegensatz hierzu wird die Notwendigkeit einer aktiven Entwicklung der Meta-Intelligenz oft übersehen. Somit gehen die meisten Unternehmen das Zusammenspiel von MI und KI nicht strukturiert an. Auch analysieren die meisten Firmen ihre Intelligenzarchitektur nicht systematisch, um so einen Bedarf an Erneuerung oder Erweiterung zu erkennen. Die dynamische Transformation und Rekombination der verschiedenen Arten von MI und KI erfolgt meist zufällig oder wird – wenn überhaupt – nur unbewusst gesteuert. Die Meta-Intelligenz ist besonders wichtig für die Gestaltung der Intelligenzarchitektur dahingehend, dass positive Synergien zwischen den verschiedenen Arten von Intelligenz ermöglicht und gleichzeitig negative Auswirkungen vermieden werden. Diese Wechselwirkungen sind wiederum entscheidend für die Nutzung von KI für Innovationen über bloße Effizienzsteigerungen hinaus. Somit ist die begrenzte Berücksichtigung der Meta-Intelligenz einer der Hauptgründe für das ungenutzte Potenzial, das in vielen Unternehmen hinsichtlich einer integrierten Intelligenzarchitektur besteht. Eine solche integrierte Intelligenzarchitektur würde dazu beitragen, die Vorteile aus der Kombination von KI und digitaler Innovation mit weiteren Arten nicht digitaler Innovation zu nutzen.

Kapitel 8

Kernkompetenzen und Wettbewerbsvorteile

Wie kann ein Unternehmen einen intelligenzbasierten Wettbewerbsvorteil erzielen? Genau darum geht es im strategischen Management – einen Wettbewerbsvorteil aufbauen und diesen aufrechterhalten. Wenn man die wachsende Bedeutung von KI als gegeben akzeptiert, sollten spezielle KI-Anwendungen zumindest die Grundlage für einen Wettbewerbsvorteil bilden. Außerdem bleibt MI weiterhin relevant, sodass Manager auch ein klares Verständnis davon benötigen, wie MI die Grundlage für Wettbewerbsvorteile bildet. Auch sollten Führungskräfte das Zusammenspiel der verschiedenen Arten von Intelligenz in ihrem Unternehmen nutzen. Darüber hinaus kann es besondere Vorteile der Meta-Intelligenz geben. Alle diese strategischen Fragen sind entscheidend, wenn Firmen die Möglichkeiten nutzen möchten, die sich aus den jüngsten Fortschritten bei KI ergeben – und wenn sie ihren Mehrwert nicht auf temporäre Vorteile bei der Implementierung einiger alleinstehender KI-Anwendungen beschränken wollen, die lediglich wenige Monate oder Jahre vor den etablierten Wettbewerbern genutzt werden.

Bei allem Hype um KI in den letzten Jahren wurden diese Fragen jedoch in vielen Unternehmen weitgehend übersehen. Dies ist besonders überraschend, da der Einsatz von KI-Lösungen oft darauf abzielt, die analytische Genauigkeit strategischer und operativer Entscheidungen zu verbessern. Dennoch haben viele Firmen bei der Einrichtung und Umsetzung von KI-Initiativen eher einen Ad-hoc-Ansatz verfolgt. Dieser Ansatz hat oft zu Problemen bei der Implementierung beigetragen und auch zu einer unklaren strategischen Ausrichtung der KI-Aktivitäten in vielen Firmen geführt, ganz zu schweigen von der fehlenden Integration mit MI und der Rolle der Meta-Intelligenz. Daher profitieren viele Unternehmen noch nicht vollständig von ihren KI-Initiativen und es ist wenig wahrscheinlich, dass sich dies in naher Zukunft ändern wird, da eine unklare strategische Ausrichtung die Vorteile und potenziellen Erträge der Investitionen in KI begrenzt. Diese herausfordernde Situation wird noch dadurch verschärft, dass viele Firmen Schwierigkeiten haben, die Ursachen für ihre Probleme bei der Nutzung von KI zu identifizieren, weil viele grundlegende strategische Fragen zu KI und der Intelligenzarchitektur noch offen sind.

Die Diskussion und überzeugende Beantwortung dieser Schlüsselfragen ist jedoch notwendig, um mögliche Probleme und begrenzte Vorteile zu identifizieren – oder idealerweise von Anfang an eine geeignete Strategie zu entwickeln. Dementsprechend ist es oft hilfreich, mit diesen grundlegenden strategischen Fragen zu beginnen, um zumindest die Wahrscheinlichkeit zu erhöhen, einen intelligenzbasierten Wettbewerbsvorteil zu erzielen. In diesem Zusammenhang ist es besonders zielführend, den gesamten strategischen Raum zu betrachten, einschließlich der »Red Ocean«- und »Blue Ocean«-Märkte, die durch KI und integrierte Intelligenz ermöglicht werden. Während sich »Red Oceans« auf etablierte Märkte mit starkem Wettbewerb beziehen, beschreiben »Blue Oceans« neue Märkte mit begrenztem Wettbewerb.[1] Diese »Blue Ocean«-Märkte können durch die Vermarktung völlig neuer Lösungen auf Basis von KI oder durch die Integration der KI-Lösungen mit MI und der Meta-Intelligenz neu geschaffen werden. Durch die systematische Auseinandersetzung mit den »Blue Ocean«- und »Red Ocean«-Märkten können Unternehmen den Fehler vermeiden, ihre KI-Strategien auf spezifische Lösungen zu beschränken, die lediglich überschaubare Vorteile in ihren traditionellen »Red Ocean«-Märkten bieten.

Vielmehr sollten Führungskräfte die Relevanz intelligenzbasierter Wettbewerbsvorteile in der Zukunft akzeptieren. Dieses Verständnis impliziert, dass ein Wettbewerbsvorteil nicht unbedingt aus überlegenen KI-Lösungen resultiert. Insbesondere kann sich ein intelligenzbasierter Vorteil auch aus einem höheren Grad an MI oder der Meta-Intelligenz ergeben. Unternehmen werden in der Regel einige Kernkompetenzen benötigen, die verschiedene Arten von Intelligenz beinhalten. Allerdings müssen nicht alle Firmen selbst zu Topexperten für KI werden. Während die meisten Unternehmen in Zukunft verschiedene interne KI-Kompetenzen benötigen werden, können sich diese Kompetenzen durchaus auf die Anwendung von KI und nicht auf die Entwicklung neuer KI-Lösungen beziehen. Auch können sich Firmen zusätzlich auf die Kombination von KI mit MI und der Meta-Intelligenz konzentrieren.

Somit gibt es viele Möglichkeiten, einen Vorteil im intelligenzbasierten Wettbewerbsumfeld zu erzielen, ohne sich bei der Entwicklung neuer Algorithmen und komplexer Analytiklösungen hervorzutun. Grundsätzlich müssen die potenziellen Kernkompetenzen, die auf einer konkreten Art von Intelligenz basieren, ausgewählt und im Einklang mit den Unternehmens- und Geschäftsstrategien entwickelt werden. Dementsprechend beeinflussen die individuellen strategischen Entscheidungen eines Unternehmens die Bedeutung der verschiedenen Arten von Intelligenz. Die allgemeine Relevanz von KI nimmt zu und diese Entwicklung wird sich noch einige Jahre fortsetzen. Der spezifische Fokus und die Rolle von KI für die Aktivitäten eines Unternehmens im Wettbewerb hängen jedoch stark von der strategischen Ausrichtung ab. Die wachsende Relevanz von KI stellt somit eine zusätzliche strategische Variable dar, die bei Entscheidungen des Topmanagements berücksichtigt werden muss. Als solche erweitert KI den strategischen Raum eines Unternehmens. Dies bedeutet jedoch nicht automatisch, dass alle Firmen Kernkompetenzen in KI entwickeln müssen. Vielmehr kann es durchaus sinnvoll sein, sich auf einige standardisierte KI-Lösungen zu verlassen und diese Lösungen kreativ mit den anderen Komponenten der Intelligenzarchitektur eines Unternehmens zu verknüpfen, um neue Geschäftsmöglichkeiten zu realisieren, die sich zumindest teilweise aus den Märkten für Intelligenz ergeben.

Märkte für Intelligenz

Es gibt Märkte für Intelligenz und diese Märkte erweitern die strategischen Optionen eines Unternehmens zur Erzielung intelligenzbasierter Wettbewerbsvorteile. Worum handelt es sich bei diesen Märkten für Intelligenz? Natürlich können Firmen nicht einfach eine bestimmte Art von Intelligenz einkaufen. Die Möglichkeiten, immaterielle Intelligenz an sich zu akquirieren, sind relativ begrenzt. Stattdessen beinhalten Transaktionen von Intelligenz oft mehr als die reine Intelligenz. Zum Beispiel ist MI in menschlichen Experten verankert. So können Unternehmen neue Mitarbeiter einstellen, um bestimmte Arten von MI zu stärken, wie beispielsweise kreative oder interpersonale Intelligenz. In ähnlicher Weise ist KI oft in Produkten, Dienstleistungen, Komponenten oder Softwarelösungen integriert. Firmen können also Roboter und Software kaufen, um bestimmte Arten von KI zu stärken, wie zum Beispiel spezifische Algorithmen für maschinelles Lernen und Robotik. Transaktionen mit dieser immateriellen, jedoch in Komponenten integrierten Intelligenz sind relativ häufig zu beobachten.

Im Gegensatz dazu sind Transaktionen von Intelligenz an sich relativ ungewöhnlich – zumindest in Abhängigkeit vom jeweiligen Verständnis immaterieller Intelligenz. Während der Transfer von MI in der Regel den Transfer der gesamten Person erfordert, können Transaktionen von KI etwas einfacher sein. Wenn ein Unternehmen einen bestimmten Algorithmus für Datenanalytik transferieren möchte, muss kein physisches Produkt übertragen werden. Allerdings ist auch der reine Transfer des Algorithmus an sich schwierig. Daher wird oft eine Softwarelösung transferiert, die einige zusätzliche Funktionen außer der reinen Intelligenz beinhaltet. Im engeren Sinne würde sich diese Transaktion nicht auf immaterielle Intelligenz beziehen, da der Algorithmus in einer Softwarelösung verankert ist. Im weiteren Sinne könnte diese Transaktion jedoch als relativ ähnlich zu einer Transaktion immaterieller Intelligenz angesehen werden, da die zusätzlichen Bestandteile sehr begrenzt sein können. Dementsprechend ist der größte Teil des übertragenen immateriellen Gutes tatsächlich KI.

Welches Verständnis von immaterieller Intelligenz auch immer verwendet wird, die zentrale Herausforderung bleibt gleich. Die Märkte für Intelligenz – zumindest für die meisten Arten von Intelligenz – sind relativ weit entfernt von ökonomisch perfekten Märkten. Vor allem sind die Ineffizienzen dieser Märkte oft recht stark ausgeprägt. Beispielsweise sind die Transaktionskosten für die Anstellung von Experten zur Stärkung der MI eines Unternehmens in der Regel hoch. Auch die Transaktionskosten für viele Märkte von KI sind noch relativ hoch, da die Lösungen oft für die jeweilige Anwendung angepasst werden müssen und es für viele Anwendungen noch keine gut entwickelten Standards gibt. Ähnlich wie die Märkte für Wissen sind die Märkte für Intelligenz durch eine begrenzte Markttransparenz gekennzeichnet. Auch wenn die Transaktionskosten in vielen KI-Bereichen mit zunehmenden Standardlösungen und Standardschnittstellen in den nächsten Jahren sinken, werden die Unvollkommenheiten der Märkte für Intelligenz zumindest im Vergleich zu relativ effizienten Märkten wie den Finanzmärkten anhalten.

Mit Blick auf MI ist es oft schwierig, die externen Experten einzustellen, die aus intelligenzbasierter Sicht am besten geeignet sind. Es kann eine große Herausforderung darstellen, die verschiedenen Arten von MI zu messen, insbesondere bei der Auswahl neuer Mitarbeiter. Noch schwieriger ist es jedoch, die am besten geeigneten Personen zu gewinnen, wenn mehrere Arten von Intelligenz relevant sind. Aus intelligenzbasierter Perspektive wird eine Person in der Regel nicht nur wegen einer bestimmten Art von Intelligenz eingestellt, zum Beispiel kreativer Intelligenz. Vielmehr wird es ein Zusammenspiel mehrerer Arten von Intelligenz geben, die für die Ausführung konkreter Aufgaben erforderlich sind. Daher wird es in der Regel notwendig sein, Kompromisse einzugehen und die verschiedenen Arten von MI abzuwägen, die für eine Stelle benötigt werden und über die die jeweiligen Kandidaten verfügen. Außerdem können neue Mitarbeiter die Stelle und Aufgaben auf Basis ihrer spezifischen Intelligenz aktiv gestalten. Unternehmen können ihre Intelligenzarchitektur also bewusst verändern und erweitern, indem sie Talente mit bestimmten Arten von Intelligenz einstellen, obwohl es zahlreiche Unvollkommenheiten der Märkte für MI gibt.

Hinsichtlich KI werden die Märkte für den Transfer von Intelligenz derzeit effizienter. Die Mehrheit der Transaktionen umfasst KI, die in bestimmten Lösungen integriert ist, wodurch De-facto-Standards für verschiedene Bereiche entstehen, die gemeinsam mit standardisierten Schnittstellen effizientere Transaktionen von KI in Form von integrierten Lösungen ermöglichen. So gibt es beispielsweise immer mehr Planungs- und Optimierungslösungen, die vergleichbare Aufgaben erfüllen und sich einfach an die individuellen Bedürfnisse eines Unternehmens anpassen lassen. Das Gleiche gilt für Natural Language Processing und unterschiedliche Anwendungen maschinellen Lernens. Im Verlauf des Reifeprozesses der Märkte für diese Anwendungen führen standardisierte Lösungen und Pakete zu einer Vereinfachung von Transaktionen und zu einer Erhöhung der Preistransparenz. Insgesamt senken diese Marktentwicklungen die bisherigen Transaktionskosten aufgrund von Marktunvollkommenheiten. Es ist zu erwarten, dass sich diese Entwicklung in den nächsten Jahren für eine Vielzahl von KI-Anwendungen fortsetzt. Durch die wachsenden Märkte für KI in Form integrierter Lösungen kann ein Unternehmen Wettbewerbsvorteile erzielen, die zumindest teilweise auf KI basieren, auch wenn die Firma selbst keine eigenen KI-Lösungen entwickelt.

Vor allem ergibt sich diese Art von Wettbewerbsvorteil, der teilweise auf KI basiert, aus einer intelligenten Kombination relativ standardisierter KI-Lösungen mit anderen Bestandteilen der Intelligenzarchitektur eines Unternehmens. Außerdem können Firmen versuchen, auf die Märkte für MI zurückzugreifen, um ihre KI-Expertise zu stärken – mit dem Ziel, das Zusammenspiel bestimmter Arten von MI und KI zu verbessern. Konkret können Unternehmen die Märkte für MI nutzen, um KI-Experten einzustellen. Die Märkte für KI-Experten sind jedoch durch die gleichen Schwierigkeiten gekennzeichnet wie die Märkte für andere Arten von Talenten. Zusätzlich werden die Unvollkommenheiten dieser Märkte derzeit noch durch den extremen Mangel an KI-Experten verstärkt. Angesichts der Fortschritte in verschiedenen Bereichen von KI haben viele Firmen KI-Initiativen gestartet und sie haben neue Mitarbeiter für ihren jeweiligen strategischen KI-Fokus eingestellt – oder lediglich versucht, sie einzustellen. Aufgrund der Unvollkommenheiten auf den Märkten für Intelligenz sind neue KI-Experten nicht sofort verfügbar. Deshalb gibt es einen intensiven Wettbewerb um die Toptalente. Dies ist zwar für die KI-Experten von Vorteil, schränkt aber die Möglichkeiten vieler Firmen ein, ihr KI-Know-how zügig durch die Einstellung neuer Mitarbeiter zu stärken, die das entsprechende Know-how mitbringen.

Im Hinblick auf die Meta-Intelligenz ist es für ein Unternehmen noch schwieriger, auf die Märkte für Intelligenz zurückzugreifen. Die Meta-Intelligenz bezieht sich auf die Transformation der Intelligenzarchitektur eines Unternehmens und hängt somit stark von der jeweiligen Organisation und dem Kontext ab. Dadurch ist es schwierig, bestimmte Lösungen, Berater oder andere Experten zu akquirieren, welche die Meta-Intelligenz unmittelbar erhöhen. Vielmehr sind organisationales Lernen und das Lernen zweiter Ordnung entscheidend für die Entwicklung der Meta-Intelligenz. Einzelne Experten oder KI-Lösungen können nur einen kleinen Beitrag leisten, wenn sie nicht in weitere Teile der Intelligenzarchitektur integriert sind. Dies gilt vor allem für große Unternehmen, wohingegen beispielsweise in einem jungen Start-up mit fünf Mitarbeitern eine weitere Person mit komplementären Fähigkeiten zum Niveau an MI und indirekt auch zum Niveau der Meta-Intelligenz beitragen kann. Dennoch sind die Möglichkeiten, die Meta-Intelligenz zu transferieren, in den meisten Situationen sehr begrenzt, da sie stark in die Organisation eingebettet ist und sich entlang dem Entwicklungspfad eines Unternehmens ausbildet.

Trotz dieser Schwierigkeiten bei der Stärkung von MI, KI und insbesondere der Meta-Intelligenz durch die Märkte für Intelligenz sollten Führungskräfte versuchen, vom Wachstum dieser Märkte zu profitieren. Mit einer zunehmenden Anzahl von Marktteilnehmern, zum Beispiel KI-Experten, werden einige der Marktunvollkommenheiten reduziert. Außerdem wird die zunehmende Standardisierung von KI-Lösungen weitere Transaktionen erleichtern und zu einem zusätzlichen Wachstum der Märkte beitragen. Gemeinsam werden diese Trends zu einem positiven Kreislauf wachsender Märkte für Intelligenz mit besonderem Schwerpunkt auf KI führen. Diese Märkte bieten neue strategische Möglichkeiten, während die allgemeinen Chancen und Risiken durch die Fortschritte bei KI weiterbestehen. Daher sollten Führungskräfte den möglichen Nutzen geeigneter Markttransaktionen sorgfältig analysieren, weil dadurch der strategische Raum für ihr Unternehmen erweitert wird. Ungeachtet des Wachstums der Märkte für Intelligenz wird es in diesen Märkten immer nennenswerte Unvollkommenheiten geben. Diese Unvollkommenheiten erschweren zwar Markttransaktionen, verbessern jedoch gleichzeitig die Möglichkeiten, einen intelligenzbasierten Wettbewerbsvorteil zu erlangen und zu erhalten. Insbesondere wird es Wettbewerbern hierdurch schwerfallen, die Intelligenzarchitektur eines Unternehmens durch Markttransaktionen zu ersetzen oder nachzuahmen.

Nachhaltigkeit von Wettbewerbsvorteilen

Einen intelligenzbasierten Wettbewerbsvorteil zu erzielen stellt eine große Herausforderung dar, aber diesen Vorteil im Laufe der Zeit zu erhalten ist nochmals eine ganz andere Sache. Die Nachhaltigkeit von Wettbewerbsvorteilen hängt davon ab, wie leicht die Erfolgsfaktoren eines Unternehmens von Wettbewerbern repliziert werden können.[2] Angesichts der relativ begrenzten Effizienz der Märkte für Intelligenz können Wettbewerber versuchen, die verschiedenen Arten von Intelligenz eines Unternehmens zu ersetzen oder nachzuahmen.[3] Bezüglich des Ersetzens von Intelligenz können Wettbewerber beispielsweise versuchen, innovative Lösungen zu finden, um die MI eines Unternehmens anders abzubilden. Die Intelligenzarchitektur eines Unternehmens beinhaltet jedoch häufig eine gewisse kreative Zerstörung, welche die Entwicklung neuer Produkte, Dienstleistungen, Geschäftsmodelle und so weiter ermöglicht. Daher ist es oft sehr schwierig, die intelligenzbasierten Aktivitäten und Ergebnisse eines Unternehmens zu ersetzen. Diese Herausforderungen werden durch die Schwierigkeiten verdeutlicht, die sich oft bei dem Versuch ergeben, bereits patentierte Innovationen bei neuen Entwicklungen zu umgehen.[4] In manchen Situationen mag es einfacher sein, spezielle KI-Lösungen zu ersetzen, aber oftmals sind die Möglichkeiten von Wettbewerbern, die verschiedenen Arten von Intelligenz eines Unternehmens zu ersetzen, relativ begrenzt.

Somit hängt die Nachhaltigkeit eines intelligenzbasierten Wettbewerbsvorteils von den Möglichkeiten der Wettbewerber ab, die Ergebnisse eines Unternehmens nachzuahmen und nicht zu ersetzen. Den Argumenten von Ingemar Dierickx und Karel Cool zum strategischen Management folgend wird eine mögliche Nachahmung der verschiedenen Arten von Intelligenz, einschließlich MI, KI und Meta-Intelligenz, eingeschränkt von folgenden fünf Faktoren: »Time Compression Diseconomies«, »Asset Mass Efficiencies«, »Interconnectedness of Asset Stocks«, »Asset Erosion« und »Causal Ambiguity«. Sofern bei intelligenzbasierten Tätigkeiten »Time Compression Diseconomies« vorliegen, führt ein gegebener Einsatz von Intelligenz über einen Zeitraum hinweg zu einem besseren Ergebnis als der doppelte Einsatz über die Hälfte des Zeitraums.[5] Dadurch können die Möglichkeiten von Wettbewerbern begrenzt sein, den intelligenzbasierten Wettbewerbsvorteil eines Unternehmens schnell zu untergraben. Außerdem kann es durchaus »Asset Mass Efficiencies« geben, die sich auf steigende Skalenerträge bei intelligenzbasierten Aktivitäten und auf die Vorteile der Kombination mehrerer Arten von Intelligenz innerhalb der Organisation beziehen, selbst wenn ein Unternehmen stark in externe Partnerschaften, Netzwerke und Ökosysteme eingebunden ist.

Außerdem erschweren die Interdependenzen der verschiedenen Arten von Intelligenz die Möglichkeit zur Nachahmung intelligenzbasierter Wettbewerbsvorteile aufgrund der »Interconnectedness of Asset Stocks«. So könnte beispielsweise die kreative Intelligenz der F&E-Experten eines Unternehmens bei der Entwicklung neuer Produkte und Prozesse unter Einbeziehung von KI durch Erkenntnisse gestärkt werden, die auf der interpersonalen Intelligenz von Vertriebs- und Servicemitarbeitern basieren, weil dadurch wichtige Kundeninformationen für zukünftige Entwicklungsaktivitäten geliefert werden.[6] Die Vorteile von Wettbewerbern, die Intelligenz eines Unternehmens zu imitieren, werden durch »Asset Erosion« Prozesse weiter reduziert. So können beispielsweise KI-Lösungen ebenso wie menschliches Fachwissen aufgrund des technologischen Fortschritts veralten, sodass ihr Wert im Laufe der Zeit sinkt. Während diese Prozesse die Vorteile der Wettbewerber durch Nachahmung zunichtemachen, unterstreichen sie auch die Notwendigkeit kontinuierlicher Transformation und Rekombination, um einen Wettbewerbsvorteil zu erhalten. Außerdem erschwert die »Causal Ambiguity« einer komplexen Intelligenzarchitektur ihre Nachahmung.[7] Diese Ambiguität von Wirkungsmechanismen wird durch das Zusammenspiel der verschiedenen Arten von MI und KI sowie durch die Kontextabhängigkeit der Meta-Intelligenz weiter verstärkt.

Aufgrund der Schwierigkeiten, die Intelligenzarchitektur eines Unternehmens zu ersetzen und nachzuahmen, bietet die Meta-Intelligenz besondere Möglichkeiten, Wettbewerbsvorteile aufrechtzuerhalten. Einerseits ist der dynamische Charakter der Transformation und Rekombination der verschiedenen Arten von MI und KI automatisch darauf ausgerichtet, einen intelligenzbasierten Wettbewerbsvorteil im Laufe der Zeit zu erhalten. Andererseits reduzieren die Komplexität und organisatorische Spezifität der Meta-Intelligenz die Möglichkeiten der Wettbewerber zur Nachahmung oder Substitution zusätzlich. Außerdem bildet die Meta-Intelligenz das Kernstück bei der Gestaltung und Anpassung der Intelligenzarchitektur in einer solchen Weise, dass die unterschiedlichen Arten von MI und KI zur Erzielung eines Wettbewerbsvorteils in Abstimmung mit der Unternehmensstrategie beitragen. Daher ist die Meta-Intelligenz entscheidend für den Aufbau intelligenzbasierter Kernkompetenzen. Allerdings werden Unternehmen nicht in der Lage sein, in allen Arten von Intelligenz eine führende Position einzunehmen. Vielmehr müssen sie die Entwicklung ihrer Intelligenz auf diejenigen Arten von MI und KI ausrichten, die als Basis für Wettbewerbsvorteile besonders vielversprechend erscheinen.

Dabei müssen Führungskräfte die folgenden zwei Dimensionen berücksichtigen: potenzielle Kernkompetenz und zukünftige Wettbewerbsrelevanz. Einerseits sollte analysiert werden, ob eine Art von Intelligenz eine Kernkompetenz werden kann. Grundsätzlich können alle Arten von MI, KI und Meta-Intelligenz die Rolle einer Kernkompetenz haben, aber Unternehmen werden nicht in der Lage sein, alle Arten von Intelligenz zu einem Kompetenzniveau zu entwickeln, das eine Kernkompetenz ermöglicht. Gründe für diese eingeschränkten Möglichkeiten sind zum Beispiel begrenzte interne Ressourcen und das strategische Handeln von Wettbewerbern, wodurch ein Unternehmen oft nicht in der Lage ist, Wettbewerber in einer Vielzahl von Intelligenzarten zu übertreffen. Andererseits müssen Führungskräfte die zukünftige Wettbewerbsrelevanz der jeweiligen Art von Intelligenz analysieren. Angesichts der tief greifenden Transformation vieler Branchen kann die Bedeutung einiger Intelligenzarten im Wettbewerb zunehmen oder abnehmen. Daher müssen Führungskräfte die zukünftige strategische Relevanz der verschiedenen Arten von Intelligenz einschätzen und deren Weiterentwicklung entsprechend anpassen.

Der Aufbau geeigneter Kompetenzniveaus in den verschiedenen Arten von Intelligenz hängt stark von der Strategie eines Unternehmens und vom jeweiligen Kontext ab. Basierend auf der Unterscheidung der zwei Dimensionen potenzielle Kernkompetenz und zukünftige Wettbewerbsrelevanz können Führungskräfte bei der Entwicklung der Kompetenzniveaus auf vier generische Strategien zurückgreifen. Erstens können Führungskräfte eine bestimmte Art von Intelligenz weitgehend vernachlässigen, wenn diese nicht das Potenzial für eine Kernkompetenz bietet und ihre zukünftige Wettbewerbsrelevanz gering ist. Anstatt diese Intelligenz völlig zu ignorieren, berücksichtigt eine gut entwickelte Meta-Intelligenz regelmäßig alle Intelligenzarten, um ihre zukünftige Bedeutung neu zu bewerten. Dennoch sollten sich Führungskräfte auf den Aufbau anderer Arten von Intelligenz konzentrieren, wenn eine bestimmte Art eine geringe Wettbewerbsrelevanz und ein begrenztes Potenzial als Kernkompetenz aufweist.

Zweitens kann die zukünftige strategische Relevanz einer Art von Intelligenz hoch sein, ihr Potenzial, in eine Kernkompetenz umgewandelt zu werden, jedoch begrenzt. In diesem Fall sind die strategischen Optionen etwas komplexer. Führungskräfte sollten diese Intelligenz keinesfalls vernachlässigen, aber sie müssen weder umfangreiche interne Ressourcen investieren noch die Aufmerksamkeit des Topmanagements auf die interne Stärkung dieser Intelligenz richten. Vielmehr können potenzielle Kooperationen mit externen Partnern einen klugen Weg bieten, um ein höheres Kompetenzniveau in diesem Bereich aufzubauen. Wenn die Möglichkeiten eines Unternehmens, eine Kernkompetenz auf Basis dieser Intelligenz aufzubauen, ohnehin begrenzt sind, besteht keine Notwendigkeit, diese Intelligenz ausschließlich intern zu stärken. Enge Kooperationen mit externen Dienstleistern, anderen Unternehmen in derselben Branche oder sonstigen Partnern können geeignete strategische Schritte darstellen, um das notwendige Niveau dieser Intelligenz für das künftige Wettbewerbsumfeld aufzubauen. Angesichts der begrenzten Möglichkeiten für eine Kernkompetenz hilft dieser Outside-in-Ansatz außerdem, übermäßige Investitionen in Form von Ressourcen und Aufmerksamkeit des Topmanagements zu vermeiden.

Drittens kann die zukünftige Wettbewerbsrelevanz einer Intelligenzart begrenzt sein, aber das Potenzial zur Entwicklung einer Kernkompetenz relativ hoch. In diesem Szenario müssen Führungskräfte Wege finden, die strategische Bedeutung dieser Art von Intelligenz in Abstimmung mit der Unternehmensstrategie zu erhöhen. So kann eine Firma beispielsweise versuchen, die Intelligenz zu transformieren und neu auszurichten, um das Niveau angrenzender Arten von Intelligenz mit einer größeren strategischen Relevanz zu erhöhen. Diese wechselseitige Verstärkung kann zwischen verschiedenen Arten von MI und KI funktionieren. Außerdem sollten Führungskräfte versuchen, Märkte und Wettbewerbsbedingungen zu entwickeln, in denen die jeweilige Intelligenz eine wichtige Rolle spielt. Diese strategischen Schritte gehen von einem wertvollen Gut aus, dessen Wert nur dann realisiert wird, wenn bestimmte Bedingungen erfüllt sind. Gemäß einer solchen Inside-out-Perspektive sollten Märkte und Anwendungen geschaffen werden, in denen die jeweilige Art von Intelligenz voll ausgenutzt wird als Basis für eine Kernkompetenz – was natürlich ein hohes Maß an Wettbewerbsrelevanz voraussetzt.

Viertens kann eine bestimmte Art von Intelligenz in Zukunft eine hohe Wettbewerbsrelevanz besitzen und ein hohes Potenzial, zu einer Kernkompetenz zu werden. In diesem Fall sollte die Intelligenz weiterentwickelt werden, um ein Niveau zu erreichen, das tatsächlich eine Kernkompetenz ermöglicht. Auf dieser Basis sollten Führungskräfte alle Möglichkeiten ausloten, um das Wettbewerbspotenzial dieser Intelligenz voll auszuschöpfen. Diese strategische Logik schließt auch eine sorgfältige Analyse potenzieller Maßnahmen ein, andere Firmen daran zu hindern, ein ähnliches Intelligenzniveau aufzubauen. Ein solches Vorgehen kann beispielsweise spezielle Programme und Anreize umfassen, um hinsichtlich MI die Loyalität wichtiger Experten zu stärken und bezüglich KI einen wertvollen Algorithmus exklusiv zu nutzen trotz damit verbundener höherer Kosten. Die Intelligenzarten mit diesen Eigenschaften verdienen natürlich auch die volle Aufmerksamkeit des Topmanagements. Diese Arten von Intelligenz bilden die Grundlage für den Aufbau eines Wettbewerbsvorteils und ihre sorgfältige Weiterentwicklung bietet Möglichkeiten, diesen Wettbewerbsvorteil über einen längeren Zeitraum aufrechtzuerhalten.

Grundlagen von Wettbewerbsvorteilen

Die Märkte für Intelligenz und ihre besonderen Eigenschaften ermöglichen einen intelligenzbasierten Wettbewerbsvorteil. Angesichts der Ineffizienz dieser Märkte und der Einflussfaktoren nachhaltiger Wettbewerbspositionen können Unternehmen tatsächlich Wettbewerbsvorteile erzielen, die auf Intelligenz basieren. Diese Vorteile können mithilfe der verschiedenen Strategien zur Entwicklung eines Intelligenzniveaus realisiert werden, das die Grundlage für eine Kernkompetenz bildet. Die bisherige Diskussion der Meta-Intelligenz hat gezeigt, dass sie besondere Chancen zur Erzielung eines nachhaltigen Wettbewerbsvorteils bietet. Welches sind jedoch weitere Grundlagen für einen intelligenzbasierten Wettbewerbsvorteil? Da viele Firmen das Zusammenspiel von MI und KI noch nicht professionell gestalten, stellen diese Schnittstellen eine weitere wichtige Basis für einen intelligenzbasierten Wettbewerbsvorteil dar. Konkret verdeutlicht eine intelligenzbasierte Sichtweise des Unternehmenserfolgs fünf Kategorien von Grundlagen möglicher Wettbewerbsvorteile: MI, KI, die Integration von MI und KI, die Transformation von Intelligenzarten und die Rekombination von Intelligenzarten.[8]

Erstens investieren viele Unternehmen weiterhin in großem Umfang in die Entwicklung spezifischer menschlicher Expertise. Damit wollen sie ihre MI weiter stärken, die auch in Zukunft ein Schlüsselfaktor für einen intelligenzbasierten Wettbewerbsvorteil bleiben wird. Dieser Fokus auf überlegene MI ist in technologiegetriebenen Unternehmen, aber auch in Firmen aus vielen anderen Branchen zu beobachten. So versucht beispielsweise der Industriekonzern Siemens, das einzigartige Know-how seiner Experten durch Design-Thinking-Ansätze noch besser für die spezifischen Anforderungen seiner Kunden zu nutzen. Gleichzeitig setzt Siemens bei seiner Start-up-Initiative Next47 auf den Lean-Start-up-Ansatz, um spezielle menschliche Expertise in Zusammenarbeit mit externen Partnern noch schneller in vielversprechende Geschäftsmodelle umzusetzen. Auch wenn Siemens in mehreren KI-Bereichen sehr aktiv ist, stärkt das Unternehmen weiterhin seine MI und es wurden mehrere Initiativen gestartet, um diese besondere menschliche Expertise besser zu nutzen.

Zweitens können Firmen einen Wettbewerbsvorteil primär durch den gezielten Einsatz von KI erreichen. Bei diesen KI-Aktivitäten spielen auch gewisse menschliche Faktoren eine Rolle, aber der strategische Fokus liegt eindeutig auf der Nutzung von KI zur Erzielung von Wettbewerbsvorteilen. So hat beispielsweise die Allianz Versicherung die Smartphone-App »Damage Express« eingeführt. Im Schadenfall können Kunden die

App nutzen, um Bilder von ihrer Smartphone-Kamera an die Autoversicherung zu senden. Auf dieser Basis erhalten sie innerhalb von nur einer Stunde eine Antwort, zum Beispiel einen Reparaturauftrag. Um diesen Service anbieten zu können, setzt die Allianz intensiv auf KI für die Bilderkennung und für computergestützte 3D-Modelle. Die Mitarbeiter konzentrieren sich in erster Linie auf die Überprüfung der Entscheidung, die von der KI vorgeschlagen wird. Für die Allianz bietet diese Anwendung Effizienzvorteile bei der Schadenbearbeitung. Außerdem bietet sie den Kunden einen verbesserten und beschleunigten Service. Daher geht die KI-basierte Innovation weit über eine reine Optimierung bestehender Prozesse hinaus.

Drittens können an Schnittstellen Wettbewerbsvorteile durch die Kombination von MI und KI entstehen. So verfügt beispielsweise das Unternehmen ThinkOwl über mehr als 20 Jahre Erfahrung in der Softwareentwicklung im Bereich von KI. Auf dieser Grundlage hat ThinkOwl eine Service-Desk-Software entwickelt, die mehrere KI-Technologien beinhaltet und sich an die spezifischen Arbeitsabläufe der Mitarbeiter anpassen kann. Damit können relativ übliche Serviceanfragen automatisch beantwortet werden, denn die Software lernt kontinuierlich von der Arbeit und den Ergebnissen der Mitarbeiter. Bei gleicher Effizienz haben die Servicemitarbeiter so mehr Zeit für spezifische Anfragen, die individuell bearbeitet werden müssen. Auch hier unterstützt die Software die menschlichen Experten so weit wie möglich. In vielen Fällen können Kunden von Think Owl ihren Kunden einen höheren Servicelevel und ein bessseres Serviceerlebnis zu niedrigeren Kosten anbieten.

Viertens kann sich ein Wettbewerbsvorteil insbesondere aus der Transformation verschiedener Arten von Intelligenz ergeben. Diese Kategorie potenzieller Wettbewerbsvorteile bezieht sich also auf die Meta-Intelligenz. Beispielsweise nutzen viele Banken KI, um ihren Kunden eine personalisierte Finanzplanung anzubieten. Dabei kann KI entweder die persönliche Kundenbeziehung ergänzen oder zur Automatisierung der Dienstleistungen beitragen. Auch bietet KI weitere Möglichkeiten für völlig neue Lösungen, zum Beispiel zur Verhinderung von Betrug und Geldwäsche bei Finanztransaktionen. Durch die kontinuierliche Transformation der Intelligenz, die in kritischen Prozessen eingesetzt wird, können Banken deutliche Verbesserungen beim Kundenerlebnis und bei der Prozessoptimierung erzielen. Daher stellt die Erneuerung der Intelligenzarchitektur hin zu einer stärkeren Nutzung von KI derzeit einen wesentlichen Innovationstreiber in der Finanzdienstleistungsbranche dar. Auf dieser Basis stellt die Transformation der einzelnen Intelligenzarten auf Ebene der Meta-Intelligenz eine wichtige Grundlage für den Unternehmenserfolg dar.

Fünftens können sich Firmen einen Wettbewerbsvorteil verschaffen, indem sie die Intelligenzarchitektur neu konfigurieren. Diese Kategorie potenzieller Vorteile bezieht sich ebenfalls auf die Meta-Intelligenz. Allerdings sind damit Situationen gemeint, in denen die verschiedenen Arten von MI und KI weitgehend unverändert bleiben, wohingegen es erhebliche Veränderungen der Intelligenzarchitektur gibt. So hat beispielsweise die Deutsche Telekom besondere Richtlinien für die Nutzung von KI vorgelegt. In diesen Richtlinien verdeutlicht das Unternehmen seine Sichtweise, dass KI menschliche Fähigkeiten erweitern soll, anstatt sie einzuschränken. So kann KI die Tätigkeiten von Mitarbeitern zur Erzielung eines Wettbewerbsvorteils auf Basis einer engen Zusammenarbeit von KI und MI unterstützen. Zum Beispiel kombiniert die Deutsche Telekom in Kooperation mit dem Unternehmen BS2 verschiedene Technologien inklusive KI in einem Frühwarnsystem für den Zustand von Brücken, Tunneln und anderen Gebäuden. Durch die Rekombination der verfügbaren Intelligenz wird die Wartung wichtiger Infrastruktur ermöglicht, noch bevor Probleme von außen sichtbar sind.

Viele Firmen versuchen, KI zur Erzielung von Wettbewerbsvorteilen zu nutzen, auch wenn das Hauptaugenmerk oft allein auf Effizienzsteigerung gelegt wird. Die Möglichkeiten, völlig neue Lösungen für die Kunden zu entwickeln, werden dagegen weitgehend vernachlässigt. Neben dieser Überbetonung von Optimierungsprozessen erreichen viele Firmen auch deswegen keine potenziellen Wettbewerbsvorteile, weil sie sich neben der kontinuierlichen Verbesserung ihrer MI auf eine relativ isolierte Nutzung von KI konzentrieren. Diese Vorgehensweisen berücksichtigen jedoch nur die beiden Grundlagen von Wettbewerbsvorteilen, die sich auf die getrennte Nutzung von MI und KI beziehen. Die anderen drei Grundlagen für Wettbewerbsvorteile betreffen hingegen die Schnittstellen von

MI und KI und sie werden von Unternehmen oft übersehen. Daher sollten Führungskräfte unbedingt die Rolle der Meta-Intelligenz bei der Erreichung potenzieller Wettbewerbsvorteile beachten, die sich aus der Integration, Transformation und Rekombination von MI und KI ergeben. In einem künftigen Wettbewerbsumfeld benötigen Unternehmen Intelligenz^{X} – bestehend aus den verschiedenen Arten von KI, MI und Meta-Intelligenz. Auf dieser Basis sollten Führungskräfte die fünf Grundlagen potenzieller Wettbewerbsvorteile analysieren. Dies bildet jedoch nur einen ersten Schritt, der dann eine effektive Umsetzung der ausgewählten Strategien erfordert.

Kapitel 9

Wertschöpfung und Wertaneignung

Viele Unternehmen haben Schwierigkeiten, geeignete strategische Antworten auf die jüngsten Fortschritte in KI und verwandten Technologiebereichen zu finden. In den letzten Jahren haben viele Firmen relativ zögerlich mit der digitalen Transformation begonnen. Dadurch sind sie immer noch mit der Nutzung der neuen digitalen Möglichkeiten und vor allem der Daten beschäftigt, die sie jetzt sammeln. Daher sind zahlreiche Firmen noch nicht bereit für die nächste Stufe in Form der Implementierung von KI-Lösungen – obwohl diese Implementierung von KI ein wichtiger Schritt sein könnte, um von den Daten zu profitieren, die im Rahmen der Initiativen zur digitalen Transformation gewonnen werden. Trotzdem ist derzeit in Unternehmen aus verschiedenen Branchen eine relativ abwartende Haltung bei der Umsetzung von KI zu beobachten. Dies gilt für viele Arten von KI-Lösungen, einschließlich Tools zur Effizienzsteigerung interner Prozesse. Besonders groß ist diese Zurückhaltung jedoch bei KI-Lösungen, die eine nennenswerte Veränderung der internen Aktivitäten und Prozesse zur Entwicklung und Vermarktung neuer Produkte und Dienstleistungen mit sich bringen würden.

Was ist die Ursache für den begrenzten Fokus auf KI in vielen Unternehmen, insbesondere mit Blick auf die unzureichende Kombination digitaler und nicht digitaler Innovationen, um zu neuen Lösungen zu gelangen? Ein zentraler Treiber für die unausgewogenen Ansätze vieler Firmen bei KI ist die zugrunde liegende dominante Logik.[1] Die Führungskräfte in den meisten Unternehmen entwickeln Strategien für KI auf Grundlage ihrer etablierten Managementlogik, welche die Bedeutung der kognitiven Strukturen und Prozesse von Führungskräften veranschaulicht. Durch eine solch dominante Logik wird das grundlegende Verständnis der Geschäftsaktivitäten eines Unternehmens ebenso beeinflusst wie wichtige strategische Initiativen, zum Beispiel KI und Digitalisierung. Konkret stellt eine dominante Logik einen kognitiven Rahmen für das strategische Management dar, sie liefert damit einen Informationsfilter, der die Strategieentwicklung und -umsetzung beeinflusst. Ein relativ starker Filter, der eine geringe Bandbreite der dominanten Logik impliziert, wird oft auf der Ebene einzelner Führungskräfte entwickelt, die Erfahrungen in einem vergleichsweise engen Wettbewerbsumfeld sammeln, wodurch solche Geschäftsabläufe, Erfolgsfaktoren und Investitionsentscheidungen weiter verstärkt werden, die sich in der Vergangenheit als zielführend erwiesen haben.

Über einzelne Führungskräfte hinaus entwickelt sich eine dominante Managementlogik jedoch oft in besonders ausgeprägter Form in Teams und Organisationseinheiten. Das Topmanagement eines Unternehmens kann eine starke dominante Logik entwickeln, da sich die Erfahrungen mehrerer Mitglieder gegenseitig verstärken. In der Folge führt die dominante Logik zu weiteren Entscheidungen und Aktivitäten, die diese etablierten Vorgehensweisen zusätzlich bestätigen. Im Laufe der Zeit entsteht daraus ein sich selbst verstärkender Kreislauf von Handlungen, die sich mit den Denkweisen der Führungskräfte wechselseitig beeinflussen. Meinungen von Menschen außerhalb der Kerngruppe werden weniger detailliert berücksichtigt, selbst wenn die externen Experten – von innerhalb oder außerhalb des Unternehmens – wichtige neue Daten, Informationen, Wissen und Intelligenz liefern. Der starke Informationsfilter der dominanten Logik führt zu einer begrenzten Berücksichtigung völlig neuer Perspektiven. Wenn dieser Filter zu eng ist, wird ein Unternehmen wichtige Chancen verpassen, woraus letztendlich Trägheit und fehlende Veränderungsbereitschaft resultieren können, insbesondere im Hinblick auf völlig neue Lösungen und Geschäftsmodelle.[2]

Dieses Trägheitspotenzial besteht in allen Transformations- und Veränderungsprozessen, aber es ist besonders ausgeprägt bei disruptiven Transformationsprozessen, die sich oft aus der Implementierung von KI ergeben. Diese fehlende Sensibilisierung und Offenheit für neue Geschäftsmodelle ist ein wesentliches Hindernis für die erfolgreiche Bewältigung der Herausforderungen im Management von KI, denn die disruptive Wirkung entsteht oft aus der Transformation von Geschäftsmodellen, die über die bloße Anpassung interner Prozesse hinausgeht. Führungskräfte sollten somit anerkennen, dass die disruptive Wirkung von KI in erster Linie auf neue Geschäftsmodelle zurückzuführen ist, zum Beispiel auf Basis von Datenanalytik oder integrierten Lösungsanbietern, die etablierte Hersteller zu reinen Hardwarelieferanten degradieren. Die meisten dieser völlig neuartigen Lösungen erfordern eine Kombination aus KI und nicht digitalen Innovationen, insbesondere Geschäftsmodellinnovationen. Diese Entwicklungen stellen eine große Herausforderung in vielen Anwendungsfeldern der Digitalisierung dar, zum Beispiel autonomes Fahren, Smart Home, digitale Gesundheit und Logistik. So nutzen beispielsweise viele Fluggesellschaften, wie der Lufthansa-Konzern, Big-Data-Analysen und weitere Methoden, um ihre Kunden besser zu verstehen und ihnen maßgeschneiderte Lösungen anzubieten, die teilweise völlig neue Produkte und Dienstleistungen beinhalten.[3]

Im Gegensatz dazu konzentrieren sich viele Führungskräfte angesichts disruptiver Veränderungen eher auf die etablierten Strategien und Vorgehensweisen in ihren Unternehmen. Dieser Schritt zur Fokussierung auf bekannte Wettbewerbsumgebungen ist typisch für eine stark ausgeprägte dominante Logik. Viele Führungskräfte haben den größten Teil ihrer beruflichen Laufbahn in einem relativ homogenen Umfeld verbracht. Natürlich hat sich diese Umgebung stark verändert, aber die zugrunde liegende Geschäftslogik bezüglich der Erfolgsfaktoren für Wettbewerbsvorteile ist über einen längeren Zeitraum weitgehend gleich geblieben. Das Umfeld war häufig dynamisch, aber die Notwendigkeit disruptiver strategischer Schritte war oft relativ gering. Daher haben die Führungskräfte umfangreiche Expertise im jeweiligen Wettbewerbsumfeld aufgebaut. Diese große Erfahrung kann teilweise hilfreich sein, aber sie kann auch eine große Hürde darstellen, die Notwendigkeit von Veränderungen anzuerkennen und dann auch strategische Maßnahmen umzusetzen.

Vor allem beeinflusst die dominante Logik eines Unternehmens die Art und Weise, wie Führungskräfte die Geschäftsaktivitäten konzipieren. Hierdurch werden bereits die ersten Schritte des strategischen Planungsprozesses bezüglich neuer Chancen und Risiken drastisch beeinflusst. Konkret betrifft die dominante Logik die Wahrnehmung von KI durch Führungskräfte auf verschiedenen konzeptionellen Ebenen, einschließlich Daten, Informationen, Wissen und Intelligenz. Beispielsweise werden Daten über die Fortschritte bei KI im Kontext der dominanten Managementlogik interpretiert. In ähnlicher Weise werden Informationen über Implementierungsprobleme bei speziellen KI-Lösungen durch den Informationsfilter der dominanten Logik verarbeitet. Außerdem werden strategische Entscheidungen über den Umfang und den Zeitpunkt von KI-Initiativen auf Grundlage der Wissensbasis der Führungskräfte getroffen. Darüber hinaus wird die verfügbare MI und KI eines Unternehmens durch die dominante Managementlogik beeinflusst, die sich auf Analysen und strategische Maßnahmen bei der Implementierung von KI-Lösungen und der Integration von KI und MI auswirkt. Daher kann die dominante Managementlogik eine starke Barriere oder einen starken Treiber bei der Implementierung von KI darstellen.

Überbetonung der Technologie

Die dominante Managementlogik kann die Einführung von KI-Lösungen durch ein Unternehmen behindern. Selbst wenn die Intensität der Nutzung von KI nicht beeinflusst wird, wird sich die dominante Logik auf die Art der ausgewählten Lösungen sowie ihre Implementierung und mögliche Integration mit MI auswirken. Insbesondere beeinflusst eine starke dominante Logik die strategische Interpretation der aktuellen Fortschritte bei KI im Kontext etablierter Geschäftsabläufe und Erfolgsfaktoren. Daher wird KI oft als eine neue technologische Chance angesehen, die im Rahmen der etablierten Geschäftsaktivitäten eines Unternehmens genutzt werden kann. Diese Einschätzung von KI ist meist nicht falsch, aber sie ist auch nur Teil einer komplexeren Geschichte – und Teil wesentlicher strategischer Konsequenzen, die in vielen Branchen einen disruptiven Charakter haben können. Eine solche Transformation der Branche und der zugrunde liegenden Managementlogik wird jedoch in Firmen mit einer starken dominanten Logik des Topmanagement-Teams oft unzureichend berücksichtigt. Auch wird in diesen Unternehmen das Potenzial für die Kombination von MI und KI in der Regel nicht im Detail analysiert. Daher bleiben die Möglichkeiten integrierter Intelligenz weitgehend ungenutzt.

Vielmehr beschäftigen sich die Führungskräfte in diesen Unternehmen oft unmittelbar mit den technologischen Problemen, die mit einer relativ isolierten Implementierung einzelner KI-Lösungen verbunden sind. Somit führt die dominante Logik in diesen Firmen häufig dazu, dass KI wie ein neues Software-Tool betrachtet wird. Im Gegensatz dazu werden die marktbasierten Chancen und Risiken nicht eingehend bewertet. Außerdem sind Führungskräfte in Unternehmen mit einer stark ausgeprägten dominanten Logik oft nicht bereit, die Intelligenzarchitektur ihrer Organisation grundlegend zu verändern. Dementsprechend werden neue KI-Lösungen zwar verwendet, die Implementierung konzentriert sich jedoch darauf, einige Komponenten von MI zu ersetzen oder die KI-Lösungen schlicht zur bisherigen Intelligenzarchitektur hinzuzufügen. So kann es in begrenztem Umfang zu einer Transformation der Intelligenz kommen, eine Rekombination der verschiedenen Arten von Intelligenz entsteht jedoch kaum. Eine nennenswerte Rekombination würde oft die zugrunde liegende Managementlogik infrage stellen, wodurch eine Transformation der dominanten Logik und des Geschäftsmodells erforderlich wäre. Dementsprechend überschaubar ist die Bereitschaft zu diesen grundlegenden Veränderungen.

Da KI in erster Linie aus Sicht der dominanten Managementlogik und der etablierten Intelligenzarchitektur verstanden wird, beginnen viele Unternehmen ihre KI-Initiativen mit der Analyse der technologischen Herausforderungen. Nachdem ein grundlegendes Verständnis für die Relevanz von KI für die bestehenden Geschäftsaktivitäten entwickelt wurde, wenden sich viele Firmen sofort der Auswahl eines bestimmten Anbieters von KI-Lösungen zu. Somit konzentrieren sich diese Unternehmen direkt auf die IT-Herausforderungen. Nach der Auswahl eines Lösungsanbieters wird eine spezifische KI-Lösung entwickelt oder an die Anforderungen des Unternehmens adaptiert. Oft wird die Lösung zumindest zu einem gewissen Grad an die Situation eines Unternehmens angepasst. In der Regel wird dabei jedoch nicht die gesamte Intelligenzarchitektur des Unternehmens berücksichtigt. Daher ist es oft nicht möglich, die Wechselwirkungen zwischen der KI-Lösung und den anderen Arten von Intelligenz auszunutzen. Anschließend wird die Lösung implementiert und in den internen Prozessen des Unternehmens eingesetzt. Meist liegt der Fokus dabei auf der Steigerung der Effizienz etablierter Vorgehensweisen.

Natürlich ist eine stärkere Nutzung von KI auch mit großen technologischen Herausforderungen verbunden und die jüngsten Fortschritte bei KI lassen sich weitgehend auf die grundlegende technologische Entwicklung zurückführen. Eine Überbetonung dieser technologischen Herausforderungen, insbesondere Softwarelösungen, stellt im Kontext einer dominanten Managementlogik einen natürlichen Schritt dar – aber dieses Vorgehen kann leicht zu einer ineffektiven Implementierung von KI führen. Dies kann sogar negative Auswirkungen im Wettbewerb haben, weil die etablierten Geschäftsmodelle und Geschäftsprozesse eines Unternehmens verstärkt und durch die Implementierung einiger ausgewählter KI-Lösungen nur geringfügig optimiert werden. Dadurch wird eine umfassende Transformation der Intelligenzarchitektur blockiert, weil das Unternehmen auf den ersten Blick sogar zu den führenden Firmen bei der KI-Implementierung zu gehören scheint. Anstatt dem Unternehmen zu helfen, die nächste Evolutionsstufe seiner Intelligenzarchitektur zu erreichen, kann die umgehende Implementierung spezifischer KI-Lösungen vielmehr den Status quo verstärken.

Paradoxerweise kann eine positive strategische Absicht bei der Implementierung von KI-Lösungen also nach hinten losgehen, wenn eine starke dominante Logik nur eine relativ oberflächliche Implementierung einzelner KI-Lösungen zulässt. Die unmittelbare Auswahl eines IT-Anbieters ist daher meist nicht der geeignete Weg, sich mit KI zu beschäftigen. Im Gegensatz zu einem ausgewogenen strategischen Vorgehen kann der sofortige Fokus auf IT-Herausforderungen die Wirkung von KI-Initiativen auf Effizienzsteigerung begrenzen. Die Chancen der Kombination digitaler und nicht digitaler Innovationen zur Erzielung zusätzlichen Wachstums werden hingegen vernachlässigt. Daher sollte jede KI-Initiative von Anfang an Geschäftsmodell- und Strategieexperten einbeziehen, anstatt sich ausschließlich auf IT-Experten zu verlassen. Geschäftsmodelle sollten sich nicht erst im Rahmen der Einführung von KI-Lösungen ergeben. Vielmehr sollte das Design von Geschäftsmodellen ganz am Anfang einer KI-Initiative stehen und auch nicht digitale Innovationen wie neue Produkte und Dienstleistungen berücksichtigen. Auf dieser Basis können Unternehmen von den Optimierungs- und Wachstumschancen durch KI gleichermaßen profitieren und nicht nur ihr bestehendes Geschäft durch Effizienzsteigerungen mit neuen IT-Lösungen verteidigen.

Große technologische Fortschritte treiben die aktuelle Entwicklung in Richtung KI voran, aber die zentralen Managementherausforderungen liegen oft nicht im Technologiebereich. Eine übermäßige Betonung technologischer Fragen wird daher von Nachteil sein, insbesondere zu Beginn von KI-Initiativen. In guter Absicht können Führungskräfte schnell zur KI-Implementierung übergehen und dabei auf die Relevanz agiler Ansätze zur Beschleunigung der Implementierung verweisen. Agilität ist bei der Umsetzung von KI-Initiativen tatsächlich oft von Vorteil, allerdings ist es ebenso wichtig, genügend Zeit und Ressourcen einzuplanen, um eine umfassende strategische Analyse der wachsenden Möglichkeiten von KI zu erlauben, einschließlich der möglichen Transformation der Intelligenzarchitektur und der Rekombination mehrerer Arten von Intelligenz. Dies bedeutet nicht, dass Führungskräfte die Implementierung ausgewählter KI-Anwendungen nicht beschleunigen sollten, indem sie keinem agilen Ansatz folgen. Die bloße Fokussierung auf einzelne IT-Lösungen berücksichtigt jedoch nicht die tatsächlichen Wettbewerbseffekte von KI, die weit über diese technologischen Folgen hinausgehen. Um schnelle Erfolge bei der Nutzung von KI zu erzielen, sollten Führungskräfte zumindest eine umfassende und detaillierte strategische Bewertung der Chancen und Risiken von KI mit einer agilen Implementierung ausgewählter Lösungen in Einklang bringen.

Relevanz des Geschäftsmodells

Das Geschäftsmodell ist der Schlüssel zum Verständnis der Auswirkungen von KI auf den Wettbewerb in vielen verschiedenen Branchen. Während sich viele Führungskräfte auf den technologischen Wandel konzentrieren, sind die marktbezogenen Veränderungen mindestens ebenso wichtig. Die Managementherausforderungen, die sich aus diesen Technology-Push-

und Market-Pull-Effekten ergeben, verdichten sich im Geschäftsmodell. Insbesondere geht das Geschäftsmodell über die Strategie eines Unternehmens hinaus und hilft dabei, Veränderungen in der gesamten Wertschöpfungskette der Branche sowie Veränderungen der relevanten Stakeholder im Ökosystem zu berücksichtigen. Damit trägt es dazu bei, die Auswirkungen von KI auf die Geschäftstätigkeit eines Unternehmens zu verstehen und abzubilden. Die Änderung des Geschäftsmodells beinhaltet oft eine Transformation der dominanten Managementlogik. Dies ist ein wesentlicher Unterschied zwischen Geschäftsmodellinnovationen und anderen Arten von Innovationen, wie beispielsweise neuen Produkten, Prozessen oder Dienstleistungen. Während Produkt-, Prozess- und Dienstleistungsinnovationen sich häufig innerhalb der dominanten Managementlogik eines Unternehmens bewegen, kann eine echte Geschäftsmodellinnovation die bestehende Logik infrage stellen.

Angesichts einer relativ starken dominanten Logik in vielen Firmen vernachlässigen die Führungskräfte oftmals eine systematische und vollständige Analyse der Auswirkungen von KI auf ihr Geschäftsmodell. Grundsätzlich umfasst ein Geschäftsmodell drei wichtige Bestandteile.[4] Erstens beinhaltet das Geschäftsmodell eines Unternehmens das Leistungsversprechen (»Value Proposition«), das beschreibt, welche »Gain Points« und »Pain Points« der Kunden eines Unternehmens angesprochen werden. Zweitens beschreibt das Geschäftsmodell die Wertschöpfungsaktivitäten eines Unternehmens (»Value Creation«). Diese Aktivitäten umfassen interne organisatorische Abläufe und externe Beziehungen im Ökosystem. Drittens adressiert das Geschäftsmodell die Aktivitäten der Wertaneignung (»Value Capture«). Insbesondere beschreibt dieser Teil das Ertragsmodell und liefert damit Antworten, wie ein Unternehmen sich einen Teil des geschaffenen Mehrwerts auf Grundlage der Wertschöpfungsaktivitäten aneignen kann. Durch die Integration von Leistungsversprechen, Wertschöpfung und Wertaneignung trägt das Geschäftsmodell entscheidend zum Verständnis und zur Gestaltung von KI-Initiativen bei, weil KI alle drei Bestandteile etablierter Geschäftsmodelle beeinflusst.

KI kann viele positive Auswirkungen auf das Geschäftsmodell eines Unternehmens haben. So wird KI beispielsweise Lösungen mit einem neuen Mehrwert für die Kunden ermöglichen. Auch kann KI die Grundlage für eine verbesserte Wertschöpfung bilden, indem sie die Effektivität und Effizienz der Geschäftsprozesse eines Unternehmens stärkt. Darüber hinaus ermöglicht sie eine zusätzliche Wertaneignung, zum Beispiel durch die Optimierung der Ertragsströme und Cashflows eines Unternehmens. Es bestehen also vielfältige Möglichkeiten, das Geschäftsmodell eines Unternehmens durch die Implementierung unterschiedlicher KI-Lösungen zu stärken. Gleichzeitig kann KI aber auch eine Bedrohung für etablierte Geschäftsmodelle darstellen, die je nach Art der KI unterschiedlich ausgeprägt ist. So können beispielsweise maschinelles Lernen oder Robotik das Geschäftsmodell eines Unternehmens erheblich verändern, indem ein Teil der menschlichen Arbeitskraft ersetzt wird. Dies reduziert die menschliche Wertschöpfung in einigen Bereichen und es ermöglicht neuen Marktteilnehmern, die Wettbewerbsposition in den traditionellen Märkten eines Unternehmens anzugreifen. Diese potenziellen Neueinsteiger verfügen oft nicht über eine bestehende Organisation und IT-Infrastruktur, wodurch sie schlankere Prozesse einführen können im Vergleich zu den existierenden Firmen. Somit kann das etablierte Geschäftsmodell eines Unternehmens umgehend gefährdet sein.

Diese Bedrohungen für das Geschäftsmodell eines Unternehmens sind relativ spezifisch für die jeweilige Art von KI. Allerdings gibt es über viele Branchen hinweg eine allgemeinere Entwicklung, die auf eine Kombination mehrerer Arten von KI sowie zusätzliche digitale Technologien zurückzuführen ist. Diese zentrale Bedrohung für viele etablierte Firmen besteht in der Kannibalisierung ihres Kundenzugangs durch digitale Lösungsanbieter, die KI und angrenzende Technologien nutzen, um den Kunden eines Unternehmens eine integrierte digitale Lösung anzubieten. Damit können diese Lösungsanbieter die Schnittstelle zwischen einem etablierten Unternehmen und seinen Kunden besetzen – mit potenziell dramatischen Auswirkungen auf das Geschäftsmodell und den finanziellen Erfolg des Unternehmens. Es kann also zu Situationen kommen, in denen etablierte Firmen, die physische Produkte entwickeln und vermarkten, zu reinen Hardwareanbietern degradiert werden, während die nachgelagerte Beziehung zu ihren Kunden – und die gesamte Wertschöpfung dieser Schnittstelle – von digitalen Dienstleistern übernommen wird.[5]

Tatsächlich spielt KI eine wichtige Rolle in den Geschäftsmodellen vieler Plattformanbieter wie Amazon, Google und booking.com. Die digitalen Plattformen setzen stark auf KI, um ihr Kundenerlebnis und ihr Kundenverständnis kontinuierlich zu verbessern. Auf dieser Basis kannibalisieren sie den Kundenzugang und die Kundendaten etablierter Produkthersteller oder Dienstleistungsanbieter. Vor dem Hintergrund sinkender Umsätze bei den Aktivitäten, die keine digitalen Plattformen beinhalten, müssen die meisten dieser Firmen mit den Plattformanbietern zusammenarbeiten. Allerdings wird die Zusammenarbeit die Abhängigkeit von diesem Partner – oder vielmehr Wettbewerber – weiter verstärken. Abhängig vom jeweiligen Anwendungsfall wird ein Unternehmen mehreren potenziellen Lösungsanbietern gegenüberstehen. Die Geschäftsaktivitäten des Unternehmens werden zwar weiterlaufen, aber die Margen werden in der Regel sinken, weil sich die Lösungsanbieter einen erheblichen Teil des Wertes aneignen, der den Kunden am Ende der Wertschöpfungskette geboten wird. Im Laufe der Zeit können die Lösungsanbieter ihre eigenen Geschäftsmodelle weiter optimieren, indem sie die von ihnen erfassten detaillierten Kundendaten mithilfe von KI analysieren. Dadurch werden die Dienstleistungen der Lösungsanbieter noch zielgerichteter gestaltet, sodass sie einen zusätzlichen Anteil des gesamten Werts für sich beanspruchen können.

Digitale Plattformen stellen nur die Spitze des Eisbergs neuer Geschäftsmodelle dar, die auf KI und anderen digitalen Technologien basieren. Die meisten dieser Plattformen bieten keine eigenen Hardwareprodukte an, sondern konzentrieren sich auf KI und weitere Softwarelösungen zur zielgerichteten Verknüpfung etablierter Produkte und Assets für die Kunden. Über digitale Plattformen hinaus lassen sich ähnliche Effekte in unterschiedlichen Branchen beobachten. In all diesen Branchen gibt es neue oder etablierte Anbieter, die mehrere Produkte und Komponenten mit immateriellen Dienstleistungen und KI integrieren, um den Kunden optimale Lösungen für ihre speziellen Anwendungsfälle zu liefern. Vergleichbare Entwicklungen sind derzeit in vielen Branchen zu beobachten, darunter Maschinenbau, Chemie, Elektronik, Logistik und Einzelhandel. Die Komplexität digitaler Lösungen, die KI beinhalten – aber nicht ausschließlich auf KI basieren –, ermöglicht neue Geschäftsmodelle als integrierter Lösungsanbieter. Wenn ein Unternehmen nicht in der Lage ist, selbst zu einem solchen Lösungsanbieter zu werden, ist es zumindest entscheidend, ein nachhaltiges Geschäftsmodell zu entwerfen, das trotz des Aufkommens dieser digitalen Lösungsanbieter langfristig eine vorteilhafte Wettbewerbsposition ermöglicht.

Ausgewogenheit des Geschäftsmodells

Um angesichts der wachsenden Bedeutung von KI einen nachhaltigen Wettbewerbsvorteil zu erzielen, müssen Führungskräfte offen sein, das Geschäftsmodell ihres Unternehmens zu überdenken. In diesem Zusammenhang sollten sie die Bedrohungen durch integrierte Lösungsanbieter sorgfältig untersuchen, die ihre Wettbewerbsposition in etablierten Märkten durch die Besetzung der Kundenschnittstelle kannibalisieren könnten. Gleichzeitig müssen sie die Möglichkeiten nutzen, die sich normalerweise aus der Integration aktueller KI-Lösungen in die Intelligenzarchitektur eines Unternehmens ergeben. Neben der Abwägung von Chancen und Risiken ermöglicht eine detaillierte Bewertung der Auswirkungen auf das Geschäftsmodell auch die Abwägung der technologischen Herausforderungen und Marktentwicklungen, anstatt sich zu sehr auf die Technologiethemen zu konzentrieren. Mit Blick auf den wachsenden Wettbewerbseinfluss von KI besteht daher eine Schlüsselaufgabe für Führungskräfte in der Abstimmung der Auswirkungen auf Mehrwert, Wertschöpfung und Wertaneignung im Rahmen des Geschäftsmodells – oder mehrerer neuer und sich entwickelnder Geschäftsmodelle.

Im Mittelpunkt des Geschäftsmodells steht der Mehrwert für die Kunden eines Unternehmens. Im Einklang mit der dominanten Managementlogik zögern viele Firmen, dieses Leistungsversprechen wesentlich zu verändern oder zu erweitern. Viele Führungskräfte sind bereit, einige »Pain Points« und »Gain Points« ihrer Kunden zusätzlich anzusprechen, um das Kundenerlebnis zu verbessern. Ein solcher Ansatz berücksichtigt jedoch nicht die Möglichkeit, den Mehrwert für die Kunden sowie das Geschäftsmodell vollständig zu ändern. Diese abwartende Haltung stellt eine Ursache für die Schwierigkeiten vieler Unternehmen dar, angesichts integrierter Lösungsanbieter eine profitable Wettbewerbsposition zu finden. Die Transformation des eigenen Geschäftsmodells hin zum Lösungsanbieter oder zur Besetzung einer attraktiven Position in der neu konfigurierten Wertschöpfungskette der Branche erfordert oft ein neues Leistungsversprechen für die Kunden eines Unternehmens. Da der Schwerpunkt der KI-Initiativen der meisten Firmen bisher auf Effizienzsteigerung lag, wurden Innovations- und Wachstumschancen weitgehend vernachlässigt. Es ist daher höchste Zeit, diese Ausrichtung auf Effizienz zu ergänzen und das Leistungsversprechen eines Unternehmens infrage zu stellen, um angesichts der wachsenden Bedeutung von KI die Chancen für Innovation und Wachstum wahrzunehmen (Abbildung 6). Durch einen Mehrwert, der KI mit der bestehenden menschlichen Expertise kombiniert, können Firmen oft einen nachhaltigen Wettbewerbsvorteil erzielen, selbst wenn neue Marktteilnehmer zu integrierten Lösungsanbietern in einer Branche werden.

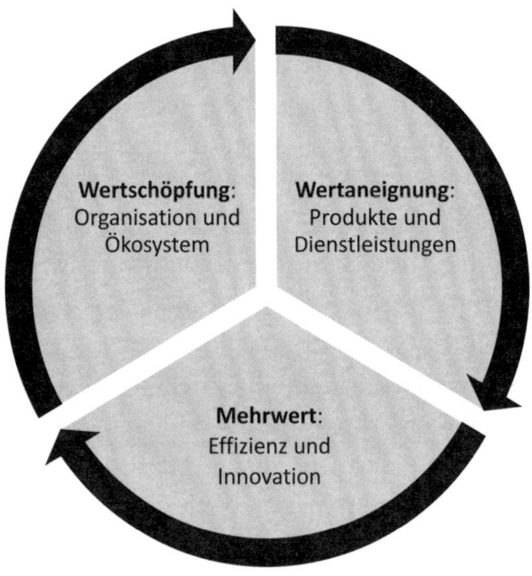

Abbildung 6: Ausgewogenheit der Bestandteile des Geschäftsmodells

Über den Mehrwert für die Kunden hinaus kann KI die Wertschöpfungsprozesse eines Unternehmens stark beeinflussen. Hier gibt es in den meisten Unternehmen bei der Implementierung von KI größere Veränderungen, weil die Nutzung von KI als Ersatz für menschliche Arbeit direkt die internen Prozesse und Wertschöpfungsaktivitäten betrifft. Die Optimierung interner Prozesse bildet einen typischen Schwerpunkt von KI-Initiativen, aber die Wirkung von KI geht oft weit über interne Prozesse hinaus. So kann sich beispielsweise auch die interne Organisation und Kultur eines Unternehmens verändern, einschließlich neuer Führungsprinzipien und Personalstrategien. Noch wichtiger als diese internen organisatorischen Effekte sind jedoch oft die Auswirkungen auf das externe Ökosystem. Vor allem erfordert eine erfolgreiche KI-Implementierung häufig die Zusammenarbeit mit mehreren externen Partnern, zum Beispiel IT-Dienstleistern, Anbietern von komplementären Produkten, integrierten Logistikdienstleistern und so weiter. In vielen Fällen sind diese Partner nicht Teil des etablierten Geschäftsökosystems eines Unternehmens. Daraus ergeben sich viele Herausforderungen beim Management der Schnittstellen und Führungskräfte sollten besonderen Wert auf die Abstimmung zwischen der internen Organisation und dem externen Ökosystem legen, um eine reibungslose Wertschöpfung über mehrere interne und externe Stufen hinweg zu gewährleisten.

Hinsichtlich der Wertaneignung im Rahmen des Geschäftsmodells kann KI ebenfalls zu großen Veränderungen führen. Insbesondere ermöglicht die neueste Datenanalytik oft zusätzliche Lösungen, die weit über die etablierten Hardwareprodukte eines Unternehmens hinausgehen. In vielen Fällen erweitern diese Lösungen das etablierte Leistungsportfolio. Die Kombination von Produkten und Dienstleistungen mit neuen Erkenntnissen aus der Datenanalytik führt zu zusätzlichen und intelligenten Lösungen für die Kunden. Somit kann sich das Ertragsmodell eines Unternehmens durch KI deutlich ändern. In der Vergangenheit hatten viele Firmen bereits erhebliche Schwierigkeiten, ihr produktgetriebenes Geschäft auf einen stärker serviceorientierten Ansatz umzustellen. Die zusätzliche Kombination mehrerer materieller und immaterieller Komponenten zu Lösungen stellt noch eine weitere Ebene dar. Hierfür sind häufig Transformationsprozesse in mehreren Schritten nötig, um gleichzeitig den Ansprüchen interner und externer Stakeholder zu genügen. KI ist oft Teil von Produkten und Dienstleistungen, aber der eigentliche Wert für einen Kunden entsteht durch die integrierte Intelligenz. Daher müssen die Erlösströme als Bestandteil des Geschäftsmodells den Wert widerspiegeln, der durch die Intelligenz und nicht durch die reinen Produkte und Dienstleistungen entsteht.

Zusammenfassend lässt sich sagen, dass KI oft große Veränderungen in den Bereichen Wertschöpfung und Wertaneignung von Geschäftsmodellen mit sich bringt. Außerdem ermöglicht KI häufig einen völlig neuen Mehrwert für die Kunden eines Unternehmens. KI kann sich also auf alle drei Teile des Geschäftsmodells auswirken – auf Ebene eines einzelnen Unternehmens, aber auch auf Ebene der gesamten Wertschöpfung und der Wertaneignung einer Branche. Daher müssen Führungskräfte den potenziell limitierenden Charakter ihrer eigenen Managementlogik erkennen. Dies ist besonders wichtig, wenn die Logik vom gesamten Topmanagement geteilt wird. Durch eine umfassende Betrachtung des Geschäftsmodells können Führungskräfte den typischen Fehler vermeiden, sich sofort auf die technologischen Herausforderungen der KI-Implementierung zu konzentrieren. Gleichzeitig ermöglicht das Geschäftsmodell eine Perspektive über KI hinaus in Richtung einer integrierten Betrachtung der Intelligenzarchitektur. Je stärker neue KI-Lösungen in die anderen Teile der Intelligenzarchitektur eines Unternehmens integriert sind, desto nachhaltiger wird das Geschäftsmodell in der Regel sein. Um einen dauerhaften Wettbewerbsvorteil durch KI zu erzielen, müssen Führungskräfte daher die interne Organisation und die externen Ökosysteme aufeinander abstimmen.

Teil D
Organisation

Kapitel 10

Interne Organisation und externe Ökosysteme

Die verschiedenen Arten von Intelligenz eines Unternehmens beruhen stark auf der internen Organisation. Allerdings kann kein Unternehmen alle erforderliche Intelligenz intern verfügbar haben, nicht einmal die größten multinationalen Unternehmen. Daher spielen auch externe Faktoren, wie das Wettbewerbsumfeld und Ökosystem, eine Rolle für das Verständnis und die Entwicklung der Intelligenzarchitektur eines Unternehmens. Die Unterscheidung von internen und externen Faktoren, welche die Intelligenz eines Unternehmens beeinflussen, erscheint aus Sicht der Strategieentwicklung und -umsetzung relativ üblich. Dennoch stellt die Gestaltung der Organisation sowie der Grenzen eines Unternehmens aus intelligenzbasierter Perspektive oft eine komplexe Herausforderung dar. Dabei geht eine intelligenzbasierte Sichtweise von einer Gestaltung der Unternehmensgrenzen dahingehend aus, dass diese den Nutzen der verschiedenen Arten von Intelligenz maximieren.[1] Firmen entscheiden, ob eine Tätigkeit am besten innerhalb ihrer Unternehmensgrenzen oder über die Märkte für Intelligenz durchgeführt wird unter Berücksichtigung der Kosten und Vorteile dieser Alternativen für den Unternehmenserfolg.[2]

In den letzten Jahren war in vielen Firmen ein Trend zum Outsourcing verschiedener Tätigkeiten, wie zum Beispiel der Fertigung, zu beobachten. Trotz dieses generellen Outsourcing-Trends müssen Unternehmen ihre interne Intelligenzarchitektur weiterentwickeln, weil ein vollständiges Outsourcing von Intelligenz kaum möglich und höchstwahrscheinlich auch nachteilig wäre. Die Intelligenzarchitektur betrifft den Kern von Firmen und ihre Komplexität erfordert ein koordiniertes Vorgehen unterschiedlicher Spezialisten. Die Märkte für Intelligenz sind häufig mindestens aus den folgenden drei Gründen nicht in der Lage, diese Koordinierungsfunktion zu übernehmen. Erstens beinhalten die verschiedenen Arten von Intelligenz eines Unternehmens oft ein gewisses Maß an Neuheit, vor allem wenn sie zur gesamten Intelligenzarchitektur kombiniert werden. Daher kann die Vielfalt der Intelligenzarten häufig nicht über den Markt erworben werden. Zweitens birgt die Vermarktung vieler Arten von Intelligenz das Risiko, dass ihre relevanten Eigenschaften anderen offengelegt werden.[3] Diese Schwierigkeiten können teilweise durch Rechte an geistigem Eigentum verringert werden, aber es bleiben viele Herausforderungen, wenn Firmen von immaterieller Intelligenz profitieren möchten. Drittens erfordern die Spezifität und Komplexität vieler Intelligenzarten meist große Anpassungen, wenn man sie über die Märkte für Intelligenz bezieht. So müssen beispielsweise die kreative Intelligenz der Mitarbeiter oder bestimmte Algorithmen auf Basis von maschinellem Lernen auf die spezifischen Anforderungen eines Unternehmens zugeschnitten werden, um eine ausreichende Anpassung an die Organisation sicherzustellen.

Aus diesen und weiteren Gründen sind die Märkte für Intelligenz oft ineffizient und Unternehmen müssen geeignete Wege finden, um von externer Intelligenz zu profitieren. Somit erfüllen Firmen eine wichtige Funktion, indem sie die verschiedenen Arten von Intelligenz ihrer Mitglieder integrieren und dabei eine enge Abstimmung der Intelligenzarchitektur mit den organisatorischen Rahmenbedingungen sicherstellen. Die verschiedenen Arten von Intelligenz bieten die Möglichkeit, einen Wettbewerbsvorteil zu erzielen, weil sie oft nicht über den Markt erhältlich sind. Die Ineffizienzen der Märkte sind besonders groß für die Meta-Intelligenz, welche die Transformation und Rekombination der verschiedenen Intelligenzarten umfasst. Aufgrund dieser dynamischen Eigenschaften ist die Meta-Intelligenz meist eng mit der jeweiligen Situation eines Unternehmens verbunden und kann kaum effektiv auf andere Organisationen übertragen werden. Daher ist davon auszugehen, dass der interne Aufbau der Meta-Intelligenz noch wichtiger ist im Vergleich zu den anderen Arten von Intelligenz, bei denen man stärker auf externe Faktoren im Unternehmensumfeld zurückgreifen kann.

Grenzen des Unternehmens

Um die Unternehmensgrenzen festzulegen, ist es hilfreich, vier inhaltlich verwandte Fragen im Zusammenhang mit den Vor- und Nachteilen von Unternehmen und Märkten zu beantworten.[4] Erstens geht eine intelligenzbasierte Sichtweise davon aus, dass die Märkte für viele Standardaktivitäten und Produkte mit einem begrenzten Intelligenzgrad relativ gut funktionieren. Zweitens scheitern Märkte als eine Form der Governance bei viele Komponenten, Produkten und Dienstleistungen mit höherem Intelligenzgrad aus den oben genannten Gründen. Daher sind die Märkte für Intelligenz ineffizient im Vergleich zu vielen anderen Märkten, wie beispielsweise den Finanzmärkten. Drittens deutet eine intelligenzbasierte Perspektive darauf hin, dass die interne Governance in einem Unternehmen für viele Arten von Intelligenz relativ gut funktioniert, da ein vollständiges Outsourcing der Intelligenzarchitektur normalerweise unmöglich ist. Viertens sind viele Organisationen nicht in der Lage, alle Aktivitäten, die für die Entwicklung ihrer Intelligenzarchitektur entscheidend sind, intern durchzuführen. Dies liegt vor allem an der Vielfalt der Expertise, die für die verschiedenen Arten von Intelligenz benötigt wird. Daher nutzen viele Unternehmen Kooperationen mit anderen Firmen, um ihre Intelligenzarchitektur zu stärken.

Eine intelligenzbasierte Sichtweise berücksichtigt daher explizit den Trend zu externen Netzwerken, Open Innovation und Co-Creation. Um mit externen Partnern zusammenzuarbeiten und auf externe Intelligenz zurückzugreifen, verlassen sich Unternehmen auf viele verschiedene Ansätze, zum Beispiel Crowdsourcing, F&E-Allianzen, Einbindung von Kunden und verschiedene Arten von Intelligenzintermediären. Eine starke Einbindung in externe Netzwerke ist jedoch kein neuer Trend und stellt auch nicht die Argumentation infrage, dass die Märkte für Intelligenz relativ ineffizient sind. Hybride Formen zur Koordination der Intelligenzarchitektur, zum Beispiel strategische Allianzen, werden immer wichtiger, sie stellen in der Regel aber eher eine Ergänzung und keinen Ersatz für die interne Intelligenzarchitektur dar. Trotz dieses Trends zur Öffnung der Intelligenzarchitektur von Firmen werden wesentliche Arten von Intelligenz weiterhin innerhalb der Unternehmensgrenzen koordiniert. Diese

Perspektive steht im Einklang mit ressourcenbasierten Argumenten, denn auch Unternehmen, die stark auf Kooperationen mit anderen Firmen angewiesen sind, führen die wichtigen Aktivitäten zur Orchestrierung ihrer Netzwerke intern durch.

Außerdem kann die spezifische Position eines Unternehmens in einem erweiterten Intelligenznetzwerk die Grundlage für nachhaltigen Unternehmenserfolg bilden, weil die Effizienz der allgemeinen Märkte für Intelligenz im Vergleich zu vielen anderen Märkten begrenzt bleiben wird. Der zunehmend netzwerkbasierte Charakter der Intelligenzarchitekturen vieler Firmen führt also nicht zu einer weniger wichtigen Rolle der internen Intelligenz, weil die Kooperationen mit externen Partnern die interne Architektur ergänzen. Da KI neue Möglichkeiten bietet, die Intelligenzarchitektur eines Unternehmens über die Grenzen seiner Organisation hinaus auszuweiten, kann die Relevanz der verschiedenen Arten von Intelligenz für den Unternehmenserfolg sogar verstärkt werden. Auch können sich die internen Aktivitäten eines Unternehmens stärker zur Orchestrierung externer Netzwerke hin entwickeln und viele Firmen werden von integrierten Intelligenzentwicklern zu vernetzten Intelligenzbrokern, weil sie für ihre verschiedenen Arten von Intelligenz stark auf interne und externe Treiber zurückgreifen.

Eine intelligenzbasierte Sichtweise ergänzt viele bestehende Perspektiven von Organisationsgrenzen durch die detaillierte Berücksichtigung der Tatsache, dass Intelligenz die Grenzen von Unternehmen überschreitet. Ein Unternehmen ist in ein Ökosystem eingebettet, zu dem beispielsweise komplementäre Arten von Intelligenz in anderen Firmen gehören. Das Ökosystem geht oft nicht mit den traditionellen Branchengrenzen einher und diese Sichtweise des Ökosystems hilft dabei, ein starres Verständnis einer endogenen internen Organisation und eines exogenen externen Umfelds zu vermeiden. Unternehmen müssen meist verschiedene interne Einschränkungen bei der Gestaltung ihrer Intelligenzarchitektur berücksichtigen, da die Entwicklung der Intelligenzarten Pfadabhängigkeiten aufweist. Gleichzeitig unterstreicht eine intelligenzbasierte Sichtweise die Möglichkeiten von Firmen, ihr Umfeld aktiv so zu gestalten, dass es zu ihren Intelligenzarten passt – auch wenn Maßnahmen, das Umfeld zu gestalten, sehr anspruchsvoll und komplex sind. So können Unternehmen beispielsweise nicht nur versuchen, ihr Ökosystem zu beeinflussen, sondern auch die Rahmenbedingungen für Innovation und die Branchenstruktur zu gestalten, die nicht vollständig exogen vorgegeben sind.[5] Bei Entscheidungen zur Gestaltung der Unternehmensgrenzen versuchen Firmen in der Regel, den Wert für ihre Intelligenzarchitektur zu maximieren und nicht nur die Kosten zu minimieren, zum Beispiel Transaktionskosten.[6]

Die Intelligenzarchitektur eines Unternehmens und die verschiedenen Arten von Intelligenz hängen von mehreren internen und externen Faktoren auf verschiedenen Ebenen ab. Die Unterscheidung von internen und externen Faktoren hilft dabei, die Schlüsselfaktoren auf mehreren Ebenen zu kategorisieren. Dies bedeutet allerdings nicht, dass die internen Faktoren endogen und die externen Faktoren exogen sind. Stattdessen können Unternehmen eine Teilmenge der internen und externen Faktoren aktiv beeinflussen, während die übrigen internen und externen Faktoren im Rahmen des Managements der Intelligenz kaum beeinflusst werden können. Da es schwer möglich ist, eine umfassende Liste aller Faktoren zu erstellen, welche die verschiedenen Arten von Intelligenz eines Unternehmens beeinflussen, liefert die folgende Diskussion lediglich einen illustrativen Überblick (Abbildung 7).

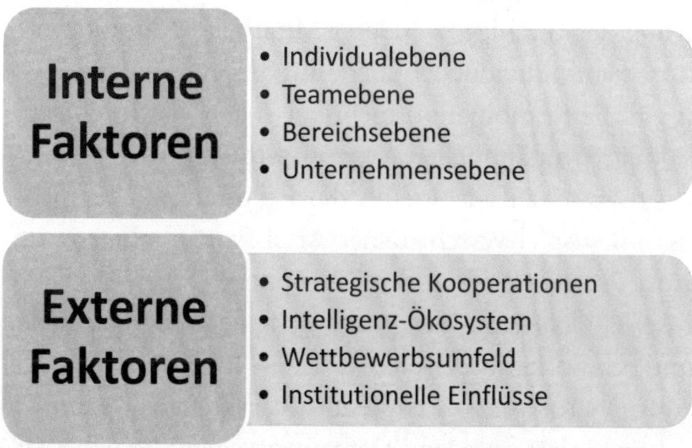

Abbildung 7: Interne und externe Faktoren auf mehreren Ebenen
Quelle: teilweise angepasst aus Lichtenthaler, 2016, Management Decision[7]

Interne Faktoren auf mehreren Ebenen

Mit Blick auf die internen Faktoren, welche die Intelligenzarchitektur eines Unternehmens beeinflussen, befinden sich einige Schlüsselfaktoren auf der Ebene von Individuen, Teams, Bereichen und des gesamten Unternehmens. Die Faktoren auf Individualebene beziehen sich auf spezifische Treiber von KI und MI, die zu den jeweiligen Arten von Intelligenz beitragen, selbst wenn sie relativ isoliert verwendet und nicht durch andere Faktoren ergänzt werden. Bezüglich MI kann beispielsweise die individuelle Kreativität ausgewählter Mitarbeiter eine wichtige Grundlage für die Erzielung eines Wettbewerbsvorteils darstellen. Beispiele dafür sind F&E-Abteilungen oder Marketingagenturen. Hinsichtlich KI kann beispielsweise ein bestimmter Algorithmus die Effizienz der internen Prozesse eines Unternehmens deutlich verbessern und gleichzeitig nur schwer von Wettbewerbern nachgeahmt werden. Während diese Faktoren auf individueller Ebene eine Schlüsselrolle spielen, beeinflussen sie auch Faktoren auf anderen Ebenen. So können beispielsweise Topexperten für bestimmten Bereiche von KI die Auswahl der besten KI-Lösungen für das verfügbare Budget sicherstellen. Diese KI-Lösungen können dann wiederum zusätzliche Vorteile bieten. Weitere Beispiele für Faktoren auf individueller Ebene sind die Fähigkeiten des Chief Executive Officer und die Ausgestaltung der Intelligenz anderer Mitarbeiter. So konzentrieren sich diese Faktoren auf individueller Ebene auf die jeweilige Intelligenz an sich und nicht auf die Kombination mehrerer Arten von Intelligenz oder auf mehrere Akteure mit ähnlichen Arten von Intelligenz.

Im Gegensatz dazu adressieren die Faktoren auf Teamebene genau dieses Zusammenspiel verschiedener Arten von Intelligenz im Rahmen eines Teams, Projekts oder anderer Gruppen. Daher ist die Teamebene der Schlüssel zur Nutzung der positiven Synergien verschiedener Arten von MI und KI. So kann beispielsweise ein Investmentmanager Anlageentscheidungen auf Basis von Vorkenntnissen treffen, die mit KI-basierten Analysen kombiniert werden. Dementsprechend ergibt sich der spezifische Wert aus dem Zusammenspiel von MI und KI, das Situationen mit gepoolter, sequenzieller oder reziproker Interdependenz umfassen kann. Insbesondere kann es zu Interaktionen zwischen verschiedenen Arten von MI, zu Interaktionen zwischen verschiedenen Arten von KI und zu Interaktionen zwischen verschiedenen Arten von MI und KI kommen. Die Faktoren auf Teamebene berücksichtigen daher nicht die Expertise eines einzelnen Mitarbeiters bei der Auswahl der geeignetsten KI-Lösung, die anschließend relativ unabhängig implementiert wird. Stattdessen beziehen sich diese Faktoren auf die Kombination mehrerer Arten von Intelligenz in konkreten Projekten, Workflows, Communities-of-Practice und weiteren Gruppen. So spielen beispielsweise die komplementäre Intelligenz des Topmanagements und die Qualität der Zusammenarbeit in Innovationsprojekten hierbei eine wichtige Rolle. Darüber hinaus können die Einstellungen verschiedener Mitarbeiter eines Unternehmens gegenüber KI die effektive Umsetzung von KI-Lösungen erleichtern oder behindern.

Die Determinanten von Intelligenz auf Bereichsebene sind besonders wichtig in großen Firmen mit mehreren Geschäftsbereichen oder funktionalen Bereichen. In kleineren Unternehmen überschneidet sich die Bereichsebene mit der Organisationsebene. Auch auf Bereichsebene streben Unternehmen die Kombination verschiedener Arten von KI und MI an. Im Gegensatz zur Teamebene liegt der Fokus jedoch nicht auf einer bestimmten Art der Interaktion. Vielmehr versuchen Firmen, mehrere Arten von Intelligenz zu integrieren, um strategische Ziele zu erreichen. Beispielsweise können Unternehmen »Cognitive Analytics« und komplexe »Enterprise Search«-Plattformen verwenden, um alle Daten, Informationen, Wissen und Intelligenz, die sie auf Systemebene in einem bestimmten Geschäftsbereich haben, zu nutzen und zu integrieren. Diese Tools zur Integration verschiedener Arten von Intelligenz können als Weiterentwicklung traditioneller Marktforschungsinstrumente und Wissensmanagementsysteme der Geschäftsbereiche betrachtet werden. Dabei liegt der Fokus auf der Erleichterung und Förderung der Interaktionen von Gruppen durch Bereitstellung der notwendigen Infrastruktur auf Ebene von Geschäftsbereichen oder funktionalen Bereichen.

Die Faktoren auf Unternehmensebene umfassen die Determinanten der Intelligenz, die eindeutig auf die gesamte Organisation zurückzuführen sind. Als solche gehen diese Faktoren über die Vorteile der Integration mehrerer Intelligenzarten auf Ebene eines einzelnen Geschäftsbereichs oder Funktionsbereichs hinaus. Zum Beispiel werden Unternehmen von Synergien profitieren, indem sie die verschiedenen Arten von KI und MI eines Geschäftsbereichs mit einigen ausgewählten Arten von KI und MI eines anderen Geschäftsbereichs kombinieren. Somit kann die gesamte Intelligenzarchitektur einer großen Organisation die Grundlage für die Realisierung intelligenzbasierter Synergien in diversifizierten Unternehmen bilden. Ähnliche Vorteile erzielt man durch die Kombination der Intelligenz verschiedener Funktionsbereiche. So kann beispielsweise die marktbezogene Intelligenz der Marketingabteilung mit der kreativen Intelligenz der F&E-Abteilung und den komplexen Analytiklösungen des Customer-Relationship-Managements im Vertrieb integriert werden, um die nächste Produktgeneration zu optimieren. Außerdem trägt die Unternehmensebene entscheidend zur Entwicklung der Meta-Intelligenz bei, mit der die Intelligenzarchitektur über die verschiedenen Bereiche hinweg transformiert und neu kombiniert werden kann. Darüber hinaus umfassen die Faktoren auf Unternehmensebene die Organisationskultur und die Unternehmensgröße, wobei größere Firmen aufgrund ihrer großen internen Intelligenzarchitektur gewisse intelligenzbasierte Vorteile haben können.

Viele dieser internen Faktoren sollten bewusst beeinflusst werden, um die Intelligenzarchitektur eines Unternehmens zu optimieren. Andere Faktoren, zum Beispiel Unternehmensgröße und die Diversität des Topmanagement-Teams, können zur Stärkung der Intelligenz eines Unternehmens kurzfristig kaum beitragen. Außerdem gibt es wichtige Bottom-up- und Top-down-Prozesse, welche die internen Faktoren auf mehreren Ebenen prägen. So stellen beispielsweise Mechanismen zur sozialen Integration einen wichtigen internen Faktor dar, weil sie das gegenseitige Verständnis im Unternehmen erleichtern, das für verschiedene Intelligenztreiber entscheidend ist. Darüber hinaus gibt es einige Ähnlichkeiten, aber auch wichtige Unterschiede zwischen den Determinanten verschiedener Arten von Intelligenz. Manche Determinanten können mehrere Intelligenzarten positiv beeinflussen, wohingegen andere nur eine Art positiv beeinflussen und negative Auswirkungen auf weitere Arten haben. So kann beispielsweise ein KI-basiertes Tool für das Ideenmanagement die kreative Intelligenz eines Unternehmens stärken, aber gleichzeitig zu fehlender Änderungsbereitschaft bezüglich der Meta-Intelligenz führen, weil es die Offenheit zur Transformation der gesamten Intelligenzarchitektur reduzieren kann. Daher müssen Unternehmen geeignete Rahmenbedingungen für jede Art von Intelligenz schaffen und sie sollten ein Management der Intelligenzarchitektur auf Unternehmensebene etablieren.

Die Optimierung der gesamten Intelligenzarchitektur im Hinblick auf alle Intelligenzarten ist wichtig, da in aller Regel nur begrenzte Budgets für die Verbesserung der Intelligenzarchitektur und das Zusammenspiel der Intelligenzdeterminanten zur Verfügung stehen. Eine intelligenzbasierte Sichtweise verdeutlicht dabei die Wechselwirkungen zwischen den verschiedenen Arten von Intelligenz und der Meta-Intelligenz. Abhängig von der jeweiligen Strategie wird sich ein Unternehmen auf bestimmte Arten von Intelligenz mehr oder weniger stark konzentrieren. Auch sollte versucht werden, ein gewisses Gleichgewicht zwischen KI, MI und der Meta-Intelligenz herzustellen. Basierend auf ihren entsprechenden Schwerpunkten versuchen Firmen, ihre Intelligenzarchitektur mit ihrer Strategie in Einklang zu bringen unter Berücksichtigung mehrerer Kontextfaktoren. Die Determinanten der verschiedenen Intelligenzarten sind also auch mit der Strategie eines Unternehmens verknüpft. Daher müssen Entscheidungen über die verschiedenen Arten von Intelligenz auf die strategischen Schwerpunkte eines Unternehmens abgestimmt werden. Im Laufe der Zeit wird der Fokus auf bestimmte Arten von Intelligenz in Abstimmung mit der Strategie eines Unternehmens zu einer spezifischen Intelligenzarchitektur führen, die eine Anpassung an verschiedene Kontextfaktoren ermöglicht.

Externe Faktoren auf mehreren Ebenen

Über die internen Determinanten der Intelligenzarchitektur hinaus wird das Niveau eines Unternehmens in den verschiedenen Arten von Intelligenz auch von externen Faktoren außerhalb der Organisationsgrenzen beeinflusst. Natürlich sind die internen Faktoren entscheidend für die Intelligenzarchitektur eines Unternehmens. Doch selbst die größten Firmen wissen nicht alles, was sie wissen müssten, um ihre Intelligenzarchitektur vollständig intern zu entwickeln. Daher können Unternehmen auf mehrere externe Faktoren zugreifen, die ihr Niveau der verschiedenen Intelligenzarten beeinflussen. Auch wenn nicht alle externen Faktoren aktiv von der Firma beeinflusst werden, können Führungskräfte viele Schritte unternehmen, um das Umfeld zu ihren Gunsten zu gestalten. Wie die internen Faktoren können auch die externen Faktoren in unterschiedliche Analyseebenen eingeteilt werden. Die in Abbildung 7 dargestellte Liste der externen Faktoren bietet keine umfassende Beschreibung aller relevanten Faktoren, sondern einen illustrativen Überblick. Die externen Faktoren, welche die Intelligenzarchitektur eines Unternehmens beeinflussen, betreffen die Ebenen der strategischen Kooperationen, des Intelligenz-Ökosystems, des Wettbewerbsumfelds und der institutionellen Einflüsse.

Die Faktoren auf Ebene strategischer Kooperationen beziehen sich auf alle Arten von Kooperationen, die ein Unternehmen aktuell mit externen Partnern hat. Zu diesen Partnerschaften gehören Joint Ventures, strategische Allianzen, Lizenzverträge und viele andere Arten formaler und informeller Partnerschaften. Aus einer intelligenzbasierten Perspektive können Firmen diese Beziehungen nutzen, um auf externe Intelligenz zuzugreifen. Insbesondere können Unternehmen bevorzugten Zugang zur jeweiligen externen Intelligenz haben, über die potenzielle Wettbewerber nicht verfügen. Damit bilden die externen Partnerschaften die erweiterte Intelligenzarchitektur, die über die Unternehmensgrenzen hinausgeht. Beispielsweise werden Firmen die MI der Mitarbeiter eines Kooperationspartners nutzen. Außerdem kann die Anwendung von KI enge Beziehungen zu spezialisierten Dienstleistern umfassen, die einem Unternehmen helfen, den Wert der KI-Lösungen vollständig auszunutzen. Externe Partnerschaften können auch ein Schlüsselfaktor für die Entwicklung der Meta-Intelligenz sein, da das externe Netzwerk eines Unternehmens große Vorteile für die Flexibilität und Anpassungsfähigkeit an Umweltveränderungen bietet. Dadurch erleichtern externe Partnerschaften die Transformation und Rekombination der verschiedenen Arten von Intelligenz.

Außer den vertraglich vereinbarten Kooperationen mit anderen Organisationen gibt es wichtige Determinanten der Intelligenz eines Unternehmens auf Ebene des Intelligenz-Ökosystems. Das Intelligenz-Ökosystem umfasst alle Stakeholder und Parteien im Umfeld eines Unternehmens, die aus intelligenzbasierter Sicht relevant sind. Dies können beispielsweise Kunden, Lieferanten und andere »übliche Verdächtige« sein, die den traditionellen Teil des Unternehmensumfelds darstellen. Angesichts der zunehmenden Nutzung von KI gibt es aber auch weitere Stakeholder, die eine Schlüsselrolle spielen können. So sind beispielsweise die Anbieter komplementärer Dienstleistungen wichtig, da nur ihre Dienstleistungen ein umfassendes und personalisiertes Erlebnis für die Kunden auf Grundlage komplexer Kundendatenanalysen ermöglichen. Die Bedeutung komplementärer Lösungen zeigt sich besonders gut in der Elektronikindustrie, zum Beispiel mit unzähligen Apps, welche die gleiche Hardware und das gleiche Betriebssystem verwenden. Sie betrifft jedoch auch viele andere Branchen und ist insbesondere in der Fertigung relevant, wo intelligente Produktionslösungen typischerweise Software, Komponenten und Dienstleistungen mehrerer Akteure umfassen, die ein starkes Ökosystem bilden. Auf dieser Basis treffen Kunden am Ende der Wertschöpfungskette oft strategische Entscheidungen zwischen verschiedenen Ökosystemen und nicht zwischen verschiedenen Produkten oder Dienstleistungen eines einzelnen Unternehmens.

Faktoren, die sich auf das Wettbewerbsumfeld beziehen, umfassen vor allem die intelligenzbasierten Aktivitäten der derzeitigen Wettbewerber und das Potenzial für den Markteintritt neuer Wettbewerber. Viele Firmen neigen dazu, einige der strategischen Entscheidungen und Initiativen aktueller Wettbewerber bei KI nachzuahmen. In der Tat haben die Ankündigungen einer stärkeren Nutzung von KI durch Wettbewerber viele Unternehmen motiviert, in eine ähnliche Richtung zu gehen, auch wenn sie anfänglich eher zögerten, solche Initiativen zu starten. Die Angst vor Wettbewerbsnachteilen durch einen verspäteten Start bei KI bildet jedoch oft einen starken Anreiz, um zumindest in ausgewählte KI-Anwendungen zu investieren. Aus einer intelligenzbasierten Perspektive ist es außerdem wichtig, nicht nur die aktuellen Wettbewerber eines Unternehmens, sondern auch potenzielle Neueinsteiger zu berücksichtigen. Dies können Firmen aus anderen Branchen sein, die ihre vorhandene Intelligenz in neue Bereiche einbringen. Auch können Start-up-

Unternehmen KI für den Markteintritt nutzen, indem sie den bisherigen Kunden eines Unternehmens einen einzigartigen Mehrwert bieten. Dabei ist vor allem die Bedrohung durch integrierte Lösungsanbieter, welche die Kundenschnittstelle eines Unternehmens besetzen, nicht zu unterschätzen.

Die Kategorie der institutionellen Einflüsse umfasst unter anderem externe wissenschaftliche Entwicklungen und Rahmenbedingungen für Innovation. Die aktuellen Fortschritte in der Grundlagenforschung und angewandten Entwicklung in vielen Bereichen der KI zeigen die Bedeutung institutioneller Einflüsse. Ohne diese generellen wissenschaftlichen Fortschritte wären die meisten aktuellen KI-Initiativen nicht möglich. Auch wenn ein großer Teil der Fortschritte bei KI-Anwendungen von Unternehmen erzielt wird – ein größerer Teil als in vielen anderen wissenschaftlichen Feldern –, profitieren alle Firmen von der generellen Zunahme des Wissens und der Intelligenz über die verschiedenen Bereiche von KI. Häufig bestehen enge Verbindungen zwischen den wissenschaftlichen Entwicklungen verschiedener öffentlicher und privater Institutionen in einem bestimmten KI-Bereich, darunter Universitäten, Forschungsinstitute, große multinationale Unternehmen und kleine Start-up-Firmen. Dennoch konzentrieren sich die meisten Akteure auf bestimmte proprietäre Erkenntnisse und Intelligenz. Dabei sind die Rahmenbedingungen für Innovation entscheidend. Mithilfe von Patenten und verschiedenen anderen Schutzmechanismen versuchen Firmen, sich einen großen Teil des Wertes ihrer internen Intelligenz und wissenschaftlichen Entwicklungen anzueignen. Insgesamt gehen diese Umweltfaktoren über die Branche und das Ökosystem eines Unternehmens hinaus, können aber direkt die Entwicklung der Intelligenz eines Unternehmens tangieren.

Einige dieser externen Faktoren können zumindest teilweise beeinflusst werden, um die Intelligenzarchitektur eines Unternehmens zu stärken. So können Führungskräfte beispielsweise aktiv die Entwicklung komplementärer Dienstleistungen im Ökosystem adressieren und bis zu einem gewissen Grad auch die Rahmenbedingungen für Innovation. Dabei können Firmen versuchen, ein sich entwickelndes dominantes Design mit speziellen Schnittstellen für bestimmte KI-Lösungen zu beeinflussen. Auf diese Weise können Firmen die Chancen zur Vermarktung ihrer eigenen KI-Lösungen verbessern. Diese Auswirkungen veranschaulichen die Möglichkeiten, die erfolgreiche Nutzung der Intelligenz eines Unternehmens zu beeinflussen. Viele andere Faktoren, beispielsweise der wissenschaftliche Fortschritt, sind in Bezug auf die Intelligenzarchitektur eines Unternehmens weitgehend exogen. Auch das Marktumfeld kann nur bedingt beeinflusst werden. Allerdings können wettbewerbsintensive Märkte die Effekte mehrerer externer Faktoren auf die Intelligenzarchitektur eines Unternehmens verstärken. Daher ist es wichtig, die externen Determinanten der Intelligenzarchitektur stets im Auge zu behalten. Führungskräfte können die externen Rahmenbedingungen beeinflussen, um das Niveau ihres Unternehmens bei den wichtigsten Intelligenzarten zu stärken. Dieser Fokus auf ausgewählte Arten von Intelligenz muss mit der Strategie des Unternehmens abgestimmt werden, um die Aufmerksamkeit auf die externen Faktoren zu lenken, die für die Intelligenzstrategie am wichtigsten sind.

Unter den vielfältigen externen Faktoren sind die strategischen Kooperationen besonders entscheidend. Diese Partnerschaften können aktiv beeinflusst werden und der bevorzugte Zugang zum Wissen und zur Intelligenz, die Teil dieser Netzwerke sind, erweitert die interne Intelligenzarchitektur eines Unternehmens. Angesichts der Ineffizienzen der Märkte für Intelligenz sind diese externen Partnerschaften ein wichtiges Instrument zur Nutzung dieser Märkte. Daher sollte das gesamte Portfolio strategischer Allianzen und weiterer Kooperationen eines Unternehmens orchestriert werden, um deren Auswirkungen auf die Intelligenzarchitektur zu optimieren. Beispielsweise kann ein Unternehmen mehrere Kooperationen eingehen, um komplementäre Effekte auf seine interne Intelligenz zu erzielen. Dabei ist es hilfreich, das externe Netzwerk so zu orchestrieren, dass die Netzwerkposition eines Unternehmens mit der Strategie zur Erweiterung der internen Intelligenzarchitektur durch die externen Beziehungen abgestimmt ist. Insbesondere kann ein Unternehmen versuchen, einige interne Intelligenzschwächen auszugleichen, indem es starke externe Partnerschaften in diesen Bereichen aufbaut.

Daher ist der Aufbau und die Orchestrierung der Partnerschaften und anderer externer Faktoren wichtig für die aktive Entwicklung der Intelligenzarchitektur eines Unternehmens. Externe Netzwerke an sich sind notwendig, aber nicht hinreichend, um die Intelligenzarchitektur eines Unternehmens tatsächlich zu verbessern. Um von den Märkten für Intelligenz voll zu profitieren, benötigen Firmen »Absorptive Capacity«, womit die Fähigkeit bezeichnet wird, geeignete externe Quellen zu identifizieren, das relevante Wissen und die Intelligenz zu erwerben und diese schließlich zu nutzen.[8] Neben dieser Fähigkeit zum Wissenstransfer ins Unternehmen hinein müssen Firmen auch »Desorptive Capacity« entwickeln, womit die Fähigkeit bezeichnet wird, externe Nutzungsmöglichkeiten für die Intelligenz eines Unternehmens zu erkennen und das relevante Wissen an externe Partner zu übertragen.[9] Da viele intelligenzbasierte Kooperationen einen wechselseitigen Transfer von MI und KI zwischen den Partnern beinhalten, können »Absorptive Capacity« und »Desorptive Capacity« entscheidend sein, um von den externen Determinanten der Intelligenzarchitektur eines Unternehmens zu profitieren.

Andernfalls wäre ein Unternehmen an externen Partnerschaften und Ökosystemen beteiligt, die kaum positive Effekte auf das Niveau der verschiedenen Intelligenzarten haben. Unternehmen benötigen also ein gewisses Niveau der jeweiligen Art von Intelligenz, um den Wert externer Partnerschaften für diese Intelligenz zu erfassen. Diese Verknüpfungen zwischen internen und externen Faktoren unterstreichen die Notwendigkeit eines ganzheitlichen Ansatzes beim Management und der Gestaltung der Intelligenzarchitektur. Eine vollständig interne Entwicklung aller Arten von Intelligenz ist oft kaum möglich und auch ein vollständiges Outsourcing bestimmter Arten von Intelligenz stellt meist keine Option dar. Vielmehr müssen Führungskräfte die internen und externen Faktoren in Einklang bringen, um gemeinsam zu den Intelligenzniveaus zu gelangen, die für die erfolgreiche Entwicklung und Umsetzung der Unternehmensstrategie erforderlich sind. Angesichts der Dynamik der Intelligenzarchitektur eines Unternehmens ist dieses Ausbalancieren ein zentraler Bestandteil der Meta-Intelligenz und es ist eine wichtige Grundlage für intelligenzbasierte Wettbewerbsvorteile.

Kapitel 11

Das No-Human-Interaction-Paradox

Die volle Wirkung des digitalen Transformationsprozesses hat sich in vielen Unternehmen noch nicht entfaltet. Viele Mitarbeiter gewöhnen sich immer noch an die wachsende Bedeutung von Daten und Software für ihre etablierten Geschäftsfelder in verschiedenen Branchen, wie Automotive, Chemie, Elektronik, Maschinenbau und Fast Moving Consumer Goods. Obwohl die Auswirkungen der digitalen Transformation noch nicht ihren Wendepunkt erreicht haben, müssen viele Mitarbeiter erkennen, dass sich die technologische Entwicklung ihrer Firmen bereits auf die nächste Stufe zubewegt mit der zunehmenden Nutzung von KI. Durch den Einsatz einer Vielzahl intelligenter Algorithmen und komplexer Analyselösungen nutzen Führungskräfte den Wert der Daten, die bei den Digitalisierungsinitiativen gesammelt werden. Während dies aus strategischer Sicht ein natürlicher Schritt ist, stellt der zunehmende Einsatz von KI eine zusätzliche Herausforderung in den Transformationsprozessen vieler Unternehmen dar. Dabei sind einige Mitarbeiter offen für die Einführung der neuesten KI-Lösungen, weil sie die Möglichkeiten sehen, die diese Technologien bieten. Viele andere Mitarbeiter hingegen sind zögerlicher oder haben sogar Angst vor diesen technologischen Entwicklungen.[1]

Ein Teil dieser Skepsis und Angst geht auf Science-Fiction-Szenarien zurück, wonach Roboter irgendwann in der Zukunft Menschen töten und die Welt beherrschen könnten. Andere Ursachen für negative Einstellungen gegenüber KI sind auf die Angst von Mitarbeitern vor dem Verlust ihrer Arbeitsplätze zurückzuführen, weil Technologie zunehmend menschliche Arbeit ersetzen kann. Trotz dieser negativen Szenarien sind viele Menschen von Robotern fasziniert. So gibt es oft eine ambivalente

Beziehung zu neuen Technologien, insbesondere hinsichtlich intelligenter Roboter. Außerdem stehen viele Menschen dem Einsatz neuer Technologien offen gegenüber, wenn sie einen Nutzen daraus ziehen. Die zunehmende Anwendung der Assistenten Alexa von Amazon und Siri von Apple ist ein gutes Beispiel dafür. Tatsächlich sind viele Menschen relativ offen für den Einsatz neuer Technologien, einschließlich KI, in ihrem Privatleben und in ihrem persönlichen Umfeld.

Gleichzeitig ziehen es viele Personen jedoch vor, mit echten Menschen zusammenzuarbeiten, anstatt virtuelle Kollegen ohne menschliche Interaktion zu haben. Trotz einer gewissen Offenheit für neue Technologien in ihrer Umgebung zu Hause scheinen viele Personen menschliche Kollegen am Arbeitsplatz zu bevorzugen. Aller Wahrscheinlichkeit nach hängt das Entstehen von positiven oder negativen Einstellungen zu KI jedoch nicht nur vom Arbeits- oder Freizeitkontext ab. Vielmehr gibt es weitere Treiber der Einstellungen von Mitarbeitern gegenüber Technologie im Allgemeinen und KI im Besonderen. Wenn Unternehmen von KI-Anwendungen profitieren möchten, sind die Einstellungen der Mitarbeiter auf jeden Fall wichtig. Diese Einstellungen sind jedoch komplexer als erwartet und sie führen zu dem Paradox, dass dieselbe Person je nach Situation eine positive oder negative Einstellung gegenüber KI haben kann. Welche Bedeutung haben also die Einstellungen der Mitarbeiter und ist Ihr Unternehmen wirklich bereit für KI – und sind Sie persönlich bereit für KI?

Die persönlichen Einstellungen von Mitarbeitern haben einen starken Einfluss auf den Einsatz neuer Technologien. Es gibt ein umfangreiches Forschungsfeld zu diesem Thema. Dabei zeigt das Technologieakzeptanzmodell, dass verschiedene Faktoren, zum Beispiel der Nutzwert einer neuen Technologie aus Sicht der Mitarbeiter, die Entscheidung beeinflussen, ob diese Technologie verwendet wird oder nicht.[2] Die große Bedeutung der Einstellungen von Mitarbeitern gegenüber neuen Technologien lässt sich in unterschiedlichen Technologiefeldern beobachten, zum Beispiel Informationstechnologie, Pharma und Maschinenbau. Diese Einstellungen werden von mehreren Faktoren beeinflusst, die sich auf die neue Technologie, die Mitarbeiter, das Human-Machine-Interface und andere Bereiche beziehen. Außer der allgemeinen Bedeutung der Einstellungen von Mitarbeitern haben Not-invented-here-Einstellungen eine große Aufmerksamkeit erlangt. Sie beziehen sich auf negative Einstellungen gegenüber der Beschaffung von Technologie und Wissen aus externen Quellen. Infolgedessen arbeiten Mitarbeiter ungern mit externen Partnern zusammen und bevorzugen die interne Technologieentwicklung bei Make-or-Buy-Entscheidungen.[3]

Die Relevanz von Not-invented-here-Einstellungen ist in der Praxis weitgehend akzeptiert. Im Verlauf des letzten Jahrzehnts konnten diese negativen Einstellungen teilweise reduziert werden, da viele Unternehmen statt relativ geschlossener zunehmend offene Innovationsstrategien verfolgt haben. Dennoch haben mögliche positive Einstellungen gegenüber externem Wissen weit weniger Beachtung gefunden, obwohl auch sie Make-or-Buy-Entscheidungen beeinflussen können vor dem Hintergrund des Co-Creation-Trends. Diese positiven Einstellungen gegenüber externem Wissen werden als Buy-in-Einstellungen bezeichnet und beschreiben Situationen, in denen die Menschen denken, dass »the other person's dessert always looks better«.[4] Dadurch kann es zu Situationen kommen, in denen Wissen aus externen Quellen dem Wissen aus internen Quellen vorgezogen wird, zum Beispiel weil das interne Know-how von Kollegen, anderen Geschäftsbereichen oder anderen Funktionsbereichen stammt. Unabhängig von einer positiven oder negativen Richtung können die Einstellungen der Mitarbeiter Entscheidungen zur Technologieakzeptanz stark beeinflussen, die sich wiederum auf den Innovationserfolg und den Unternehmenserfolg auswirken. Diese menschliche Seite der technologischen Entwicklung kann eine besonders wichtige Rolle bei der Einführung von KI spielen, die oft erhebliche Änderungen am Human-Machine-Interface erfordert.

Das Paradox positiver und negativer Einstellungen

Die KI-Initiativen der meisten Unternehmen haben sich auf Effizienzsteigerung mithilfe des Ersetzens menschlicher Arbeit durch aktuelle Technologien konzentriert. Dieses Ersetzen menschlicher Arbeit macht nur einen kleinen Teil der potenziellen Wettbewerbsvorteile aus. Die komplementäre Nutzung von MI und KI wird auf lange Sicht wahrscheinlich größere Vorteile bieten als das reine Ersetzen menschlicher Arbeit. Dennoch hat dieser Schritt in der Öffentlichkeit große Aufmerksamkeit erregt, weil über die Anzahl der Arbeitsplätze spekuliert wird, die durch die Transformation verloren gehen könnten. Selbst im Falle der Komplementarität von MI und KI werden Führungskräfte künftig vor der Entscheidung »Mensch oder Maschine« stehen, weil zumindest einige wichtige Aktivitäten durch KI oder menschliche Arbeit erledigt werden könnten. Über diese »Mensch oder Maschine«-Entscheidung hinaus wird die Bedeutung neuer Formen des Human-Machine-Interface durch intelligente Algorithmen und neue Datenanalytik weiter zunehmen.

Aufgrund der Ambiguität, die mit Veränderungen des Human-Machine-Interface einhergeht, kann es zu negativen Einstellungen der Mitarbeiter gegenüber KI kommen. Basierend auf dem bekannten Konzept der Not-invented-here-Einstellungen werden diese als No-Human-Interaction (NHI)-Einstellungen bezeichnet und als negative Einstellungen zu Interaktionen mit KI definiert. Wenn Mitarbeiter solche Einstellungen zeigen, haben sie eine starke Präferenz für persönliche Interaktionen mit Menschen aufgrund einer deutlichen Ausrichtung auf emotionale Intelligenz und Empathie. Daher führt diese Art von Einstellungen typischerweise zu einer begrenzten Offenheit für den Einsatz von KI, selbst bei einer hohen Benutzerfreundlichkeit dieser Lösungen. Zum Beispiel zeigen viele Menschen, denen die 2018 präsentierte Duplex-Technologie von Google vorgestellt wird, zu Beginn eine gewisse negative Einstellung. Basierend auf verschiedenen Funktionalitäten umfasst die Technologie einen digitalen persönlichen Assistenten, der zum Beispiel eine Reservierung vornehmen kann, indem ein Restaurant mit einer nahezu menschlichen Stimme angerufen wird.

Nach unmittelbarer Aussage vieler Personen ziehen sie es vor, von einem Menschen anstatt von KI angerufen zu werden, besonders wenn nicht transparent gemacht wird, dass es sich beim Anrufer um einen Computer handelt und nicht um einen Menschen. Transparenz in der Kommunikation ist wichtig, allerdings stellt dies hier nur ein kleineres Problem dar, weil viele Personen in einer solchen Situation eindeutig ein gewisses Maß negativer Einstellungen aufweisen. Diese negativen Einstellungen sind jedoch nur eine Seite der Medaille, denn die Einstellungen vieler Menschen beinhalten ein Paradox. Während viele Person ungern Anrufe von KI entgegennehmen, würden sie sich gleichzeitig wünschen, dass ihr eigener digitaler Assistent solche Anrufe in ihrem Auftrag erledigt. Nur durch den Perspektivwechsel vom Empfangen eines Anrufs hin zu den Vorteilen, dass die KI einen solchen Anruf für einen selbst übernimmt, ändern sich bei vielen Personen negative in positive Einstellungen. Dies ist die paradoxe Situation, dass die Einstellungen je nach Perspektive und Situation von negativ zu positiv wechseln. Viele Personen bevorzugen die Zusammenarbeit mit anderen Menschen, anstatt KI als virtuelle Kollegen zu haben. Gleichzeitig stehen sie dem Einsatz neuer Technologien offen gegenüber, wenn diese ihnen einen Nutzen bringen.

Basierend auf dem Konzept der Buy-in-Einstellungen werden diese positiven Einstellungen als Intelligent-Automation-(IA)-Einstellungen bezeichnet und als positive Einstellungen zu Interaktionen mit KI definiert. Üblicherweise erhöhen diese Einstellungen die Offenheit einer Person für die meisten Arten intelligenter Automatisierung und führen gleichzeitig zu einer neutralen Haltung gegenüber persönlichen Interaktionen mit Menschen. Durch den Fokus auf rationale Entscheidungen und eine geringere Bedeutung von Empathie sind Menschen mit diesen Einstellungen auch offen für die Nutzung neuester Technologien, die sich noch im Entwicklungsstadium befinden. Mit einem starken Fokus auf Bequemlichkeit und Optimierung alltäglicher Prozesse haben Menschen mit positiven Einstellungen eine relativ ausgewogene Sicht auf mögliche positive und negative Folgen von KI. Daher haben sie auch keine Angst vor möglichen negativen Auswirkungen, sondern verfolgen einen pragmatischen Ansatz bei Datenschutz und Privatsphäre, sofern eine KI-Lösung einen Mehrwert liefert. Im Gegensatz dazu führen stark negative Einstellungen zu großen Bedenken hinsichtlich Datenschutz und Privatsphäre, auch wenn eine Lösung einen Mehrwert liefert. Tabelle 3 gibt einen Überblick über die wichtigsten Merkmale dieser Einstellungen.

No-Human-Interaction-Einstellungen	Intelligent-Automation-Einstellungen
Negative Einstellungen zur Interaktion mit KI	Positive Einstellungen zur Interaktion mit KI
Starke Präferenz für persönliche Interaktionen mit Menschen	Neutrale Haltung zu persönlichen Interaktionen mit Menschen
Eingeschränkte Bereitschaft zum Einsatz von KI-Lösungen auch bei hoher Benutzerfreundlichkeit	Relative Offenheit sogar gegenüber dem Einsatz von KI Lösungen, die noch im Entwicklungsstadium sind
Starker Fokus auf emotionaler Intelligenz und Empathie	Starker Fokus auf rationalen Entscheidungen und begrenzter Fokus auf Empathie
Begrenzter Fokus auf Bequemlichkeit, Effizienz und Optimierung	Starker Fokus auf Bequemlichkeit und Optimierung von alltäglichen Abläufen
Starke Tendenz zu Angst vor möglichen negativen Folgen von KI	Ausgewogene Sicht möglicher positiver und negativer Folgen von KI
Starke Bedenken bei Datenschutz und Privatsphäre, auch wenn KI einen Mehrwert bietet	Pragmatischer Ansatz bei Datenschutz und Privatsphäre, wenn KI einen Mehrwert bietet

Tabelle 3: No-Human-Interaction- vs. Intelligent-Automation-Einstellungen
Quelle: Lichtenthaler, 2019, Journal of Business Strategy[5]

No-Human-Interaction- und Intelligent-Automation-Einstellungen bilden bei diesen Merkmalen die Extrempunkte in einem Kontinuum von negativen zu positiven Einstellungen. Anstatt eine Unterscheidung zwischen Schwarz und Weiß zu treffen, bewegen sich die Einstellungen vieler Menschen irgendwo zwischen diesen Extrempunkten. Außerdem kann die paradoxe Situation positiver und negativer Einstellungen derselben Person zu einem relativen Fokus auf negative Einstellungen gegenüber KI in einer spezifischen Situation führen, wohingegen positive Einstellungen unter anderen Bedingungen eine wichtigere Rolle spielen können. Wenn eine Person beispielsweise einen Anruf von einem digitalen Assistenten auf Basis der Google Duplex-Technologie erhält, kann es zu stark negativen Einstellungen kommen, insbesondere wenn der digitale Assistent nicht transparent kommuniziert, dass es sich nicht um den Anruf eines Menschen handelt. Wenn dieselbe Person allerdings in Eile ist und selbst einen Termin für den nächsten Tag vereinbaren muss, kann sie durchaus positive Einstellungen haben. Abgesehen von einer allgemeinen Einstellung zwischen den beiden Extremen kann es einen klaren Schwerpunkt in Bezug auf eine dieser Einstellungen geben, abhängig von der jeweiligen Situation.

Beide Arten von Einstellungen der Mitarbeiter können negative Auswirkungen auf die Initiativen zur digitalen Transformation von Unternehmen haben. Diese Einstellungen können beispielsweise zu einem nicht optimalen Einsatz aktueller Analytiklösungen führen ebenso wie zu höheren Kosten im Vergleich zu Wettbewerbern und zu Problemen bei Innovationen, die sich zunehmend auf digitale Merkmale und KI konzentrieren. Neben diesen negativen Folgen wird die Notwendigkeit eines aktiven Managements der Einstellungen von Mitarbeitern durch das Paradox verdeutlicht, dass dieselben Mitarbeiter je nach Situation negative oder positive Einstellungen aufweisen können. Dieses Paradox erschwert den digitalen Wandel von Unternehmen zusätzlich, weil relativ einfache Trainings zur Unterstützung der Transformation in Richtung KI durch die Verringerung negativer Einstellungen oft nicht zielführend sind. Vielmehr ist ein klares Verständnis der tiefer liegenden Ursachen der Einstellungen einzelner Mitarbeiter erforderlich, bevor über geeignete Maßnahmen entschieden werden kann.

Ursachen der Einstellungen

Die Einstellungen von Mitarbeitern kann man auf verschiedene Ursachen zurückführen, die einen bestimmten Grad an negativen oder positiven Einstellungen gegenüber KI in der jeweiligen Situation entstehen lassen. Diese Ursachen können in fünf Kategorien eingeteilt werden, die das Human-Machine-Interface sowie die zeitliche Entwicklung von Technologien und typische Verhaltensweisen im Umfeld eines Mitarbeiters widerspiegeln. Abbildung 8 gibt einen Überblick über diese ausgewählten Faktoren. Die erste Gruppe von Faktoren bezieht sich auf den Menschen, der an der Interaktion mit KI beteiligt ist. Dabei spielt die Affinität einer Person zu neuen Technologien eine entscheidende Rolle. Manche Leute sind sehr technologieorientiert und gehören typischerweise zu den ersten Anwendern einer neuen Technologie, während viele andere eher zurückhaltend bei der Nutzung neuester Technologie sind, einschließlich komplexer Analytiklösungen. Daher kann die Affinität einer Person zu neuen Technologien im Allgemeinen auch die Einstellung gegenüber KI beeinflussen. Ein weiterer wichtiger Treiber ist die Bequemlichkeit einer Person. Eine solche Ausrichtung auf »Convenience« zeigt, inwieweit eine Person eher rational bestrebt ist, gewisse Tätigkeiten zu erleichtern und zu optimieren, anstatt eher emotional besonderen Wert auf menschliche Interaktion zu legen. Mitarbeiter mit diesen Eigenschaften zeigen in einer gegebenen Situation eher eine positive Einstellung, weil sie sich der Vorteile bewusst sind, die eine aktive Nutzung von KI bieten kann.

Abbildung 8: Ausgewählte Ursachen der Einstellungen von Mitarbeitern gegenüber KI
Quelle: Lichtenthaler, 2019, Journal of Business Strategy[6]

Die zweite Gruppe von Faktoren beschreibt die wichtigsten Merkmale einer KI-Lösung. Sie bezieht sich damit auf den Maschinenteil des Human-Machine-Interface. Dabei ist der vom Anwender wahrgenommene Nutzwert einer Lösung ein wesentlicher Treiber. Wenn eine Person davon überzeugt ist, dass die Verwendung einer bestimmten Lösung ihre Leistung steigert, wird das Ausmaß negativer Einstellungen in der Regel überschaubar sein. Wenn beispielsweise ein intelligenter Algorithmus einer Hotelbuchungs-Website wie booking.com Ihnen geeignete Empfehlungen für Ihre nächste Reise gibt, werden Sie sich höchstwahrscheinlich gerne auf die zugrunde liegende Technologie verlassen, um diese Empfehlungen zu erhalten. Wenn Sie jedoch in den USA leben und regelmäßig Last-Minute-Hotelangebote für das nächste Wochenende in Singapur bekommen, wären Sie eher verärgert und hätten stark negative Einstellungen gegenüber der Technologie – weil Sie vor einigen Jahren lediglich eine Nacht in Singapur verbracht haben und wegen eines geringfügigen Hotelrabatts niemals eine Wochenendreise von den USA nach Singapur unternähmen. Ein weiterer wichtiger maschinenbezogener Faktor ist die wahrgenommene Benutzerfreundlichkeit. Wenn die Mitarbeiter eines Unternehmens davon überzeugt sind, dass die Interaktion mit KI keine besonderen Anstrengungen erfordert, werden sich potenzielle negative Einstellungen verringern.[7] Beispielweise werden Mitarbeiter, die an einer Fertigungslinie arbeiten und feststellen, dass die Interaktion mit einem Roboter sehr einfach und sicher ist, dem Robotereinsatz deutlich offener gegenüberstehen.

Eine dritte Gruppe von Faktoren betrifft speziell die Interaktion beim Human-Machine-Interface. Dabei ist es von entscheidender Bedeutung, ob ein Mitarbeiter sich freiwillig für die Nutzung von KI entscheiden kann. Viele Menschen, die eher zurückhaltend bei der Anwendung neuer Technologien sind, nutzen gerne die Autokorrektur beim Verfassen von Nachrichten mit ihrem Smartphone. Sie verlassen sich auch gerne auf die entsprechenden Textvorschläge, weil diese den Schreibprozess gerade bei komplexen Wörtern erheblich erleichtern können. Obwohl viele dieser Personen hinsichtlich der Datensammlung und selbstlernenden Eigenschaften der Software etwas skeptisch sind, kommen diese potenziell negativen Einstellungen nicht wirklich zum Tragen, weil sich die Personen freiwillig für die Nutzung der Technologie entscheiden. Ein weiterer wichtiger Faktor ist der Grad der Routinetätigkeit beim Human-Machine-Interface. Viele Menschen sind gerne bereit, einen automatischen »Self Checkout« bei ihrem regelmäßigen Einkauf im Supermarkt zu nutzen, weil diese Routineaufgabe einfach erledigt werden muss. Im Gegensatz dazu bevorzugen sie die persönliche Interaktion mit einem Verkäufer, wenn sie in ihren Sommerferien regionale Souvenirs einkaufen. Routinemäßige Interaktionen begünstigen somit die Entstehung positiver und nicht negativer Einstellungen.

Die vierte Gruppe von Faktoren erfasst die dynamische Evolution von Verhaltensweisen. Wenn ein Mitarbeiter kaum Erfahrung im Umgang mit KI hat, werden sich sehr wahrscheinlich negative Einstellungen ergeben. Mit einer zunehmenden Nutzung von KI können sich diese negativen Einstellungen jedoch verringern. Auch wenn eine Person heute noch zögert, den automatischen »Self Checkout« im Supermarkt zu wählen, kann dieselbe Person nach mehrmaligem Ausprobieren dieser Methode deutlich offener gegenüberstehen. Eine solche Verhaltensänderung wäre vergleichbar mit einer Bargeldauszahlung an einem Bankschalter, die weitestgehend durch Geldautomaten ersetzt wurde. Diese pfadabhängige Entwicklung ist typisch für die Einstellungen von Mitarbeitern gegenüber neuen Technologien. Wenn eine Tätigkeit im Zusammenhang mit neuester Analytik zum Standard wird, zum Beispiel komplexe Analysen von Radiologie-Ergebnissen, sind negative Einstellungen weniger ausgeprägt. Selbst wenn die Erfahrungen nicht persönlich gesammelt wurden, erhöhen neue Standards die Offenheit der meisten Mitarbeiter für die Nutzung von KI. Das Verhalten einzelner Personen wird sich wahrscheinlich im Laufe der Zeit ändern entsprechend den Veränderungen der zugrunde liegenden Einstellungen. Ebenso wie das dynamische Verständnis des Umfangs von KI ändern sich mit der Zeit auch die Einstellungen von Mitarbeitern zu KI-Lösungen.

Die fünfte und letzte Gruppe von Faktoren bezieht sich auf das Umfeld einer Person und damit ist sowohl das Arbeitsumfeld innerhalb eines Unternehmens als auch das externe Umfeld außerhalb des Unternehmens gemeint. Mit Blick auf das interne Umfeld sind Anreize ein wesentlicher Faktor, um die Einstellungen eines Mitarbeiters zu beeinflussen. Führungskräfte können monetäre und nicht monetäre Anreize nutzen, um den Einsatz aktueller Technologien bei ihren Mitarbeitern zu unterstützen. Selbst Personen, die KI nur relativ zögerlich anwenden würden, werden der aktiven Nutzung einer bestimmten Lösung offener gegenüberstehen, wenn die monetären oder nicht monetären Anreize für sie relevant sind. Daher können Anreize zumindest in der Übergangsphase zu einer stärkeren Nutzung von KI hilfreich sein. Über das interne Umfeld hinaus kann die soziale Erwünschtheit, KI-Lösungen zu nutzen, das Ausmaß positiver oder negativer Einstellungen beeinflussen. Während Gesichtserkennungssysteme auf Basis biometrischer KI in einigen Ländern relativ gut akzeptiert werden, stehen Menschen aus anderen Kulturen, zum Beispiel Deutschland, einer breiteren Nutzung dieser speziellen Technologie besonders skeptisch gegenüber. Das Umfeld hat also einen großen Einfluss auf die Entstehung und Auswirkungen konkreter Einstellungen von Mitarbeitern zu KI.

Herausforderungen für das Management

Gemeinsam tragen die fünf Gruppen von Faktoren zum Verständnis der Entstehung positiver oder negativer Einstellungen zu KI in bestimmten Situationen bei. Die fünf Kategorien stellen wichtige Gruppen von Einflussfaktoren auf die Entstehung einer bestimmten Einstellung der Mitarbeiter zu KI dar. Diese Liste mit Faktoren ist jedoch nicht vollständig und es gibt weitere relevante Faktoren in den fünf Gruppen und darüber hinaus. Dennoch sind diese fünf Kategorien wichtig, um die vielfältigen Ursachen der Einstellungen gegenüber KI zu verstehen. Daher sollten Führungskräfte, welche die Implementierung von KI in ihren Unternehmen durch die Beeinflussung der Einstellungen ihrer Mitarbeiter unterstützen möchten, sorgfältig vorgehen. Angesichts der Komplexität der Einstellungen zu KI und der tiefer liegenden Ursachen ist die geeignete Gestaltung organisatorischer Maßnahmen schwieriger, als die meisten Führungskräfte zunächst annehmen. Der dynamische Charakter der Einstellungen und Verhaltensweisen der Mitarbeiter, die sich im Laufe der Zeit erheblich ändern können, erschwert die Bewertung und Transformation der Einstellungen der Mitarbeiter zu KI zusätzlich.

Insgesamt bieten die Konzepte der No-Human-Interaction- und Intelligent-Automation-Einstellungen neue Erkenntnisse zum Erfolg und den Problemen von Unternehmen bei der Implementierung von KI. Außerdem können mit dem Paradox negativer und positiver Einstellungen derselben Mitarbeiter unterschiedliche Ergebnisse in bestehenden Studien über die Wahrnehmung der Chancen und Risiken von KI in Einklang gebracht werden. Im aktuellen Entwicklungsstadium spielen positive Einstellungen in einigen spezifischen Situationen eine Rolle, aber meist herrschen negative Einstellungen vor. Viele Führungskräfte stehen daher vor der Herausforderung, die Einstellungen ihrer Mitarbeiter in Richtung neutraler oder positiver Einstellungen zu verändern. Die Kategorien von Faktoren, die das Entstehen negativer oder positiver Einstellungen beeinflussen, bieten auch wichtige Ansatzpunkte für ein aktives Management dieser Einstellungen. Mit Blick auf die menschlichen Faktoren sollten Führungskräfte im Einstellungsprozess neuer Mitarbeiter besonderen Wert auf deren Ansichten zu neuen Technologien legen, vor allem in Bereichen, in denen eine starke Interaktion mit KI erforderlich ist. Außerdem können die Führungskräfte ausgewählten Mitarbeitern die Rolle als Gatekeeper zuweisen, die sich dann formell oder informell für eine ausgewogene Nutzung von KI einsetzen. Durch die Unterstützung der KI-Nutzung können diese Gatekeeper zu einflussreichen Vorbildern für andere Mitarbeiter werden.

Was die maschinenbezogenen Faktoren betrifft, sollten Führungskräfte großen Wert auf die intuitive Benutzerfreundlichkeit neuer Anwendungen legen. Außerdem kann eine erste Anwendung mit einem hohen Nutzwert den Mitarbeitern einen wichtigen Impuls geben und zur Begeisterung für diesen technologischen Wandel beitragen. Mit Blick auf die interaktionsbezogenen Faktoren sollten Manager den Umfang und die Ausrichtung von KI-Initiativen offen kommunizieren. Eine hohe Transparenz ist besonders wichtig, wenn neue Anwendungen die Personalabteilung betreffen. Hinsichtlich der evolutionsbasierten Faktoren können umfangreiche Möglichkeiten zum Testen neuer Anwendungen stark zur Akzeptanz dieser Technologien beitragen. Außerdem führen einige schnelle Erfolge bei den ersten Anwendungen zu einem sich selbst verstärkenden Kreislauf, der die Unternehmenskultur in Richtung positiver Einstellungen zu KI beeinflusst. In Bezug auf die Faktoren im Umfeld der Mitarbeiter sollten Führungskräfte Anreizsysteme entwickeln, welche die erfolgreiche Einführung von KI berücksichtigen. Darüber hinaus können Organisationsstrukturen die Umsetzung unterstützen. So sollten beispielsweise neue Anwendungen erst in ausgewählten Bereichen implementiert werden, bevor sie in der gesamten Organisation eingeführt werden.

Aktuell kann man in vielen Situationen negative Einstellungen zu KI beobachten, aber künftig wird es eine Verschiebung zu positiveren Einstellungen geben. Diese erwartete Entwicklung wird die Implementierung neuer Anwendungen erleichtern. Gleichzeitig kann jedoch das Nebeneinander von No-Human-Interaction- und Intelligent-Automation-Einstellungen das Paradox positiver und negativer Einstellungen, die je nach Situation bei denselben Mitarbeitern entstehen, noch verstärken. Die zunehmende Relevanz positiver Einstellungen erschwert in der Praxis ein aktives Management der Einstellungen, weil geeignete Maßnahmen stark von der jeweiligen Situation und dem Kontext abhängen. Mit zunehmender Wettbewerbsrelevanz können unprofessionelle Interaktionen mit KI massiv negative Auswirkungen auf den Unternehmenserfolg nach sich ziehen. Daher haben Firmen keine andere Option, als sich mit den Einstellungen ihrer Mitarbeiter zu beschäftigen, weil die Schnittstelle zwischen menschlicher und künstlicher Intelligenz ein wichtiger Treiber künftiger Wettbewerbsvorteile sein wird.

Kapitel 12

Der SMART-Leadership-Ansatz

Neue Zeiten erfordern neue Management- und Führungsansätze und sie erfordern möglicherweise auch eine Neuinterpretation der Rolle der Personalabteilung in Unternehmen. Die Diskussionen in den vorangegangenen Kapiteln haben gezeigt, dass ein zunehmender Einsatz von KI in der Regel die Bedeutung komplexer Ökosysteme erhöht, die über die traditionellen Kunden- und Lieferantenbeziehungen eines Unternehmens in seinem bisherigen Branchenkontext hinausgehen. Außerdem führen positive oder negative Einstellungen zu KI bei den Mitarbeitern vieler Unternehmen zu neuen Herausforderungen für das Management auf verschiedenen Hierarchieebenen. Führungskräfte müssen daher nicht nur Strategien, Prozesse und Organisationsstrukturen überdenken. Vielmehr müssen sie etablierte Führungsprozesse und Managementroutinen hinterfragen, die auch die Rolle der Personalabteilung in Firmen verändern können. Daher wird die Transformation der Intelligenzarchitektur eines Unternehmens zur Berücksichtigung der wachsenden Rolle von KI häufig von einer Transformation der gesamten Management- und Führungsansätze begleitet.[1]

Tatsächlich haben viele Unternehmen damit begonnen, ihre Geschäftstätigkeit auf verschiedene Weise zu verändern, und diese Veränderungen werden sich in den nächsten Jahren fortsetzen. Die Vielfalt dieser Transformationen zeigt, dass sich KI und neue Intelligenzarchitekturen auf verschiedene Geschäftsaktivitäten auswirken, die über komplexe Datenanalytik und neue Algorithmen hinausgehen. Daher innovieren viele Firmen derzeit ihre Managementansätze, anstatt sich nur auf neue Produkte, Prozesse, Dienstleistungen oder Geschäftsmodelle zu konzentrieren, die durch integrierte Intelligenz ermöglicht werden. Eine Managementinnovation bezieht sich auf die Erarbeitung und Implementierung eines neuartigen Management-Tools, Ablaufs, Führungsstils oder einer Methode.[2] Als solches handelt es sich um eine Veränderung in Form, Zustand oder Qualität der Managementaktivitäten eines Unternehmens. Viele Firmen haben in jüngster Zeit verschiedene Managementinnovationen eingeführt, die ihre Management- und Führungsansätze deutlich verändert haben. Abgesehen von KI legen viele Unternehmen zum Beispiel mehr Wert darauf, durch kontinuierliche Innovation ihrer Produkte einen dynamischen Wettbewerbsvorteil zu erzielen. In der Vergangenheit haben sich Firmen stärker darauf konzentriert, ihre aktuelle Wettbewerbsposition zu sichern, als offen für eine mögliche Kannibalisierung ihrer eigenen Produkte durch das kontinuierliche Angebot neuer Modelle und Lösungen zu sein.

Insgesamt können die verschiedenen Trends im Umfeld dazu beitragen, dass anpassungsfähige Unternehmen Erfolg haben, während andere vor schwerwiegenden Problemen stehen. Momentan tun sich viele Firmen schwer damit, von diesen Trends zu profitieren, die teilweise auf neuen technologischen Fortschritten und teilweise auf der Entwicklung von Märkten und Gesellschaften beruhen. Die Trends umfassen also grundlegende technologische, wirtschaftliche und gesellschaftliche Entwicklungen, die zu neuen Managementprinzipien führen. Beispiele für wichtige technologische Trends – außer KI –, die neue Führungsansätze beeinflussen, sind soziale Netzwerke und die Konvergenz unterschiedlicher Technologiefelder, zum Beispiel die autonome und vernetzte Mobilität in künftigen Autos. Ein Beispiel für wichtige wirtschaftliche Trends ist die wachsende Innovationskraft ausgewählter Länder wie China. Unternehmen aus diesen Ländern werden zu globalen Konkurrenten und westliche Firmen passen ihre Managementprinzipien an diese Entwicklungen an. Beispiele für gesellschaftliche Trends, die neue Managementansätze fördern, sind die steigenden Einkommen in vielen Entwicklungsländern, die Unternehmen auf Basis geeigneter Managementansätze neue Möglichkeiten eröffnen.

Zusammen stellen diese Trends viele konventionelle Managementleitlinien, Führungsprinzipien und Strategiemodelle infrage, da viele übliche Ansätze unter den neuen Bedingungen nicht mehr anwendbar zu sein scheinen. So ermöglicht KI beispielsweise völlig neue Lösungen im Bereich von »People Analytics«, wodurch sich vielfältige Chancen für das Personalmanagement, aber auch neue Herausforderungen beim Human-Machine-Interface ergeben. Ein Beispiel abseits des Kernthemas KI ist die typische Empfehlung, sich auf die Entwicklung interner Kernkompetenzen innerhalb des Unternehmens zu konzentrieren. Teilweise im Widerspruch zu dieser Empfehlung betrachten viele Unternehmen ihr Ökosystem aus externen Partnerschaften mit anderen Firmen heute als eine entscheidende Kernkompetenz. Daher sind neue Führungsansätze erforderlich, um auf diese Entwicklungen zu reagieren und die neuen Herausforderungen zu berücksichtigen, die sich durch die Veränderungen in unterschiedlichen Bereichen wie Produktentwicklung, Personalmanagement und strategische Planung ergeben.

Viele Unternehmen haben zwar die Relevanz dieser Veränderungen erkannt, können mithilfe ihrer etablierten Führungsprinzipien aber nicht entsprechend reagieren. Tatsächlich schränken traditionelle Management-Tools die Transformation eines Unternehmens in Richtung einer intelligenzbasierten Organisation ein. Insbesondere sollten neue Führungsansätze im Kontext von KI über das hinausgehen, was üblicherweise als Leadership bezeichnet wird. Anstatt sich nur auf eine spezifische Leader-Follower-Beziehung zu konzentrieren, gibt es durch KI zusätzliche Führungsherausforderungen, wenn eine erfolgreiche Transformation zu einer integrierten Intelligenzarchitektur einschließlich KI und MI gelingen soll. Zu diesen Führungsherausforderungen gehören auch strategische, prozessuale, organisatorische und kulturelle Aspekte. Ausgelöst durch mehrere Faktoren werden diese Trends einen neuen Ansatz für Management und Führung ergeben, der als »SMART Leadership« bezeichnet wird. Der folgende Abschnitt zeigt, wie Unternehmen die Vorteile dieser Trends und Managementinnovationen nutzen können, indem sie SMART-Leadership-Prinzipien anwenden.

SMART-Leadership-Prinzipien

Als Reaktion auf die wachsende Bedeutung von KI und die damit verbundenen Veränderungen können Führungskräfte den neuen Ansatz des SMART Leadership nutzen, der fünf wichtige Prinzipien umfasst. Diese Prinzipien verdeutlichen, dass sich entscheidende Führungsrichtlinien verändert haben. Im Vergleich zu vorherigen Ansätzen ist Management zunehmend SMART geworden, das heißt »Situational«, »Mutual«, »Analytical«, »Relational« und »Transformational« (Abbildung 9). Jedes dieser Prinzipien deckt eine der zentralen Führungs- und Managementdimensionen ab, die in letzter Zeit von einer neuen Logik durch KI und Digitalisierung geprägt wurden. Die fünf Prinzipien deuten darauf hin, dass die Transformation zu integrierten Intelligenzarchitekturen mehrere Leadership-Komponenten betrifft, die etablierte Managementweisheiten infrage stellen. Insgesamt bilden die Prinzipien die Grundlage für den SMART-Leadership-Ansatz, der als erster Schritt hin zu einem aktuellen Verständnis und einer realistischen Leitlinie für die künftige Führung und das Management in vielen Unternehmen dienen kann. Im Folgenden werden die fünf Prinzipien behandelt, Beispiele aus der Praxis ausgewählter Unternehmen dargestellt und die Managementherausforderungen vieler anderer Firmen bei der Anwendung dieser Prinzipien beschrieben.

Das erste Prinzip »Situational« des SMART-Leadership-Ansatzes bezieht sich auf den Trend, dass Führung zunehmend situativ wird. Die Grundannahme stimmt mit früheren Ansätzen darin überein, dass es nicht eine einzelne und beste Methode für Führung gibt. Es geht jedoch nicht darum, Führungsansätze an die Leistungsbereitschaft oder den Reifegrad eines Mitarbeiters anzupassen.[4] Vielmehr können große Unternehmen ihr Wachstum stärken, indem sie auf flexible Führungsansätze zurückgreifen, um Innovationen zu fördern und einen übermäßigen Effizienzfokus zu vermeiden. In Start-up-Teams besitzen die Gründer oft komplementäre Fähigkeiten und große Firmen versuchen, diese Prozesse in größerem Maßstab abzubilden. Dabei legen Führungskräfte häufig weniger Wert auf formalisierte und standardisierte Führung, die verlässliche und vorhersehbare Führungsansätze für jede Situation ermöglicht. Vielmehr sehen viele Manager ihre Unternehmen in einem ständigen Aus-

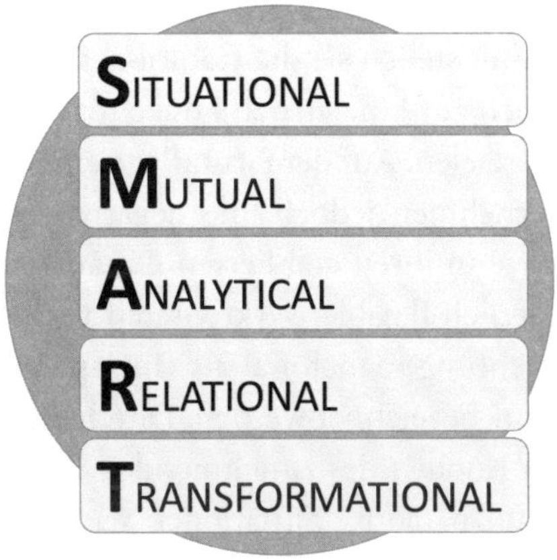

Abbildung 9: SMART-Leadership-Prinzipien
Quelle: teilweise angepasst von Lichtenthaler, 2016, Journal of Business Strategy[3]

nahmezustand, weswegen flexible Maßnahmen erforderlich sind. Daher nutzen Firmen situative Führungsansätze, um durch flexibles Handeln in besonderen Situationen sicherzustellen, dass ihre großen und etablierten Organisationen ausreichend agil bleiben. Neben der Förderung unternehmerischen Verhaltens in den üblichen Managementprozessen und -methoden bilden große etablierte Firmen auch unabhängige Start-up-Teams an einem separaten Standort, um situative Führung und die Entwicklung radikal neuer Ideen zu fördern, die ihre etablierten Produkte und Geschäftsmodelle gefährden könnten. Ein ausgezeichnetes Beispiel ist die erfolgreiche Transformation des Softwareunternehmens SAP, das sich auf neue Führungsansätze für Innovation und Entrepreneurship konzentriert hat, um sein Wachstum zu stärken und seine Produktentwicklung zu verbessern.

Durch Fokus auf situative Führungsansätze, die Flexibilität und Unternehmergeist ermöglichen, versuchen Unternehmen, ihre Hauptausrichtung auf etablierte Prozesse und Managementroutinen zu überwinden, die neue Ideen und Kreativität einschränken können. Aus diesem Grund ergänzen viele Firmen etablierte Prozesse durch relativ unabhängige Aktivitäten. Damit stellen sie die traditionelle strategische Empfehlung nicht infrage, sich auf Effizienz zu konzentrieren, um Größen- und Verbundvorteile zu erzielen. Auf der Grundlage eines situativen Ansatzes versuchen die Unternehmen jedoch, die negativen Auswirkungen von Größe und Bürokratie in ihren etablierten Organisationen zu überwinden, indem sie zusätzlich flexiblere Aktivitäten verfolgen, die aufgrund ihrer internen Ausrichtung manchmal als »Intrapreneurship« und nicht als »Entrepreneurship« bezeichnet werden. Durch die Nutzung situativer Führungsansätze im Kontext des zunehmenden Einsatzes von KI versuchen Firmen auch, auf paradoxe Situationen wie negative oder positive Einstellungen zu KI bei denselben Mitarbeitern zu reagieren. So verfolgen große Firmen situative Führung sowie Lean Management, um die Vorteile flexibler und anpassungsfähiger Start-ups in speziellen Situationen mit den Effizienzvorteilen etablierter Unternehmen zu kombinieren. Damit überwinden sie den traditionellen Fokus vieler Großunternehmen auf reiner Effizienzsteigerung aufgrund relativ strenger Führungsrichtlinien.

Das zweite Prinzip »Mutual« des SMART-Leadership-Ansatzes berücksichtigt den Trend, dass Führung zunehmend beidseitig und facettenreicher wird. Viele Unternehmen verfolgen aktuell einen partizipativen Führungsansatz, der die Vorteile einer starken Einbeziehung der Führungskraft sowie der Mitarbeiter berücksichtigt, um umfassende und vielfältige Intelligenzarchitekturen zu ermöglichen. Daher nehmen viele Führungskräfte eine integrative Perspektive ein und nutzen Ansätze des Shared Leadership in ihren Unternehmen. Durch die Stärkung der Projektverantwortung mehrerer Mitglieder in agilen Projektteams versuchen viele Firmen, ein Gesamtoptimum zu erreichen, anstatt sich zu sehr auf die Optimierung einiger ausgewählter Tätigkeiten zu konzentrieren. Dadurch berücksichtigen Firmen die Synergien zwischen KI und der Expertise verschiedener Mitarbeiter, einschließlich Experten verschiedener funktionaler Bereiche, verschiedener Entwicklungsteams und so weiter. Außerdem teilen Unternehmen ihr Wissen auf globaler Ebene und gehen damit über eine separate Optimierung einzelner Bestandteile hinaus. Ein

Beispiel ist die chilenische Fluggesellschaft LATAM, die relativ beidseitige Führungsansätze implementiert hat, um drei verschiedene Geschäftsmodelle zu orchestrieren und das Gesamtergebnis zu maximieren.[5]

Durch die Nutzung eines beidseitigen Führungsansatzes im Sinne von Mutual Leadership gehen viele Unternehmen über traditionelle Managementempfehlungen hinaus. So werden beispielsweise die Führungs- und Organisationslösungen immer partizipativer und beinhalten nicht nur die Top-down-Implementierung formalisierter Strategien. Darüber hinaus legen Firmen mehr Wert auf Schnittstellenmanagement, um die Abstimmung zwischen Fachbereichen zu verbessern, zum Beispiel zwischen Marketing und F&E, die sich oft relativ separat voneinander mit unterschiedlichen funktionalen Kulturen in einem einzigen Unternehmen entwickelt haben. Dadurch werden die Führungsaufgaben zunehmend in verteilten Teams auf Basis der besonderen persönlichen Eigenschaften der Teammitglieder aufgeteilt. Ein Bestandteil dieses beidseitigen Ansatzes ist die Entwicklung wirklich globaler Strategien in allen Geschäftsaktivitäten, um die potenziellen Einschränkungen einer zu starken Ausrichtung auf den Heimatmarkt zu überwinden und die unterschiedlichen Vorteile globaler Unternehmen voll auszuschöpfen. Unterschiedliche Organisationseinheiten werden in den meisten Firmen immer eine wichtige Rolle spielen, aber momentan setzen viele Firmen stärker auf Koordinationsmechanismen, die ein globales und nicht nur ein lokales Optimum durch beidseitige Führung ermöglichen.

Das dritte Prinzip »Analytical« des SMART-Leadership-Ansatzes bezieht sich auf den Trend, dass Führung zunehmend analytisch wird. Neben der bloßen Implementierung aktueller Analytiklösungen und intelligenter Algorithmen setzen Unternehmen auf neue Management- und Führungsmethoden. Damit versucht das Topmanagement, zu personalisierten Führungsansätzen zu gelangen. So ermöglicht beispielsweise der zunehmende Einsatz von »People Analytics« einen individuelleren Führungsstil als Reaktion auf die jeweilige Leader-Follower-Beziehung. Außerdem nutzen Führungskräfte die Erkenntnisse aus Datenanalysen und empirischen Studien, um ihre internen Managementlösungen und Entscheidungen auf Basis von Daten und empirischen Belegen zu optimieren. Unternehmen versuchen also, wissenschaftliche Methoden für ihre Analysen in der Praxis anzuwenden. Zusätzlich verwenden Firmen verstärkt KI, um die Leistungsfähigkeit von Big-Data-Analysen auszunutzen auf Basis der Daten, die im Rahmen ihrer Initiativen zur digitalen Transformation gesammelt werden. Hierfür ist Google ein hervorragendes Beispiel, weil die Firma ihre KI-Fähigkeiten, Datenverarbeitungsexpertise und intelligenzbasierte Führungsansätze genutzt hat, um die Suchmaschine zu optimieren und völlig neue Bereiche wie die Gesundheitsbranche zu erschließen durch Forschung und Entwicklung auf Basis von Datenverarbeitungsmethoden.[6]

Mit einem solchen Vorgehen überwinden Unternehmen eine Reihe von etablierten Managementmethoden. Viele dieser Prinzipien wurden entwickelt, als das datenbasierte Verständnis von persönlichen Eigenschaften und Verhaltensweisen noch nicht im derzeitigen Umfang verfügbar war. Außerdem wurde KI in den meisten Firmen damals kaum genutzt. Daher konzentrierten sich die Unternehmen auf traditionelle Führungsansätze mit einer starken Gewichtung des subjektiven Bauchgefühls von Führungskräften hinsichtlich ihrer Mitarbeiter. Im Gegensatz dazu hatte Führung keinen direkten Bezug zu personalisierten Daten und empirischer Forschung. Heutzutage haben Unternehmen jedoch viele neue Möglichkeiten, die auf analytische Managementmethoden für Führung, Personalmanagement und viele andere Themen zurückzuführen sind. Diese Tools und Methoden nutzen oftmals KI zur Analyse großer Datenmengen aus verschiedenen Quellen, um das bestehende Geschäft eines Unternehmens zu optimieren und unter Nutzung vorhandener Kompetenzen in völlig neue Bereiche vorzudringen. Außer den Führungsprinzipien sollten traditionelle Managementempfehlungen zur kompetenznahen Diversifizierung erweitert werden, um neue Dimensionen der Nähe einzubeziehen, zum Beispiel Datenanalyse und intelligente Algorithmen.

Die vierte Dimension »Relational« des SMART-Leadership-Ansatzes bezieht sich auf den Trend, dass Management zunehmend beziehungsorientierter wird. Unternehmen legen Wert auf eine Vielzahl von Leader-Follower-Beziehungen im Kontext komplexer Intelligenzarchitekturen. Diese Intelligenzarchitekturen umfassen wichtige Beziehungen und Netzwerke mit anderen Organisationen in geschäftlichen Ökosystemen, anstatt sich weitgehend auf die eigene Organisation zu konzentrieren. Führungskräfte haben erkannt, dass selbst großen Firmen oft kritische Ressourcen fehlen, und sie benötigen Führungsprinzipien, um – teils im Widerspruch zu etablierten Managementansätzen – den Wert von Ressourcenteilung zu erfassen. So stehen viele Firmen beispielsweise einer wachsenden Konvergenz verschiedener Technologiefelder gegenüber und sie können nicht alle technologischen Veränderungen durch interne Entwicklungen bewältigen. Daher setzen sie auf Ressourcenteilung und Co-Creation-Prozesse, die eine aktive Zusammenarbeit mit externen Partnern beinhalten. Diese neuen Ansätze haben oft zu einem großen Portfolio an externen Allianzen und Netzwerken geführt. Daher ist das Management dieser Beziehungen für viele Unternehmen zu einer entscheidenden Kompetenz geworden. Gute Beispiele hierfür sind Telekommunikationsanbieter, zum Beispiel AT&T, die Lösungen mehrerer Partnerfirmen orchestrieren.

Dieses relationale Verständnis von Führung steht im Gegensatz zu vielen traditionellen Vorschlägen zu Wettbewerbsvorteilen. Externe Kooperationen spielen bereits seit Langem eine wichtige Rolle. In ähnlicher Weise gilt die Optimierung der gesamten Wertschöpfungskette mit den Lieferanten und Kunden eines Unternehmens seit Langem als entscheidend für Wettbewerbsvorteile. Was sich jedoch geändert hat, ist das Verständnis, dass ein Unternehmen allein viele andere in Bezug auf seine Produkte, Prozesse und Lösungen übertreffen kann, ohne einen Wettbewerbsvorteil zu erzielen aufgrund unzureichender relationaler Ressourcen. Angesichts einer wachsenden Rolle von KI können Wettbewerbsvorteile in Ökosystemen mit ergänzenden Produkten und Dienstleistungen liegen. Unter diesen Bedingungen müssen Unternehmen möglicherweise eng mit direkten Wettbewerbern zusammenarbeiten. Darüber hinaus können sie mit anderen Firmen in einem bestimmten internationalen Markt kooperieren, während sie auf anderen Märkten in starkem Wettbewerb stehen. Daher sollten Firmen zunehmend darauf abzielen, einen relationalen Vorteil anstelle eines traditionellen Wettbewerbsvorteils für ihr Unternehmen zu erreichen. Dementsprechend muss Führung auch über den individuellen Führungskontext im Rahmen der Aktivitäten eines einzelnen Unternehmens hinausgehen.

Die fünfte Dimension »Transformational« des SMART-Leadership-Ansatzes schließlich berücksichtigt den Trend, dass Management zunehmend dynamisch wird. Führungskräfte erkennen also an, dass ihre Unternehmen oft nur temporäre Wettbewerbsvorteile und nicht kontinuierliche langfristige Vorteile erzielen können. In vielen Märkten werden mehrere Firmen im Laufe der Zeit einen gewissen Wettbewerbsvorteil haben und dieses Verständnis steht teilweise im Gegensatz zu traditionellen Managementleitlinien. Daher setzen Unternehmen zunehmend auf Prinzipien für das Transformationsmanagement, um so die Agilität zu fördern. Über die Unterscheidung transformationaler und transaktionaler Führung[7] hinaus konzentrieren sich die Firmen auf eine regelmäßige strategische Erneuerung, weil sie die begrenzten Möglichkeiten akzeptiert haben, bestehende Vorteile über lange Zeiträume hinweg zu erhalten. Daher legen sie einen stärkeren Schwerpunkt auf das Experimentieren zur Erneuerung und Wiederbelebung ihrer Geschäftsfelder und Geschäftsmodelle. Die Transformation der Organisation wird zu einer zentralen Führungsaufgabe, um langfristigen Erfolg und das Überleben zu sichern. Dieses Prinzip wird durch die kontinuierliche Erneuerung und Ausweitung des Geschäfts von Amazon verdeutlicht, das sich vom Buchhändler zu Cloud-Computing und darüber hinaus entwickelt hat.

Diese neuen Managementansätze stellen viele herkömmliche Führungsempfehlungen infrage. Natürlich war die Erneuerung von Organisationen immer notwendig, aber sie hat im Kontext einer aktiveren Nutzung von KI, eines hochdynamischen Umfelds und eines intensiven Wettbewerbs besondere Bedeutung erlangt. Das Verständnis von temporären Vorteilen und kontinuierlicher Erneuerung auf Grundlage einer anpassungsfähigen Intelligenzarchitektur stellt den traditionellen Fokus auf langfristige strategische Planung infrage. Bisherige Langfrist-Strategien müssen um neue Strategien ergänzt werden, welche die Ausrichtung eines Unternehmens kontinuierlich erneuern. Firmen müssen ihr Verhalten, ihre Führungsprinzipien und strategischen Optionen dynamisch anpassen, um ihre Strategien proaktiv zu verfolgen und auf häufig auftretende überraschende Entwicklungen zu reagieren. Führungskräfte sollten sich daher auf dynamische Ansätze konzentrieren, um den primär statischen Fokus auf langfristige Geschäfts- und Unternehmensstrategien zu überwinden und agile Führung sowie dynamische Wettbewerbsvorteile zu ermöglichen.

Implementierung von SMART Leadership

Die Bedeutung der fünf Prinzipien von SMART Leadership nimmt stetig zu, weil die stärkere Nutzung von KI sowie weitere Trends im Umfeld von Unternehmen zu diesem neuen Ansatz für Führung und Management beitragen. Daher setzen Unternehmen bei der Einführung neuer Managementmethoden auch auf neue Führungsansätze. Somit stärken die zugrunde liegenden Trends und Treiber fünf verschiedene Managementprinzipien, die ihre Fokussierung auf neue Führungsaspekte gemein haben und nennenswerte Managementinnovationen umfassen. Der SMART-Leadership-Ansatz berücksichtigt die Relevanz dieser Trends und hilft Unternehmen, die besonderen Vorteile daraus zu nutzen. Damit steht der Ansatz teilweise im Widerspruch zu verschiedenen etablierten Empfehlungen für das Management von Menschen und Organisationen (Tabelle 4). Die Unterscheidung von klassischen Ansätzen und dem SMART-Leadership-Ansatz stellt keine klare Trennung dar, sondern ein Kontinuum, wobei sich viele Unternehmen bei einigen Dimensionen zwischen den Extremen befinden. Dennoch gibt es in vielen Firmen eine Tendenz zu SMART-Leadership-Prinzipien.

Insgesamt können die fünf SMART-Leadership-Prinzipien sowohl Management als auch Governance in Unternehmen erheblich verändern. Sie bilden somit die Grundlage für umfangreiche Managementinnovationen. Viele Firmen betrachten jede der fünf Dimensionen als einen wichtigen Schritt zur Verbesserung ihrer Management- und Führungsansätze. So zahlen sich die SMART-Leadership-Prinzipien für eine Vielzahl von Unternehmen ganz offensichtlich aus und sie sind für verschiedene Arten von Firmen und andere Organisationen relevant. Obwohl sich die oben genannten Beispiele auf große Unternehmen aus ausgewählten Branchen wie Fluggesellschaften und Elektronikindustrie konzentrieren, gelten die Ergebnisse auch für relativ kleine Unternehmen und für Firmen aus anderen Branchen wie Banken, Chemie, Immobilien und Maschinenbau. Aufgrund der wachsenden Bedeutung von KI sowie anderen Umwelttrends sind die SMART-Leadership-Prinzipien besonders wichtig für Unternehmen in einem dynamischen und komplexen Umfeld.

Trotz des Erfolgs einiger Vorreiterunternehmen sind viele andere Firmen wenig erfolgreich bei der Umsetzung der SMART- Leadership-Prin-

Dimensionen	Klassische Leadership-Ansätze	SMART-Leadership Ansatz
Situational	Hauptaugenmerk auf konsistenter Führung und etablierten Managementroutinen mit Fokus auf Effizienz und Optimierung	Fokus auf flexible Führungsansätze, Innovation, Intrapreneurship und unabhängige Start-up-Teams in großen Unternehmen
Mutual	Top-down Leadership, Betonung der Hierarchie und relativ klarer Managementrollen in der Organisation	Partizipative Führung, hohe Bedeutung von Expertenrollen, Shared Leadership und Projektverantwortung in agilen Teams
Analytical	Begrenzter Bezug zu Daten und empirischen Analysen in Führungsansätzen, hohe Bedeutung subjektiver Bauchgefühle	Intensive Nutzung von People Analytics und weiterführender Datenanalytik, um personalisierte Führungsansätze zu ermöglichen und zu verbessern
Relational	Primärer Fokus auf der Situation einzelner Führungskräfte im Kontext der Strategie und des Wettbewerbsvorteils eines einzelnen Unternehmens	Vielfältige Leader-Follower-Beziehungen im Kontext komplexer Intelligenzarchitekturen über verschiedene Partner im Ökosystem hinweg
Transformational	Leadership-Fokus auf langfristige Strategien und Planung zur Erzielung eines Wettbewerbsvorteils über einen längeren Zeitraum	Leadership-Fokus auf Agilität und temporäre Wettbewerbsvorteile, Schwerpunkt auf strategischer Erneuerung und organisationaler Transformation

Tabelle 4: Klassischer vs. SMART-Leadership-Ansatz
Quelle: teilweise angepasst von Lichtenthaler, 2016, Journal of Business Strategy[8]

zipien und der Mehrwert daraus entspricht oft nicht den Erwartungen. Manche Implementierungsprobleme können sich aus dem Fokus auf einige wenige Änderungen in relativ isolierter Weise ergeben, ohne den grundlegenden Charakter der geänderten Managementprinzipien zu berücksichtigen. Zum Beispiel handelt es sich um eine größere Transformation, wenn Firmen sich von einem strategischen Fokus auf etablierte Prozesse und Effizienzsteigerung zu einer unternehmerischen Kultur und Innovation mit mehr situativer Führung entwickeln. In ähnlicher Weise erfordert es große Veränderungen, wenn man einen Top-down-Führungsansatz mit Schwerpunkt auf Hierarchie in einen beidseitigen Führungsansatz mit einer hohen Bedeutung von Expertenrollen in agilen Projekten ändern möchte. Eine Analyse der verschiedenen Dimensionen des SMART-Leadership-Ansatzes hilft Managern dabei, die Komplexität der Veränderungen zu verstehen und Transformationsprozesse zu vereinfachen.

Durch die Berücksichtigung der verschiedenen Dimensionen von SMART Leadership können Unternehmen potenzielle positive und negative Synergien sowie Interdependenzen zwischen den fünf Prinzipien erkennen. So besteht beispielsweise ein positiver Zusammenhang zwischen den Dimensionen »Situational« und »Transformational«. Wenn Firmen eine flexiblere und stärker unternehmerische Kultur mit situativer Führung aufbauen, wird dies in der Regel auch einen dynamischeren Ansatz auf der Grundlage transformationaler Führung ermöglichen. Führungskräfte müssen daher Anpassungsfähigkeit auf Basis von transformationaler und situativer Führung einerseits mit Effizienz auf Basis von etablierten Routinen und klassischer Führung andererseits in Einklang bringen. Diese Balance hängt von der jeweiligen Strategie und dem Umfeld eines Unternehmens ab und die SMART-Leadership-Prinzipien leisten einen Beitrag dazu. Ein »Relational«-Ansatz mit großen externen Netzwerken und ein »Analytical«-Ansatz mit komplexen Analysen aller verfügbaren Daten erleichtern die Balance zwischen Anpassungsfähigkeit und Effizienz.

Was mögliche negative Wechselwirkungen zwischen den fünf Prinzipien betrifft, so kann es – zumindest auf den ersten Blick – zu Spannungen zwischen den Dimensionen »Analytical« und »Mutual« kommen. Wenn Management zunehmend analytisch wird, kann es schwierig erscheinen, eine partizipative Perspektive auf Basis von »Mutual« Leadership einzunehmen. SMART Leadership ermöglicht jedoch die Kombination und Integration der beiden Dimensionen. Wenn die Führungsansätze analytischer sind, verfügen Manager über mehr Daten und Informationen, um fundierte Entscheidungen zu treffen. Die Ergebnisse von »People Analytics«-Lösungen können oder müssen sogar mit den jeweiligen Mitarbeitern geteilt werden. Daher kann die Entscheidungsfindung komplexer werden, aber sie kann die Entwicklung eines beidseitigen und vielschichtigen Führungsansatzes erleichtern – sofern Unternehmen in der Lage sind, die gewisse Komplexität von SMART-Leadership-Prozessen zu bewältigen. In ähnlicher Weise können andere potenzielle Schwierigkeiten vermieden werden, wenn die neue Führungslogik durch Implementierung von SMART Leadership vor dem Hintergrund der zunehmenden Nutzung von KI umgesetzt wird.

Führungskräfte sollten einen schrittweisen Ansatz zur Änderung der Managementprinzipien ihres Unternehmens verfolgen, um die Implementierung von SMART Leadership zu erleichtern. Damit können sie von den verschiedenen Trends im Umfeld profitieren, welche die Managementinnovationen überhaupt erst möglich machen. Das folgende fünfstufige Verfahren beschreibt nicht alle notwendigen Aktivitäten, sondern gibt einen Überblick über die wichtigsten Tätigkeiten. Und es passt zur Umsetzung von SMART Leadership in ganz unterschiedlichen Firmen. Erstens müssen Führungskräfte die relevanten Trends im Umfeld analysieren, um die Notwendigkeit einer Änderung der Managementprinzipien ihres Unternehmens einzuschätzen. Zweitens müssen Manager die notwendigen Änderungen für jedes der fünf SMART-Leadership-Prinzipien prüfen. Drittens sollten Unternehmen die Interdependenzen zwischen den fünf Prinzipien berücksichtigen, um die nötigen Änderungen für die Organisation insgesamt zu planen. Viertens setzen Führungskräfte die Veränderungen um, indem sie die Führungs- und Managementprinzipien ihres Unternehmens anpassen. Hier finden die tatsächlichen Veränderungen der Führungsstile, Managementmethoden und Vorgehensweisen statt. Fünftens und letztens sollten Führungskräfte für eine regelmäßige Kontrolle und mögliche Anpassung der Führungsprinzipien sorgen.

Basierend auf diesem schrittweisen Vorgehen können Unternehmen effektiv von den SMART-Leadership-Prinzipien profitieren. Dieses Verfahren verdeutlicht, wie man die großen Managementherausforderungen meistern kann, die viele andere Firmen bei der Umsetzung dieser neuen Führungs- und Managementprinzipien erleben. Die Anwendung des generischen fünfstufigen Verfahrens erleichtert den Implementierungsprozess, es muss aber detailliert werden und auf die besondere Situation und die Herausforderungen jedes Unternehmens zugeschnitten werden. Die Implementierungsschritte zeigen zudem, wie Firmen ihre Ergebnisse mithilfe neuer Führungsprinzipien verbessern können. Viele Unternehmen beschäftigen sich mit Managementinnovationen, die vergleichbar mit SMART Leadership sind für mehrere, wenn nicht sogar für alle fünf Prinzipien. Diese Entwicklungen sind trotz der großen Herausforderungen bei der Implementierung in vielen Firmen zu beobachten. Zusammengenommen unterstreichen diese Entwicklungen die Relevanz von SMART Leadership. Wenn Unternehmen in Zukunft ihre Führungs- und Managementmethoden stärken möchten, sollten sie SMART Leadership berücksichtigen. Ein reiner Fokus auf klassische Führungsansätze ist keine Option mehr, weil diese möglicherweise nicht mehr ausreichen, um im Kontext der wachsenden Bedeutung von KI Wettbewerbsvorteile zu erzielen. Da viele Firmen immer noch Schwierigkeiten haben, in einem intelligenzbasierten Kontext erfolgreich zu sein, bietet das fünfstufige Verfahren einen unmittelbaren Ansatzpunkt für Manager, um die Erfolgswahrscheinlichkeit ihrer Unternehmen durch die Anwendung von SMART-Leadership-Prinzipien zu erhöhen.

Teil E

Umsetzung

Kapitel 13

Strategische Initiativen und die Entwicklung von HR zu HAIR

Viele große Unternehmen nutzen verschiedenste KI-Lösungen. Während einige Firmen recht erfolgreich sind, haben die KI-Aktivitäten vieler anderer Unternehmen die hohen anfänglichen Erwartungen noch nicht erfüllt. Natürlich gibt es verschiedene Gründe, warum KI-Initiativen scheitern, und einige der typischen Fallstricke sowie Möglichkeiten, sie zu vermeiden, werden im letzten Kapitel dieses Buchs diskutiert. Ein zentrales Thema soll hier jedoch hervorgehoben werden, da es direkt den Beginn von KI-Initiativen in Firmen betrifft. Viele Unternehmen haben einen relativ schlechten Start bei der Nutzung von KI wegen der Art und Weise, wie sie ihre KI-Aktivitäten aufsetzen – oder auch nicht aufsetzen. Vor allem geht es dabei um die Frage, ob KI in Form einiger Insellösungen ad hoc in einem oder mehreren Unternehmensbereichen umgesetzt wird oder ob es eine stringente KI-Initiative auf Unternehmensebene gibt. Häufig ist es zielführend, mit einigen KI-Aktivitäten zu beginnen, aber in der Regel müssen diese Aktivitäten durch einen systematischen und strategischen Ansatz aus Unternehmenssicht ergänzt werden.

Dies bedeutet nicht, dass immer eine relativ formalisierte KI-Strategie auf Unternehmensebene entwickelt werden muss, bevor mit der operativen Umsetzung von KI-Aktivitäten begonnen wird. Vielmehr sind viele Bereiche von KI so dynamisch, dass Experimentieren und Flexibilität unabdingbar sind, um die Umsetzung zu erleichtern und die Erfolgswahrscheinlichkeit zu erhöhen. In vielen großen Firmen wurden jedoch mehrere eigenständige KI-Aktivitäten in verschiedenen Organisationsbereichen gestartet. Obwohl dieser Ansatz hilfreich ist, um die ersten Schritte zu unternehmen und zu sehen, was derzeit möglich ist oder nicht, reicht er in der Regel nicht aus, um die möglichen Vorteile der KI-Implementierung voll auszuschöpfen. Dieser Ansatz ist oft nicht genug, um KI für Effizienz und Optimierung zu nutzen, aber er ist insbesondere unzureichend, um Innovation und Wachstum durch KI zu stärken. Um diese Vorteile zu realisieren, müssen Firmen ihre KI-Initiativen meist eng mit anderen Aktivitäten abstimmen, zum Beispiel mit der Produktentwicklung. Die ausschließliche Implementierung allein stehender KI-Lösungen wird nicht ausreichen, um Kreativität zu fördern und neue Erlösquellen zu erschließen durch ein enges Zusammenspiel von KI und MI.

Natürlich können große Firmen von ihren KI-Aktivitäten profitieren, ohne eine übergreifende Strategie zu entwickeln. Auch in diesen Fällen gibt es jedoch in aller Regel einige »weiße Flecken« auf der KI-Landkarte der Firmen und die Perspektive des gesamten Unternehmens kann helfen, die bisher nicht realisierten Chancen zu identifizieren. Vor allem trägt eine umfassende Perspektive auf die KI-Aktivitäten eines Unternehmens zum Aufbau einer integrierten Intelligenzarchitektur bei, die mehr ist als die Summe der verschiedenen Arten von KI und MI in der Organisation. Eine relativ isolierte Umsetzung neuer KI-Lösungen ist möglich, aber ihre zielgerichtete Integration in die Intelligenzarchitektur eines Unternehmens ist ohne eine übergreifende Perspektive auf Unternehmensebene kaum machbar. Um einen intelligenzbasierten Wettbewerbsvorteil mithilfe von Intelligenz^{X} – bestehend aus verschiedenen Arten von KI, MI sowie der Meta-Intelligenz – zu erzielen, benötigt man eine integrierte Sicht auf alle KI-Aktivitäten im Unternehmen und darüber hinaus.

Das Management strategischer KI-Initiativen

Führungskräfte sollten offen sein für Experimente mit ausgewählten KI-Lösungen als allein stehende Anwendungen in verschiedenen Unternehmensbereichen. Über diese Einzelprojekte hinaus ist es jedoch notwendig, eine Portfolioperspektive auf die gesamte Bandbreite der laufenden KI-Projekte einzunehmen. Diese Projektportfolioperspektive bei KI stellt eine Mindestanforderung dar, denn besser noch wäre eine Portfoliosicht auf alle digitalen Innovationsprojekte über einen reinen Fokus auf KI hinaus. Unternehmen sollten somit ihre gesamte Liste laufender KI-Projekte im Kontext aller digitalen Innovations- und Transformationsprojekte aktiv steuern. Damit können Führungskräfte sicherstellen, dass sie die richtigen KI-Projekte durchführen und nicht nur KI-Projekte auf die richtige Weise durchführen. Ein geeignetes Projektmanagement ist mit der Sicht auf ein einzelnes Projekt möglich. Die Auswahl der richtigen Projekte erfordert hingegen eine Portfolioperspektive auf alle Projekte zu digitaler Innovation und KI im Unternehmen. Diese Portfolioperspektive ist auch entscheidend, um die KI-Projekte eines Unternehmens mit der MI seiner Experten abzustimmen und so eine integrierte Intelligenzarchitektur aufzubauen.[1]

Daher muss das Projektportfolio eines Unternehmens aktiv gesteuert werden, indem Entscheidungen über die Fortführung, Beendigung, Neuausrichtung oder Beschleunigung von Projekten getroffen werden, einschließlich relevanter Budgetentscheidungen. Damit werden Unternehmen auch Synergien zwischen den verschiedenen Projekten erzielen. Beispielsweise können Firmen einen Algorithmus für maschinelles Lernen mit Natural Language Processing und mehreren weiteren KI-Lösungen sowie verschiedenen Arten von MI kombinieren, um die Vorteile jeder Lösung voll auszuschöpfen. Während die Implementierung jeder einzelnen KI-Lösung oft in einem separaten Projekt gesteuert wird, ermöglicht die Portfolioperspektive die Nutzung positiver Synergien bei gleichzeitiger Vermeidung negativer Synergien zwischen diesen Projekten. Interessanterweise ist diese Projektportfolioperspektive im Innovationsmanagement und Projektmanagement relativ weit verbreitet, wird aber für KI bisher weitgehend vernachlässigt. Daher bleiben viele KI-Aktivitäten isolierte Initiativen, die nicht die anfänglichen Erwartungen erreichen. Um zumindest diese Art von Misserfolg bei der Implementierung von KI zu vermeiden, stellt das digitale Innovationsportfolio-Management eine wichtige Maßnahme dar.

Das bestehende Innovationsportfolio-Management in Unternehmen verfolgt in der Regel folgende Ziele. Erstens maximieren Unternehmen den Wert des Portfolios, indem sie die finanziell vielversprechendsten Projekte auswählen. Zweitens müssen Führungskräfte eine enge Abstimmung zwischen der Strategie ihres Unternehmens und dem Projektportfolio sicherstellen. Drittens sollten Manager die richtige Anzahl von Projekten im Verhältnis zu den verfügbaren Ressourcen und dem Budget auswählen. Viertens und letztens müssen Firmen ein Gleichgewicht zwischen verschiedenen Arten von Projekten finden, wie beispielsweise radikalen und inkrementellen Projekten. Neben diesen typischen Zielen sollten im Rahmen von KI-Initiativen zusätzliche Ziele für jede dieser vier Dimensionen berücksichtigt werden (Abbildung 10). In Bezug auf die erste Dimension »Wert« müssen Führungskräfte prüfen, ob KI-Initiativen neue Einnahmequellen generieren, die über Effizienzsteigerungen hinausgehen. Was die zweite Dimension »Strategie« betrifft, so sollten Unternehmen eine überzeugende Storyline für ihren Erfolg in künftigen intelligenzbasierten Märkten entwickeln. Hinsichtlich der dritten Dimension »Ressourcen« kann KI unterschiedliche Auswirkungen auf die digitale und organisatorische Transformation von Unternehmen haben. Mit Blick auf die vierte Dimension »Gleichgewicht« sollten KI-Aktivitäten einen gewissen Bezug zum Kerngeschäft eines Unternehmens haben, anstatt sich auf weitgehend isolierte Lösungen zu konzentrieren, die von Wettbewerbern leicht imitiert werden könnten.

Um diese verschiedenen Dimensionen des digitalen Innovationsportfolio-Managements zu veranschaulichen, bildet das Patent für »Anticipa-

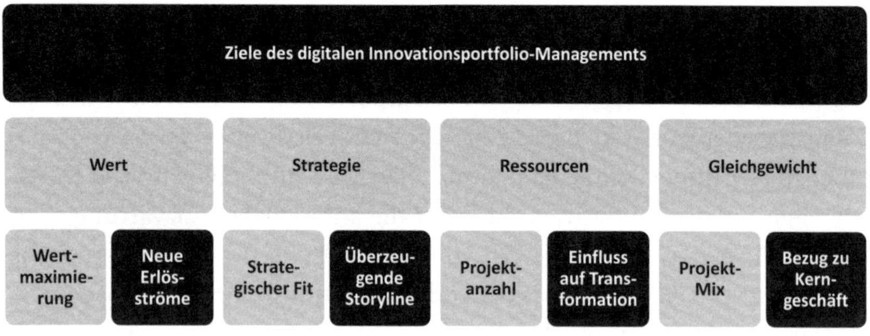

Abbildung 10: Ziele des digitalen Innovationsportfolio-Managements
Quelle: Lichtenthaler, 2019, Zeitschrift Führung + Organisation[2]

tory Shipping« von Amazon ein gutes Beispiel. Dabei handelt es sich um kein neues Konzept, denn das Patent stammt bereits aus dem Jahr 2013 und wurde in zahlreichen früheren Veröffentlichungen und in den Medien diskutiert.[3] Dennoch zeigt dieses Beispiel, wie weit die führenden Unternehmen bereits vor Jahren neue Geschäftsmodelle auf Basis von KI ausgearbeitet haben. Im Wesentlichen bezieht sich der vorausschauende Versand im Sinne von »Anticipatory Shipping« auf Situationen, in denen Amazon bereits Produkte versendet, weil erwartet wird, dass Kunden diese in naher Zukunft bestellen werden. Diese Erwartung basiert auf komplexen Analysen der verfügbaren Kundendaten, des Kundenverhaltens und der bisherigen Berührungspunkte des Kunden mit dem jeweiligen Produkt. Mit diesem Ansatz könnte Amazon Ihnen das schicken, was Sie möchten, noch bevor Sie durch Klicken auf den »Kaufen«-Button klar zum Ausdruck gebracht haben, dass Sie es tatsächlich haben möchten. Anstatt zu warten, bis Sie klicken, ist Amazon perfekt vorbereitet und das Produkt ist bereits auf dem Weg in Ihre Nähe.

Bei der Implementierung gibt es natürlich einige Herausforderungen. So muss beispielsweise die Vorhersagegenauigkeit hoch sein, um einen starken Anstieg der Logistikkosten zu vermeiden. Die KI-Lösung wird jedoch eine wesentliche Transformation des Geschäftsmodells von »Shop & Ship« zu »Ship & Shop« ermöglichen, wobei der Versand dann vor dem Kauf erfolgen kann. Um die Lösung umzusetzen, müssen mehrere digitale und nicht digitale Innovationen mit KI kombiniert werden. Letztendlich trägt das Konzept zu den vier Zielen des Portfoliomanagements bei. Erstens ermöglicht es Amazon, neue Umsätze zu generieren. Zweitens stärkt es die Storyline des Unternehmens für intelligenzbasierte künftige Geschäftsaktivitäten. Drittens hat das Konzept einen großen Einfluss auf die Transformation des gesamten Unternehmens über KI hinaus. Viertens besitzt es eine starke Verbindung zum Kerngeschäft von Amazon, weil es das Kerngeschäft verändert und möglicherweise erweitert. Die vier Ziele des Managements digitaler Innovationsportfolios verdeutlichen somit, warum es sich um eine vielversprechende Initiative handelt. Gleichzeitig veranschaulicht dieses Beispiel die Relevanz und den Nutzen des Aufbaus eines Portfoliomanagements, das alle laufenden KI-Aktivitäten eines Unternehmens im weiteren Kontext aller digitalen Innovationsprojekte koordiniert.

Firmen sollten weiterhin agil mit einzelnen KI-Lösungen experimentieren. Darüber hinaus zahlt sich jedoch in der Regel eine unternehmensweite Portfolioperspektive auf KI-Projekte aus, weil damit eine integrierte Intelligenzarchitektur erreicht werden kann und fehlende Teile in dieser Architektur hinsichtlich bestimmter Arten von KI und MI identifiziert werden können. Außerdem erleichtert das digitale Innovationsportfolio-Management die Entwicklung einer überzeugenden Storyline für die intelligenzbasierte Zukunft eines Unternehmens. Eine überzeugende Storyline ist nach innen und außen gleichermaßen relevant. Intern gibt sie die strategische Ausrichtung für KI-Entscheidungen und -Investitionen vor. Extern hilft die Storyline, Kunden und weitere Stakeholder davon zu überzeugen, dass die Produkte, Dienstleistungen und Lösungen eines Unternehmens in einem intelligenzbasierten Wettbewerbsumfeld auf dem neuesten Stand der Technik sein werden. Eine Perspektive auf Unternehmensebene einzunehmen, anstatt einzelne KI-Projekte isoliert zu steuern, bildet einen wichtigen Erfolgsfaktor für den Start von KI-Aktivitäten und für die Integration dieser Aktivitäten in die Intelligenzarchitektur eines Unternehmens.

Die Rolle des Topmanagements

Abgesehen von der Notwendigkeit agilen Experimentierens mit mehreren KI-Lösungen ist eine unternehmensweite Koordination der KI-Aktivitäten zielführend. Wenn man diesen Koordinationsbedarf auf Unternehmensebene akzeptiert, ergeben sich daraus unmittelbar weitere Fragen. Wer sollte diese Koordination auf Unternehmensebene beaufsichtigen? Ist es hilfreich, eine eigene Abteilung für die Orchestrierung der KI-Aktivitäten einzurichten? Welche Rolle spielt das Topmanagement? Brauchen Unternehmen einen Chief Artificial Intelligence Officer? Welche Rolle spielt der Chief Digital Officer bei KI? Welche Beiträge kann der Chief Technology Officer oder Chief Information Officer leisten? Allgemeingültige Antworten auf viele dieser und ähnlicher Fragen sind schwierig, weil sie stark von der besonderen Situation eines Unternehmens und gerade auch von der historischen Entwicklung der Rollen und Verantwortlichkeiten innerhalb des Unternehmens abhängen. Daher sind firmenspezifische Antworten und Managementlösungen erforderlich, aber eine allgemeine Empfehlung kann gegeben werden: Das Topmanagement, das heißt der Vorstand oder die Geschäftsführung, muss aktiv einbezogen werden.

Von Ausnahmen abgesehen werden Manager der obersten Führungsebene konkrete KI-Lösungen nicht persönlich implementieren. Die Auswirkungen und der potenziell disruptive Charakter von KI sind jedoch so stark, dass sie besondere Aufmerksamkeit vom Chief Executive Officer und anderen Führungskräften verdienen. In diesem Zusammenhang spielen die Topführungskräfte eine besonders wichtige Rolle dahingehend, dass ein Unternehmen nicht nur eine intelligente Form von Leadership anstrebt, sondern auch Leadership im Bereich von KI und MI. Eine intelligente Form der Führung bezieht sich in erster Linie auf geeignete Führungsmechanismen im Hinblick auf die wachsende Rolle von KI. Im Gegensatz dazu bedeutet Leadership im Bereich von KI und MI, dass ein Unternehmen im Vergleich zu seinen Wettbewerbern führend im Bereich der Intelligenz ist. Außerdem beinhaltet eine führende Position im Bereich von KI und MI meist eine Erweiterung der Führungsrollen von Managern, um die Intelligenzarchitektur des Unternehmens in Bezug auf KI und MI zu steuern. Eine führende Position im Bereich von KI und MI geht also weit über intelligente Führung durch eine clevere Interpretation traditioneller Führungsrollen hinaus.

Neben der allgemeinen Anforderung, eine führende Position hinsichtlich verschiedener Arten von Intelligenz einzunehmen sowie das Management der obersten Führungsebene einzubeziehen, zeigt die zunehmende Rolle von KI, dass lebenslanges Lernen auf allen Hierarchieebenen erforderlich ist. Die wachsende Bedeutung von KI erfordert von den Führungskräften ein gewisses Maß an Wissen über Datenanalytik und intelligente Algorithmen. Auch wenn diese Personen nicht Experten für KI-Technologie werden müssen, benötigen sie grundlegende Kenntnisse zu den potenziellen Chancen und Herausforderungen von KI. Insbesondere benötigen sie ein Verständnis der möglichen Transformation von Geschäftsmodellen, Organisationen und Branchen über die relativ isolierte Anwendung einzelner KI-Lösungen in ausgewählten Geschäftsprozessen und Unternehmensteilen hinaus. Die Chancen und Risiken von KI sind weitgehend auf den technologischen Fortschritt zurückzuführen, aber die wichtigsten Erkenntnisse für die Topführungskräfte beziehen sich eher auf die Folgen für Markt, Geschäftsaktivitäten und Organisation als auf die technologischen Details.

Für alle Topführungskräfte ist es hilfreich, zumindest etwas KI-Expertise zu sammeln. Für einige dieser Personen stellt das Management der Implementierung von KI-Lösungen jedoch eine Kernaufgabe dar. Dabei kann der Chief Technology Officer eine wichtige Rolle spielen, aber diese Person ist oft nicht ideal auf das Management von KI-Initiativen vorbereitet. Zwar bringt die Implementierung von KI in der Regel erhebliche technologische Herausforderungen mit sich, allerdings sind diese meist weit entfernt von den technologischen Kernbereichen einer Firma. So kann ein Unternehmen auch weiterhin beispielsweise seine technologische Kernkompetenz im Maschinenbau nutzen, die sich jedoch deutlich von KI-Technologie unterscheidet. Auch der Chief Information Officer kann eine wichtige Rolle spielen. Diese Person konzentriert sich jedoch oft nicht auf produktbezogene IT. Einige KI-Lösungen, wie beispielsweise bestimmte Algorithmen für maschinelles Lernen, können in direktem Zusammenhang mit den bestehenden IT-Anwendungen eines Unternehmens stehen. Allerdings adressiert der Chief Information Officer in der Regel nicht das Zusammenspiel von KI und MI. Auch umfasst die Rolle des Chief Information Officer üblicherweise nicht die Entwicklung neuer Geschäftsmodelle auf Basis von KI.

Um diesen begrenzten Fokus der bestehenden Topmanagement-Positionen auszugleichen, haben viele Firmen in den letzten Jahren die Position eines Chief Digital Officer geschaffen. Die Schlüsselrolle dieser Person besteht darin, die digitale Transformation eines Unternehmens zu steuern durch Kommunikation der dringenden Notwendigkeit von Veränderungen sowie Unterstützung der Transformationsprozesse. Der Chief Digital Officer führt also nicht alle Aktivitäten der digitalen Transformation operativ durch. Vielmehr wirkt diese Person als Promoter und Lenker der Digitalisierungsinitiativen. Außerdem kann das Einsetzen eines

Chief Digital Officer ein wichtiges Signal nach innen und außen sein. Vor allem zeigt es den internen Mitarbeitern und externen Stakeholdern, dass das Unternehmen seiner Initiative zur digitalen Transformation hohe strategische Priorität beimisst. Insbesondere spielt der Chief Digital Officer eine Schlüsselrolle bei der Umsetzung produktbezogener IT-Lösungen und neuer datenbasierter Geschäftsaktivitäten über den Einsatz digitaler Lösungen zur internen Prozessverbesserung und Effizienzsteigerung hinaus.

Auf dieser Basis hat der Chief Digital Officer vielfach einen wichtigen Beitrag geleistet, auch wenn dies nicht für alle Firmen gilt. Des Weiteren haben einige Unternehmen den Chief Digital Officer von Anfang an nur als eine temporäre Position betrachtet. Daher wird darüber nachgedacht, diese Rolle wieder aufzulösen, sobald einige wichtige Meilensteine im digitalen Transformationsprozess erreicht worden sind. Der Chief Digital Officer kann aber auch bei der Implementierung von KI-Lösungen eine wichtige Rolle spielen, da diese Person bereits an produktbezogenen IT-Lösungen und datenbasierten Geschäftsmodellen beteiligt ist. Diese Aktivitäten gehören zu den Kernbereichen, in denen komplexe Analytik und intelligente Algorithmen ihr volles Potenzial entfalten können. Dementsprechend ist es ein relativ natürlicher Schritt, einige der KI-bezogenen Aufgaben dem Chief Digital Officer zu übertragen, während andere KI-Anwendungen vom Chief Information Officer koordiniert werden können, zum Beispiel die Verwendung von KI zur Optimierung interner Managementprozesse. Unabhängig vom Einfluss eines Chief Digital Officer muss der Chief Executive Officer sich voll und ganz für die Aktivitäten der digitalen Transformation einsetzen und den Chief Digital Officer unterstützen.

In diesem Zusammenhang sollten Unternehmen auch darüber nachdenken, die Rolle eines Chief Artificial Intelligence Officer einzurichten. Tatsächlich haben einige große Technologiefirmen diese Rolle bereits etabliert, allerdings ist diese Person nicht unbedingt ein vollwertiges Mitglied der obersten Führungsebene. Ungeachtet der genauen Hierarchieebene bietet eine spezialisierte Führungskraft mit entsprechender Abteilung zur Koordination der KI-Aktivitäten mehrere Vorteile. Der Erfolg der KI-Initiativen eines Unternehmens hängt jedoch in der Regel nicht von der

Frage ab, ob eine Person den Titel des Chief Artificial Intelligence Officer trägt oder ob die Aufgaben eines Chief Digital Officer auf KI ausgedehnt werden. Typischerweise ist es wichtiger, dass es eine hochrangige Person gibt, welche die Unterstützung von oben hat, einschließlich des Chief Executive Officer und der anderen Mitglieder der obersten Führungsebene. Auf dieser Grundlage kann die Person eine wichtige Rolle für den Erfolg von KI-Aktivitäten spielen, die sich nicht auf isolierte Anwendungen einiger ausgewählter Algorithmen beschränken.

Die Person, welche die KI-Aktivitäten beaufsichtigt, bildet vielmehr die zentrale Kontakt- und Koordinationsstelle für alle KI-Aktivitäten. So ermöglicht diese Person den Aufbau von Intelligenz und Lernprozessen zu KI auf Ebene der Organisation und damit weit über die Intelligenz und das individuelle Lernen einzelner Mitarbeiter hinaus. Insbesondere kann diese Person dazu beitragen, die obersten Führungskräfte weiterzubilden und damit ihr relevantes Wissen über KI zu stärken. Auf dieser Grundlage spielt ein spezialisierter KI-Manager eine wichtige Rolle, KI auch zur Entwicklung innovativer Lösungen und zur Generierung neuer Umsätze zu nutzen, anstatt sich ausschließlich auf die Stärkung der internen Effizienz zu konzentrieren. Da aktuelle Lösungen zur Datenanalytik völlig neue Geschäftsmöglichkeiten bieten, kann ein Vollzeit-Manager und Leiter der KI-Aktivitäten auch als Äquivalent zu den Leitern etablierter Geschäftsbereiche angesehen werden. Außerdem kann diese Person die Beziehungen zu Universitäten und anderen Forschungseinrichtungen für KI koordinieren. Ähnlich wie ein Chief Digital Officer wird eine spezielle Abteilung für KI eine starke Signalwirkung nach innen und außen haben. Ein Unternehmen kann damit also eine weitere Grundlage für eine überzeugende Storyline zum Erfolg in künftigen intelligenzbasierten Märkten schaffen. Alle diese Vorteile können unabhängig von der genauen Bezeichnung der Rolle als Chief Artificial Intelligence Officer oder mit einem anderen Titel erreicht werden.

Die Entwicklung von HR zu HAIR

Abgesehen von der Frage, ob die Position eines Chief Artificial Intelligence Officer eingerichtet werden soll oder nicht, betrifft die wachsende Bedeutung von KI eine Vielzahl anderer Funktionsbereiche, insbesondere die Personalabteilung. In vielen Unternehmen ist die Personalabteilung nicht die erste Abteilung, die sich aktiv mit den Chancen und Herausforderungen von KI beschäftigt. In zahlreichen anderen Firmen ist die Personalabteilung jedoch zumindest bei der Abschätzung neuer Möglichkeiten von KI sehr weit fortgeschritten. Dies mag möglicherweise überraschen, denn auf den ersten Blick sind HR-Experten weniger bereit, KI-Lösungen zu implementieren als Experten in anderen Funktionen, wie zum Beispiel IT oder F&E. Allerdings sind viele HR-Experten relativ früh auf die Möglichkeiten von KI für ihre Tätigkeiten aufmerksam geworden und setzen nun ausgewählte KI-Lösungen aktiv um. Diese Offenheit ist hervorragend, denn viele KI-Aktivitäten mit Bezug zu Personalmanagement bieten einige klare Vorteile. Allerdings konzentrieren sich die Aktivitäten der meisten Firmen bisher nur auf eine Teilmenge der Auswirkungen von KI auf die Personalabteilung.

Um die Vorteile von KI für die mitarbeiterbezogenen Aktivitäten eines Unternehmens im Allgemeinen und für die Personalabteilung im Besonderen vollständig zu nutzen, müssen Umfang und Rolle der Personalabteilung möglicherweise erweitert werden. Tatsächlich bieten sich für die Personalexperten eines Unternehmens große Chancen, die HR-Abteilung in eine HAIR-Abteilung zu transformieren. Diese erweiterte Rolle von HAIR würde sich auf »Human and Artificial Intelligence Resources« beziehen.[4] Die Erweiterung des Umfangs und der Ausrichtung der Personalabteilung auf KI kann eine große Herausforderung darstellen, weil die zur Erfüllung dieser Rolle erforderlichen Kompetenzen meist über die bisherigen Kompetenzen der HR-Abteilung hinausgehen. Dennoch sollten HR-Manager diese Transformation und Erweiterung ihrer Aufgaben und Verantwortlichkeiten offen annehmen, denn damit bietet sich eine große Chance, den Einfluss von HR in der gesamten Organisation weiter zu stärken. Aus intelligenzbasierter Perspektive ist eine solche Transformation außerdem sehr sinnvoll, weil sie eine integrierte Intelligenzarchitektur ermöglicht, an der menschliche Experten und virtuelle Mitarbeiter in Form von KI beteiligt sind.

Der Fokus der meisten Personalabteilungen bei KI war bisher meist darauf beschränkt, KI zur Optimierung ihrer traditionellen HR-Aufgaben zu nutzen. Dies stellt jedoch nur eine der drei folgenden wichtigen Dimensionen dar, wie sich KI auf das Personalwesen auswirkt. Erstens können KI-Lösungen von den Verantwortlichen für HR angewendet werden. Zweitens, über die Nutzung von KI für HR hinaus sollten Führungskräfte die alternative Perspektive des Managements virtueller Mitarbeiter berücksichtigen.[5] Dabei würde es sich um Aufgaben im Zusammenhang mit diesen virtuellen Mitarbeitern handeln, die vergleichbar mit HR bei menschlichen Mitarbeitern sind. Daher kann man diese Aufgaben als AIR-Aktivitäten bezeichnen, die sich auf »Artificial Intelligence Resources« beziehen. Drittens können die Verantwortlichkeiten einer HAIR-Abteilung speziell die Interdependenzen von KI und MI hinsichtlich der Zusammenarbeit menschlicher und virtueller Mitarbeiter betreffen. Diese Dimension beinhaltet die Optimierung der Human-Machine-Interfaces, geht aber über das reine Schnittstellenmanagement hinaus. So kann beispielsweise die Zusammenarbeit von Mensch und Maschine auch eine Neugestaltung etablierter Kennzahlen zur Leistungsmessung erfordern, um die wachsende Bedeutung von KI und die aufgrund der Transformation veränderte Rolle menschlicher Experten zu berücksichtigen.

Diese drei Dimensionen mit unterschiedlichen Auswirkungen an der Schnittstelle von KI und HR mögen langfristig zwar ähnlich relevant sein, aber kurzfristig ist die erste Dimension am wichtigsten.[6] Personalabteilungen sollten KI-Lösungen nutzen, um ihre personalbezogenen Tätigkeiten zu verbessern. Daher müssen HR-Experten eigenes Fachwissen aufbauen oder neue Kollegen einstellen, um die Möglichkeiten von KI in allen Bereichen des HR-Managements zu nutzen. So können Firmen beispielsweise bei der Auswahl vielversprechender Mitarbeiter KI-basierte Lösungen nutzen. Das Unternehmen Precire Technologies aus Deutschland hat eine Lösung entwickelt, mit der HR-Verantwortliche eine Analyse verschiedener Charaktereigenschaften eines Bewerbers allein auf Grundlage eines relativ kurzen Telefoninterviews durchführen. Hierdurch können Firmen teure Assessment-Center ersetzen. Und die deutlich zunehmende Qualität dieser KI-Lösung ermöglicht es den Mitarbeitern im Recruiting, sich auf ihre Kernaufgaben zu konzentrieren, um die Arbeitsergebnisse weiter zu verbessern. Damit werden Firmen gleichzeitig die Effektivität und Effizienz von Recruiting-Prozessen stärken. In ähnlicher Weise können Unternehmen KI-Lösungen nutzen, um einen Teil des impliziten Wissens wichtiger Experten zu erfassen, wenn diese in den Ruhestand gehen oder den Arbeitgeber wechseln. Auch wenn meist nicht alle strukturierten und unstrukturierten Erkenntnisse und Erfahrungen erfasst werden, eröffnen KI-Lösungen neue Möglichkeiten, zumindest einen Teil dieses Wissens und dieser Expertise zu erhalten und zu nutzen.

Über den bloßen Fokus auf die Nutzung von KI im Personalwesen hinaus bietet eine Transformation in Richtung von HAIR-Aufgaben große Chancen für Intelligenz^{X} – bestehend aus verschiedenen Arten von KI, MI und Meta-Intelligenz. Traditionell verfügt die Personalabteilung nicht über relevante Kompetenzen in »People Analytics« oder anderen KI-Feldern. Ebenso stellen zahlreiche KI-Bereiche keinen Fokus der IT dar, insbesondere im Hinblick auf produktbezogene KI-Lösungen. Selbst wenn Unternehmen über Vollzeitmitarbeiter für »People Analytics« und produktbezogene KI-Lösungen verfügen, reicht dies in der Regel nicht aus, um das Zusammenspiel von KI, MI und Meta-Intelligenz zu steuern. Genau an dieser Schnittstelle kann eine HAIR-Abteilung einen entscheidenden Beitrag leisten, um in einem künftigen intelligenzbasierten Wettbewerbsumfeld erfolgreich zu sein. Eine Alternative zum HAIR-Ansatz könnte ein interdisziplinärer Ansatz sein, um integrierte Intelligenz über mehrere Funktionsbereiche hinweg zu erreichen – vergleichbar mit einem interdisziplinären Innovationsprozess, der in vielen Unternehmen etabliert ist. Unabhängig vom jeweiligen organisatorischen Ansatz ist jedoch in den meisten Fällen eine Erweiterung der Aufgaben und Verantwortlichkeiten der Personalabteilung sinnvoll. Daher sollten HR-Verantwortliche offen sein, ihre eigene Funktion zumindest durch die Integration einiger Aspekte von HAIR-Management zu verändern.

Kapitel 14

Der I3 – Integrated Intelligence Incubator

Welche Auswirkungen hat eine intelligenzbasierte Perspektive auf den Unternehmenserfolg und welche Maßnahmen können Führungskräfte ergreifen, um ihr Unternehmen auf eine intelligenzbasierte Zukunft vorzubereiten? Die strategische Relevanz von KI ist relativ leicht erkannt. Die ersten Schritte zur Umsetzung systematischer KI-Aktivitäten zu unternehmen ist eine andere Sache, ganz zu schweigen von der Entwicklung einer integrierten Intelligenzarchitektur. Die meisten Firmen haben mittlerweile kein Problem mehr mit der Sensibilisierung für die Relevanz von KI. Die Herausforderungen für das Management haben sich vielmehr von der allgemeinen Erarbeitung des Themas hin zur Nutzung der Chancen von KI bei gleichzeitiger Vermeidung der Gefahren für die Wettbewerbsposition eines Unternehmens verschoben. Daher handelt es sich bei der Kernherausforderung nicht um fehlende strategische Vorsätze oder eine mangelnde allgemeine Bereitschaft in Unternehmen. Die Hauptschwierigkeit besteht auch nicht in einem spezifischen Detail bei der operativen Umsetzung. Stattdessen stellt für viele Firmen die gezielte Umsetzung von KI-Initiativen ein zentrales Problem dar, wobei der Schwerpunkt auf der Verknüpfung der strategischen Pläne mit den ersten Phasen der Umsetzung liegt.

Viele Unternehmen haben mit ausgewählten KI-Anwendungen experimentiert. In einigen Fällen haben sich diese isolierten Aktivitäten als erfolgreich erwiesen. In vielen anderen Fällen haben die Experimente interessante Erkenntnisse geliefert, aber die Firmen haben diese spezifischen KI-Lösungen nicht vollständig umgesetzt. Häufig befinden sich Führungskräfte aktuell an einem wichtigen Entscheidungspunkt, um größere

Schritte in Richtung KI zu unternehmen, die über diese erste Experimentierphase und den Einsatz einiger ausgewählter Tools, wie zum Beispiel Customer Service Bots, hinausgehen. Diese Übergangsphase ist jedoch oft schwierig und viele Topführungskräfte erleben die Herausforderung, in neue Bereiche vorzudringen, ohne zu wissen, ob die ausgewählten KI-Anwendungen eine gute Wahl sind oder ob es bisher unberücksichtigte bessere Lösungen geben könnte. Natürlich ist es kaum möglich, sich einen umfassenden Überblick über alle denkbaren KI-Möglichkeiten zu verschaffen und dann nur die besten Optionen auszuwählen. Realistisch ist jedoch ein systematisches Tool, das Führungskräften dabei hilft, Chancen für KI sowie mögliche Lücken ihrer bestehenden KI-Aktivitäten in einem strukturierten Vorgehen zu identifizieren. Zumindest ermöglicht dieses systematische Verfahren, einer optimalen Reaktion auf eine disruptive Entwicklung wie KI relativ nahe zu kommen.

Gerade in der Anfangsphase der Implementierung hilft ein systematisches Vorgehen Unternehmen dabei, die Experimentierphase für KI-Lösungen zu verlassen. Auch beinhaltet ein solches Tool eine Sicht auf das ganze Unternehmen, um potenzielle positive und negative Synergien zwischen den KI-Aktivitäten in verschiedenen Geschäftsbereichen oder Funktionsbereichen großer Organisationen zu identifizieren. Damit kann das gesamte digitale Innovationsportfolio berücksichtigt werden, einschließlich der Auswahl der richtigen KI-Projekte. Eine solche systematische unternehmensweite Implementierung ist zielführend für Firmen, die gerade erst mit KI-Initiativen beginnen. Dieses Vorgehen ist aber auch hilfreich für die Neuausrichtung und Optimierung laufender KI-Initiativen. Zahlreiche Firmen haben solche Initiativen bereits gestartet, aber viele davon sind nicht wie ursprünglich geplant angelaufen. Einige der Herausforderungen können auf eine fehlende Portfolioperspektive sowie auf unklare Verantwortlichkeiten und Kompetenzen zurückzuführen sein. Ein Beispiel hierfür ist die Rolle der HR-Abteilung und eine mögliche Transformation in Richtung HAIR. Unabhängig von der konkreten organisatorischen Lösung ist es jedoch hilfreich, einen klaren Leitfaden mit mehreren Schritten zu verfolgen, der sich in vielen Unternehmen aus unterschiedlichen Branchen bewährt hat. Dieses Tool wird I3 – Integrated Intelligence Incubator – genannt.

I3 – Integrated Intelligence Incubator

Der Begriff I3 – Integrated Intelligence Incubator – verdeutlicht, dass es sich um ein Tool zur Unterstützung von Unternehmen auf dem Weg zu einer integrierten Intelligenzarchitektur handelt. Insbesondere ermöglicht es Firmen, einerseits ihre KI-Initiativen mit ihren etablierten Geschäftsaktivitäten zu verknüpfen und andererseits neue strategische Möglichkeiten und Erlösquellen zu erschließen. Damit bietet es Führungskräften ein einfaches Tool, wie wahrgenommene strategische Priorität in operatives Handeln überführt werden kann. Während KI in vielen Firmen bereits eine hohe strategische Priorität besitzt, stellen die Schritte zur systematischen Umsetzung von KI über einzelne Experimente hinaus oft eine große Barriere dar. Das schrittweise Vorgehen des I3 – Integrated Intelligence Incubator – ermöglicht es Firmen außerdem, sich nicht ausschließlich auf KI zu konzentrieren, sondern auch das Zusammenspiel von KI, MI und Meta-Intelligenz systematisch zu nutzen. Damit stellt es ein praktisches Tool dar, um auf Veränderungen im Wettbewerbsumfeld eines Unternehmens durch KI zu reagieren und das Umfeld proaktiv zu beeinflussen, sodass die intelligenzbasierten Geschäftsaktivitäten möglichst vorteilhaft gestaltet werden. Das Tool ermöglicht es Führungskräften, die Rahmenbedingungen zur Erreichung eines intelligenzbasierten Wettbewerbsvorteils zu schaffen.

Viele Unternehmen reagieren auf die jüngsten Fortschritte bei KI mit isolierter Ignoranz, wie im oberen Teil von Abbildung 11 dargestellt wird. Wenn diese Firmen überhaupt KI-Projekte durchführen, sind diese allein stehenden Projekte weitgehend losgelöst voneinander. Daher schöpfen die Firmen das Potenzial von KI für ihre Geschäftsaktivitäten bei Weitem nicht aus. Im Gegensatz dazu nimmt der I3 – Integrated Intelligence Incubator – eine unternehmensweite Perspektive auf das gesamte Portfolio der KI-Aktivitäten ein, wie im unteren Teil von Abbildung 11 gezeigt wird. Dabei hilft das Tool Unternehmen, auf die jüngsten Fortschritte bei KI so zu reagieren, dass die vielversprechendsten Projekte in einem ersten Trichter ausgewählt werden. Außerdem unterstützt es Führungskräfte bei der Identifizierung von Bereichen, die bisher überhaupt noch nicht berücksichtigt wurden. Mit dem I3 – Integrated Intelligence Incubator – können Firmen daher einen Wettbewerbsvorteil durch die Konzentration auf ein Portfolio integrierter Projekte erzielen, die mithilfe des bestehenden Projektmanagements umgesetzt werden. Um die Implementierung dieses schrittweisen Ablaufs zu vereinfachen, werden im Folgenden zwei Canvas-Modelle vorgestellt, die das Vorgehen im Rahmen des I3 – Integrated Intelligence Incubator – aufzeigen.

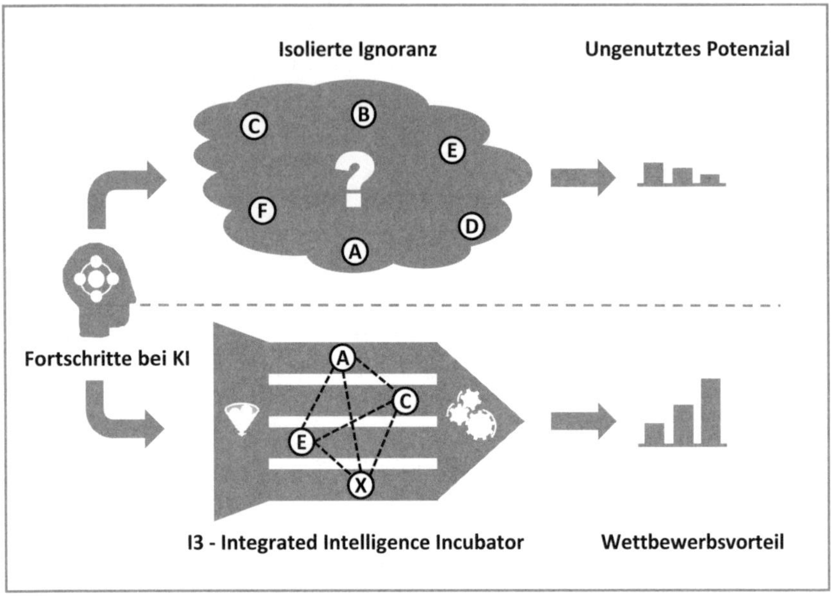

Abbildung 11: Darstellung des I3 – Integrated Intelligence Incubator

Konkret umfasst der I3 – Integrated Intelligence Incubator – zehn Schritte, die Führungskräfte von der Identifizierung wichtiger KI-Trends für ihr jeweiliges Geschäft bis zur Implementierung eines oder mehrerer Projekte mithilfe des jeweiligen Projektmanagements im Unternehmen leiten. Gemeinsam bilden die Projekte die strategische KI-Initiative eines Unternehmens, die über reine KI-Themen hinausgeht und die Grundlage für die langfristige Entwicklung einer integrierten Intelligenzarchitektur bildet. Die zehn Schritte können in zwei Teile gegliedert werden. Der erste Teil umfasst die Schritte 1 bis 5, die eine unternehmensweite Sicht auf das gesamte Portfolio der KI-Aktivitäten und darüber hinaus einnehmen. Die

Kernpunkte dieser Schritte können im Company Canvas dargestellt werden, der in Abbildung 14 abgebildet ist. Der zweite Teil umfasst die folgenden Schritte 6 bis 10. Im Gegensatz zum ersten Teil konzentriert er sich auf einzelne Themen, die dann mithilfe des bestehenden Projektmanagements eines Unternehmens umgesetzt werden können. Daher wird nicht das gesamte Projektportfolio für KI betrachtet. Stattdessen konzentriert sich dieser Teil auf ein einzelnes Thema und die Kerninhalte dieser Schritte können im Project Canvas dargestellt werden, der in Abbildung 15 abgebildet ist. Ein Unternehmen sollte also die Schritte 1 bis 5 einmal für die gesamte Organisation durchlaufen. Anschließend sollte man für jedes Projekt, das aufgrund der Ergebnisse der Schritte 1 bis 5 gestartet wird, die Schritte 6 bis 10 separat behandeln. Der I3 – Integrated Intelligence Incubator – hilft dabei, den Überblick über die verschiedenen Projekte im digitalen Innovationsportfolio zu behalten.

Company Canvas

Schritt 1 – Trends: Zu Beginn müssen Unternehmen die wichtigsten Trends konkretisieren, die ihre Aktivitäten hinsichtlich KI beeinflussen. Meist haben Führungskräfte bereits ein gewisses Verständnis für die Relevanz und die möglichen Folgen von KI. Andernfalls hätten sie oft gar keine KI-Initiative gestartet. In vielen Fällen sind Firmen jedoch von der Komplexität und Vielfalt der KI-Themen etwas überfordert. Daher ist es wichtig, die relevanten Einflüsse von KI klar zu artikulieren und aufzulisten. Dies kann sich beispielsweise auf die verschiedenen Arten von KI beziehen. Welche Technologien aus dem Bereich maschinellen Lernens können eine wichtige Rolle spielen und wie wird sich Natural Language Processing auf die Geschäftsaktivitäten eines Unternehmens auswirken? Außerdem können Firmen verschiedene Anwendungsbereiche von KI berücksichtigen, um relevante Trends zu identifizieren. Welche Rolle wird KI beispielsweise in verschiedenen Branchen spielen, die mit der Geschäftstätigkeit eines Unternehmens zusammenhängen?

Unternehmen sollten diese Analysen für KI und integrierte Intelligenz insgesamt durchführen. Auch müssen sie den Anwendungsbereich weiter ausdehnen, um alle Folgen der digitalen Transformation über KI hinaus zu berücksichtigen. Dabei können sie das Potenzial datenbasierter Geschäftsmöglichkeiten im Allgemeinen berücksichtigen, ohne sich speziell auf KI zu fokussieren. Im Gegensatz dazu werden Firmen sich auch gezielter darauf konzentrieren, die relevanten Trends nur für eine potenzielle Geschäftseinheit zu untersuchen. Ebenso kann man sich nur auf eine Art von KI konzentrieren, um dieses spezielle Gebiet, wie zum Beispiel Speech Synthesis, genauer zu analysieren. Das Kernergebnis dieses ersten Schrittes ist auf jeden Fall ein systematisches Verständnis der relevantesten Trends, deren Konsequenzen in den folgenden Schritten genauer untersucht werden. In der Regel ist es hilfreich, diese Trends mit einigen prägnanten Begriffen in der linken oberen Ecke des Company Canvas aufzulisten. Dementsprechend hilft dieser erste Schritt Führungskräften, sich auf diejenigen Trends im Kontext der allgemeinen Entwicklung von KI zu konzentrieren, die für die zukünftige Geschäftstätigkeit eines Unternehmens am relevantesten sind.

Schritt 2 – Wertschöpfungskette: Basierend auf der Analyse der wichtigsten Trends müssen Firmen die Auswirkungen dieser Trends auf die Aktivitäten der Wertschöpfungskette in ihrer Branche untersuchen. KI hat eine spezifische Wirkung in jedem Sektor und eine noch individuellere Wirkung auf jedes Unternehmen. Es gibt jedoch zwei Aspekte, die in fast allen Branchen beeinflusst werden. Der erste Aspekt ist die Wertschöpfungskette, welche die horizontale Dimension im Company Canvas darstellt. Durch KI werden die Aktivitäten der Wertschöpfungskette oft erneuert und erweitert. Erneuerung bezieht sich hier auf die Veränderung und Verlagerung von Aktivitäten auf eine andere Stufe der Wertschöpfungskette. Erweiterung hingegeben beschreibt das Entstehen neuer relevanter Wertschöpfungsaktivitäten. Darüber hinaus können einige bestehende Wertschöpfungsaktivitäten von den Veränderungen weitgehend unberührt bleiben und die Kompetenzen eines Unternehmens in diesen Bereichen werden weiter wie bisher genutzt (Abbildung 12). Beispielsweise fördern KI und Datenanalytiklösungen oftmals plattformbasierte Geschäftsmodelle, die eine Integrationsfunktion erfüllen und die Wertschöpfungsposition zwischen einem Hersteller und seinen traditionellen Kunden einnehmen können. Dadurch kann ein produzierendes Unternehmen Gefahr laufen, seine direkten Kundenbeziehungen zu verlieren und zu einem reinen Hardwarelieferanten für ein Dienstleistungsunternehmen wie den Plattformanbieter degradiert zu werden.

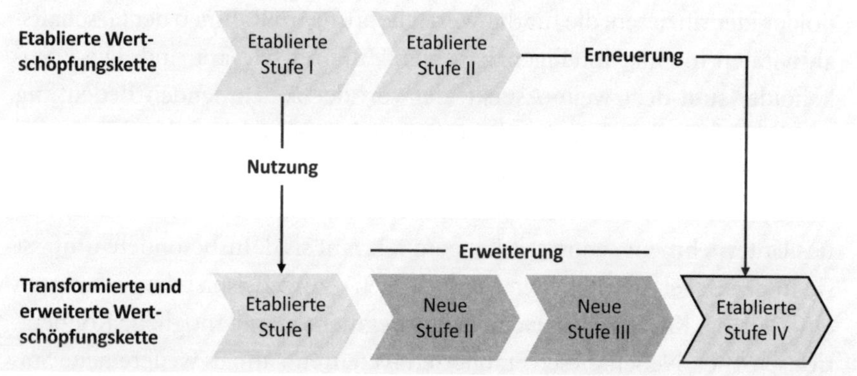

Abbildung 12: Erweiterung der Wertschöpfungskette

Eine vereinfachte Darstellung der bestehenden Wertschöpfungskette in der Automobilindustrie umfasst beispielsweise die folgenden sechs grundlegenden Aktivitäten: F&E, Einkauf, Produktion, Marketing und Vertrieb, Financial Services und After-Sales Services. Im Kontext von KI und den damit verbundenen Entwicklungen in Richtung autonomes Fahren werden zwei neue Aktivitäten entscheidend: Mobilitätsdienstleistungen und Datenanalytik. Darüber hinaus werden zwei bestehende Aktivitäten auf andere Stufen der Wertschöpfungskette verlagert: Financial Services und After-Sales Services. Auf dieser Basis werden die Wertschöpfungsaktivitäten im Rahmen von Digitalisierung, KI und anderen Entwicklungen erweitert und neu organisiert. Dabei ist es besonders wichtig, Erkenntnisse zum Zusammenspiel mehrerer Trends zu gewinnen und zu erfahren, wie diese sich gemeinsam und nicht nur einzeln auf die Wertschöpfungsaktivitäten in einer Branche auswirken. Das Kernergebnis dieses Schrittes ist ein klares Verständnis der zukünftigen Wertschöpfungskette in der Branche eines Unternehmens. In der Regel ist es hilfreich, dabei die unternehmenseigenen Wertschöpfungsstufen sowie ausgewählte vorherige und folgende Stufen zu berücksichtigen. Diese erneuerten Wertschöpfungsaktivitäten im intelligenzbasierten zukünftigen Wettbewerb bilden die Grundlage für die horizontale Dimension im Company Canvas.

Schritt 3 – Stakeholder: Ausgehend von der Analyse der wichtigsten Trends im ersten Schritt können Unternehmen auch verschiedene Stakeholder identifizieren, die für die Wertschöpfung im Rahmen der Geschäftsaktivitäten in einer intelligenzbasierten Zukunft relevant sind. Diese Stakeholder sind der zweite Aspekt, der von der zunehmenden Bedeutung von KI in fast allen Branchen beeinflusst wird. Als solche bilden die Stakeholder die vertikale Dimension im Company Canvas. Typischerweise enthält die Übersicht von Stakeholdern einige Akteure, die in der Branche eines Unternehmens schon seit Langem relevant sind. Insbesondere umfasst sie in der Regel die »üblichen Verdächtigen«, zum Beispiel die Lieferanten einer Firma, Kunden in verschiedenen Segmenten und mögliche Kooperationspartner. Neben diesen etablierten Akteuren kann es weitere neue Stakeholder in intelligenzbasierten Ökosystemen geben, die erst aufgrund der höheren Bedeutung von KI und damit verbundenen Entwicklungen eine Rolle spielen. Hier ist es oft hilfreich, relevante Technologieentwicklungen aus einer Technology-Push-Perspektive und wichtige Marktanwendungen aus einer Market-Pull-Perspektive zu betrachten (Abbildung 13).

Zu den etablierten Stakeholdern aus der Sicht eines Automobilunternehmens gehören beispielsweise Lieferanten, Kunden, Wettbewerber, Händler, Investoren und Regulierungsbehörden. Im Kontext von KI, autonomem Fahren und damit einhergehenden Fortschritten werden einige zusätzliche Stakeholder relevant. Aufgrund einer Technology-Push-Perspektive mit relevanten Trends sollten zum Beispiel zusätzlich IT-Dienstleister, Infrastrukturanbieter und Technologiefirmen wie Google und Apple berücksichtigt werden. Eine Trendanalyse auf Basis einer Market-Pull-Logik kann außerdem die künftige Rolle von Mobilitätsanbietern, datenbasierten Dienstleistungspartnern sowie Content-Anbietern unterstreichen. Wie bei den Aktivitäten der Wertschöpfungskette wird auch die Liste der Stakeholder im Umfeld eines Unternehmens erweitert. Außerdem ändert sich teilweise ihre Rolle, sodass beispielsweise bekannte Wett-

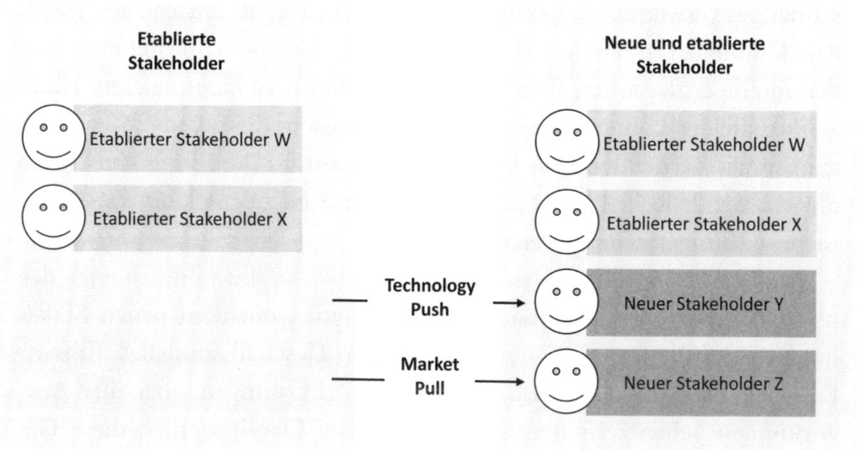

Abbildung 13: Erweiterung der Stakeholder

bewerber zunehmend zu Partnern werden, während neue Wettbewerber aus verschiedenen Branchen auftauchen. Das Kernergebnis dieses Schrittes ist eine aussagekräftige Liste der wichtigsten Stakeholder, die in Zukunft in einem datengetriebenen und intelligenzbasierten Geschäftsumfeld relevant sein werden.

Schritt 4 – Schlüsselfelder: Gemeinsam bilden die erweiterten Aktivitäten der Wertschöpfungskette und die Liste der Stakeholder die Grundlage für den Company Canvas (Abbildung 14).[1] Hier wird in den verschiedenen Feldern angegeben, welche Stakeholder für welche Aktivitäten der Wertschöpfungskette relevant sind. Einige der Felder stellen die bisherigen Kernbereiche eines Unternehmens dar. Dort treffen die traditionellen Wertschöpfungsaktivitäten des Unternehmens auf die »üblichen Verdächtigen«, zum Beispiel etablierte Kunden, Lieferanten und Wettbewerber. Neben diesen bisherigen Kernbereichen wird es viele Felder geben, die einem Unternehmen weniger vertraut sind. Einige dieser Felder waren in der Vergangenheit vielleicht nicht wichtig und sie werden wohl auch in absehbarer Zeit nicht wichtig. Daher verdienen diese Bereiche keine besondere Aufmerksamkeit. Führungskräfte sollten jedoch vorsichtig vorgehen, um nicht einige Aktivitäten im Kontext bestimmter Stakeholder zu schnell zu verwerfen, obwohl diese Felder in Zukunft entscheidend werden könnten. Das Hauptziel dieses Schrittes ist, die Schlüsselfelder für den intelligenzbasierten Wettbewerb der Zukunft zu identifizieren. Diese Schlüsselfelder können einige Bereiche umfassen, die bereits in der Vergangenheit Kernfelder eines Unternehmens waren. Darüber hinaus führt die wachsende Rolle von KI jedoch typischerweise zu einer zunehmenden Relevanz einiger neuer Bereiche.

In der Automobilindustrie beispielsweise kann die Schnittmenge der neuen Wertschöpfungsaktivität »Datenanalytik« mit dem neuen Stakeholder »Mobilitätsanbieter« zu völlig neuen Geschäftsmodellen führen. Diese Geschäftsmodelle basieren stark auf KI-Lösungen, aber ihre Auswirkungen gehen weit über reine KI hinaus. Damit werden diese Geschäftsmodelle die bisherigen Aktivitäten der Automobilunternehmen stark beeinflussen. Daher stellt dies sicherlich ein Schlüsselfeld für Automobilunternehmen dar. Somit besteht das wesentliche Ergebnis dieses Schrittes darin, die Erkenntnisse aus den Analysen von Trends, Wertschöpfungsaktivitäten und Stakeholdern in den vorherigen Schritten mithilfe eines systematischen Rahmens weiter zu verdichten und zu konkretisieren. Dieser Überblick bietet eine solide Basis für weitere Diskussionen und kann organisationales Lernen ermöglichen, das weit über das individuelle Lernen von Mitarbeitern in verschiedenen Bereichen des Unternehmens hinausgeht. Dadurch können Führungskräfte diejenigen Bereiche identifizieren, die im Rahmen von KI besonders vielversprechend oder bedrohlich sind, um ihren Fokus in den folgenden Schritten auf diese Schlüsselfelder zu lenken.

Schritt 5 – Kernpunkte: Nachdem im vorherigen Schritt die Schlüsselfelder identifiziert wurden, müssen Unternehmen die Kernpunkte in jedem relevanten Feld analysieren. Die Kernpunkte beziehen sich dabei auf die »Gain Points« und/oder »Pain Points« des jeweiligen Stakeholders bei der jeweiligen Wertschöpfungsaktivität. In diesem Schritt können Firmen verschiedene Kreativitätstechniken und insbesondere Design-Thinking-Ansätze nutzen. Normalerweise ist es relativ einfach, einige »Gain Points« zu finden, die einem Stakeholder einen klaren Nutzen bringen würden, ebenso wie einige »Pain Points«, die ein Stakeholder vermeiden möchte.[2] Führungskräfte sollten verschiedene interne Experten aus unterschiedlichen Funktionsbereichen des Unternehmens in einem Workshop zusammenbringen und sie mit dem Company Canvas in Abbildung 14 vertraut machen. Typischerweise kann eine solche interdisziplinäre Gruppe zumindest einige überzeugende Ansätze zur Identifizierung der Kernpunkte für jedes relevante Feld liefern. So wird beispielsweise in der Automobilindustrie das Schlüsselfeld der Datenanalytik im Hinblick auf Kunden Diskussionen anstoßen über die Kernpunkte der täglichen Fahrt eines Pendlers zur Arbeit. Diese Diskussion würde den Bedarf an intelligenten Algorithmen unterstreichen, um so genau wie möglich zu antizipieren, welche neuen Dienste einem einzelnen Fahrer einen echten Mehrwert bezüglich seiner »Gain Points« und »Pain Points« liefern könnten.

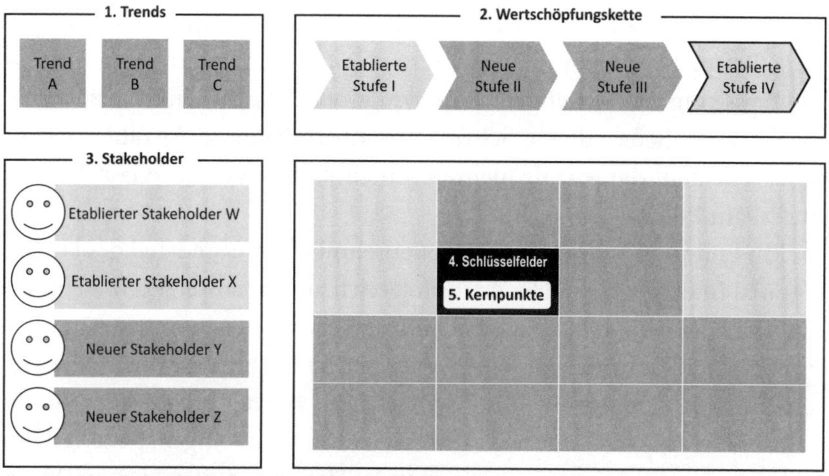

Abbildung 14: Company Canvas

Auf Grundlage einer anfänglichen Ableitung von Kernpunkten können Firmen auf zusätzliche Design-Thinking-Methoden zurückgreifen, wie zum Beispiel die Beobachtung und Befragung von Stakeholdern, um die jeweiligen »Gain Points« und »Pain Points« zu konkretisieren. Diese Kernpunkte beinhalten noch keine Idee und auch kein Konzept für eine mögliche Lösung. Vielmehr geht es in diesem Schritt darum, potenzielle Vor- und Nachteile für die Stakeholder in den Schlüsselfeldern eines künftigen intelligenzbasierten Kontexts zu identifizieren. Unabhängig von der jeweiligen Lösung können die »Gain Points« und »Pain Points« mithilfe einer Market-Pull- oder Technology-Push-Perspektive identifiziert werden. Die Market-Pull-Sicht geht von den Bedürfnissen und Wünschen der Stakeholder aus und setzt sie in Bezug zum künftigen intelligenzbasierten Umfeld. Im Gegensatz dazu beginnt die Technology-Push-Perspektive mit dem Einfluss von KI auf die Aktivitäten der Stakeholder in der jeweiligen Wertschöpfungsstufe und analysiert dann mögliche »Gain Points« und »Pain Points«. Anschließend werden die wichtigsten Punkte priorisiert. Außerdem können häufig einige der relevantesten Punkte zusammengefasst werden. Dies kann zum Beispiel durch Gruppierung entlang eines bestimmten Stakeholders oder einer Wertschöpfungsaktivität erfolgen oder auch durch inhaltliche Integration. Beispielsweise können mehrere »Gain Points« und »Pain Points« die Erfassung und intelligente Analyse großer Datenmengen erfordern. Idealerweise liefert dieser Schritt eine überschaubare Anzahl strategischer Themen, die jeweils mehrere inhaltlich verwandte »Gain Points« und »Pain Points« umfassen.

Mit Ende von Schritt 5 haben Unternehmen den ersten Teil des I3 – Integrated Intelligence Incubator – erfolgreich abgeschlossen. In diesem ersten Teil wird eine relativ allgemeine Perspektive eingenommen und das Projektportfolio für KI auf Ebene eines gesamten Unternehmens oder Geschäftsbereichs analysiert. Das Ergebnis der Schritte 1 bis 5 besteht aus einem systematischen Überblick über das künftige intelligenzbasierte Umfeld und aus priorisierten strategischen Themen, die in den nächsten Schritten weitere Aufmerksamkeit verdienen. Der inhaltliche Wert dieses systematischen Bezugsrahmens auf Portfolioebene sollte nicht unterschätzt werden, weil damit auch bereits laufende KI-Initiativen eines Unternehmens sowie ihr jeweiliger strategischer Fokus abgebildet werden können. Meist führt diese Analyse auch dazu, dass einige »weiße Flecken« in Form von Bereichen mit Lücken identifiziert werden, die bisher noch gar nicht berücksichtigt wurden. Darüber hinaus kann das Vorgehen auch zur Identifikation positiver und negativer Synergien zwischen KI-Initiativen beitragen, die oft getrennt in verschiedenen Teilen von großen Unternehmen durchgeführt werden. Somit leistet dieser erste Teil des I3 – Integrated Intelligence Incubator – einen wesentlichen Beitrag zur Erreichung einer integrierten Intelligenzarchitektur.

Project Canvas

Für jedes der strategischen Themen, die im ersten Teil des I3 – Integrated Intelligence Incubator – identifiziert werden, behandelt ein Unternehmen die Schritte 6 bis 10 separat. Dabei liegt der Fokus auf der Konzeptentwicklung in der Anfangsphase eines einzelnen Projekts für jedes strategische Thema. Wenn Firmen bereits laufende KI-Aktivitäten haben, die oft relativ isoliert voneinander gesteuert werden, führt der erste Teil typischerweise dazu, sich auf die vielversprechendsten Projekte zu konzentrieren. Dementsprechend wird die Anzahl der Themen basierend auf dem ersten Trichter reduziert. Dies ist in Abbildung 11 dargestellt, wo im unteren Teil nur die Projekte A, C und E verfolgt werden, im Gegensatz zu den Projekten A bis F im oberen Teil der Abbildung. Außerdem führt der erste Teil des I3 – Integrated Intelligence Incubator – üblicherweise zur Identifizierung weiterer vielversprechender Felder, die bisher übersehen wurden. Dies ist in Abbildung 11 durch die Fortsetzung des Projekts X im unteren Teil dargestellt, das im oberen Teil der Abbildung nicht vorhanden ist. Um detaillierte Konzepte für die vielversprechendsten Themen zu entwickeln, können Firmen den in Abbildung 15 dargestellten Project Canvas nutzen, der für jedes priorisierte strategische Thema ausgefüllt werden sollte. Wenn dieser Project Canvas fertiggestellt ist, verfügen die Führungskräfte über alle notwendigen Informationen, um das Konzept freizugeben und ein formales Implementierungsprojekt mit einem separaten Budget im Rahmen des üblichen Projektmanagements des Unternehmens zu starten.

Schritt 6 – Mehrwert: Um für die strategischen Themen klare Maßnahmen abzuleiten, können Unternehmen auf die Logik von Geschäftsmodellen zurückgreifen, mit der man zu einer priorisierten Zahl von Projekten einschließlich eines Businessplans kommt. Diese Liste realisierungsreifer Projekte stellt das Ergebnis des zweiten Teils des I3 – Integrated Intelligence Incubator – dar und die Geschäftsmodelllogik ist in diesem zweiten Teil entscheidend. Ohne auf detailliertere Unterteilungen eines Geschäftsmodells, wie zum Beispiel den Business Model Canvas[3], einzugehen, besteht ein Geschäftsmodell in der Regel aus drei Hauptkomponenten: Mehrwert, Wertschöpfung und Wertaneignung. Der Mehrwert im Sinne des Leistungsversprechens (»Value Proposition«) stellt das zentrale Bindeglied zwischen den in Schritt 5 identifizierten strategischen Themen und den weiteren Aktivitäten in den Schritten 6 bis 10 dar. Für jedes strategische Thema versucht ein Unternehmen, ein überzeugendes Leistungsversprechen als Reaktion auf die in Schritt 5 spezifizierten »Gain Points« und »Pain Points« zu entwickeln. Normalerweise umfassen die strategischen Themen mehrere dieser Punkte, die dann durch das Leistungsversprechen adressiert werden.

Zur Ausgestaltung des potenziellen Leistungsversprechens kann ein Unternehmen weitere Informationen zusammentragen und zusätzlich Design-Thinking-Methoden anwenden, zum Beispiel Kundeninterviews. Dabei ist zu beachten, dass die Leistungsversprechen sich nicht ausschließlich an die Kunden eines Unternehmens richten. Vielmehr können sie alle Stakeholder ansprechen, die im Company Canvas in Abbildung 14 aufgeführt sind. Im Kontext von KI müssen Firmen zunehmend in Ökosystemen denken, um ihren Kunden geeignete Lösungen anzubieten. Um diese Lösungen tatsächlich bereitstellen zu können, ist häufig ein klarer Mehrwert für die Partner im Ökosystem sowie für andere Interessengruppen erforderlich. Das Leistungsversprechen stellt also den Mehrwert dar, der den einzelnen Stakeholdern geboten wird. Das Kernergebnis dieses Schrittes ist ein überzeugendes Leistungsversprechen, das im Mittelpunkt des Project Canvas stehen sollte, wie in Abbildung 15 dargestellt. Oftmals kann es hilfreich sein, ein kurzes und einprägsames Statement zum Leistungsversprechen zusammen mit einer detaillierteren Beschreibung einzutragen, die alle bisher generierten Inhalte erfasst. Außerdem ist es sinnvoll, zu erläutern, wie das Leistungsversprechen zu einem potenziellen Wettbewerbsvorteil beitragen kann.

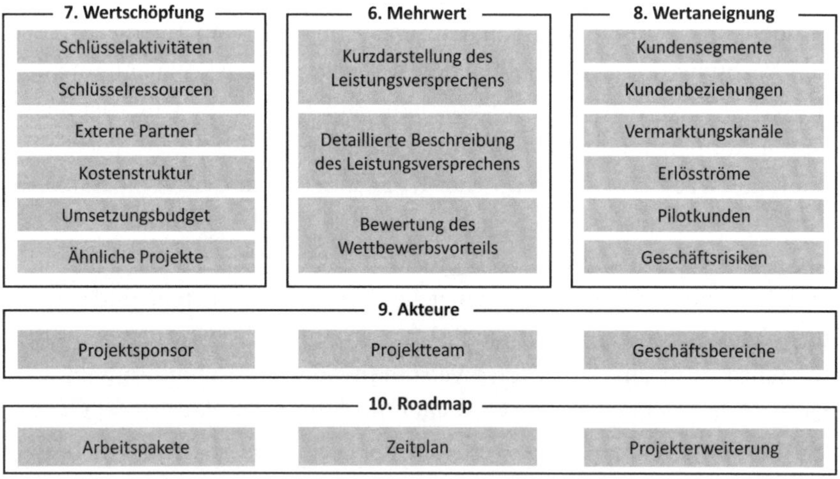

Abbildung 15: Project Canvas

Schritt 7 – Wertschöpfung: Basierend auf einem überzeugenden Leistungsversprechen müssen Unternehmen ihre Aktivitäten zur Wertschöpfung (»Value Creation«) für das spezifische strategische Thema weiter detaillieren. Insbesondere erfordert dieser Schritt, dass die Experten eines Unternehmens die Lösung, die sie den Stakeholdern anbieten möchten, ausgestalten. Daher sollten Geschäftsmodellexperten das Ökosystem und die Aktivitäten der Wertschöpfungskette so orchestrieren, dass der entsprechende Mehrwert für die Bedürfnisse der beteiligten Stakeholder geliefert wird. Der Logik des Business Model Canvas[4] folgend, muss ein Unternehmen die Schlüsselaktivitäten berücksichtigen, die zur Erarbeitung des Leistungsversprechens durchgeführt werden müssen. Darüber hinaus benötigen Führungskräfte einen Überblick über die Schlüsselressourcen und potenziellen externen Partner im Ökosystem und im weiteren Umfeld. Einige der externen Partner sind möglicherweise bereits im Company Canvas aufgeführt, aber manche anderen sind nur für eine konkrete Wertschöpfungsaktivität für das jeweilige strategische Thema wichtig.

Auf dieser Grundlage sollte die Darstellung der Wertschöpfungsinhalte ein detailliertes Verständnis der relevanten Kostenstruktur und des Budgets für die Umsetzung liefern, die mit dem Leistungsversprechen verbunden sind. Außerdem ist dieser Schritt entscheidend für die Analyse der Wechselwirkungen zwischen den Wertschöpfungsaktivitäten und den übrigen Aktivitäten sowie verwandten Projekten eines Unternehmens. Damit können mögliche Synergien und Schnittstellen identifiziert und relevante Wechselwirkungen neuer KI-Lösungen mit der bestehenden KI und MI eines Unternehmens geklärt werden. Die Integration der KI-Lösungen in die bestehende Intelligenzarchitektur eines Unternehmens ist entscheidend zur Erzielung potenzieller Wettbewerbsvorteile und sie verdient an dieser Stelle ausreichend Aufmerksamkeit. Das Kernergebnis dieses Schrittes ist ein detailliertes Verständnis der Wertschöpfungsaktivitäten und die wichtigsten Punkte sollten im linken Teil des Project Canvas in Abbildung 15 eingetragen werden. Dabei sollten Führungskräfte besonders auf eine exakte Abstimmung zwischen der Wertschöpfung und dem Leistungsversprechen im Zentrum des Project Canvas achten.

Schritt 8 – Wertaneignung: Basierend auf den Analysen des Mehrwerts und der Wertschöpfung in den vorherigen Schritten müssen Firmen die Wertaneignung (»Value Capture«) im Rahmen des Geschäftsmodells behandeln. Dieser Teil ist entscheidend dafür, dass ein Unternehmen tatsächlich von seinen Plänen für KI und neue digitale Lösungen profitiert. Auch hierbei können die Experten eines Unternehmens wieder auf die Logik des Business Model Canvas[5] zurückgreifen, um relevante Kundensegmente, Kundenbeziehungen und Vermarktungskanäle systematisch zu analysieren. Insbesondere wird daraus deutlich, welche Auswirkungen ein Leistungsversprechen jenseits der bestehenden Geschäftsaktivitäten eines Unternehmens besitzt. Bisher haben sich viele KI-Initiativen darauf konzentriert, die internen Prozesse eines Unternehmens durch Effizienzsteigerung zu optimieren. Der Kern solcher Initiativen liegt in der Optimierung und Kostensenkung bei traditionellen Geschäftsaktivitäten. Alternativ können Firmen KI zur Entwicklung innovativer Lösungen nutzen, die zu völlig neuen Einnahmequellen führen und damit die bisherigen Geschäftsaktivitäten des Unternehmens erweitern. In etablierten Firmen werden viele KI-Lösungen eher zu intelligenten Dienstleistungen als zu Hardwareprodukten oder zur Vermarktung von Daten führen.

Diese intelligenten Dienstleistungen können kostenlos angeboten werden, um den Verkauf der physischen Produkte eines Unternehmens zu stärken. Alternativ können die intelligenten Dienstleistungen zu einem unabhängigen Angebot oder einem ergänzenden Angebot zu den bestehenden Produkten des Unternehmens werden. Diese verschiedenen Möglichkeiten unterstreichen die Notwendigkeit eines klaren Verständnisses der Komponente der Wertaneignung im Geschäftsmodell. Damit beinhaltet dieser Schritt auch die Fertigstellung eines Businessplans mit einer Prognose der erwarteten Erlösströme sowie möglicher Geschäftsrisiken und Pilotkunden. Das Ergebnis dieses Schrittes ist ein detaillierter Überblick über die Aktivitäten der Wertaneignung und die wichtigsten Punkte sollten im rechten Teil des Project Canvas in Abbildung 15 dargestellt werden. Durch einen Vergleich der Inhalte zu Wertschöpfung und Wertaneignung, einschließlich der Kostenstruktur und der Umsatzströme, können die erwarteten finanziellen Auswirkungen bei der Realisierung eines Leistungsversprechens analysiert werden. Dabei sollte auch das möglicherweise exponentielle Wachstum daten- und intelligenzbasierter Geschäftsmodelle berücksichtigt werden ebenso wie die Rolle intelligenter Dienstleistungen für den künftigen Absatz der Produkte eines Unternehmens. In vielen Situationen werden KI-Komponenten und intelligente Dienstleistungen benötigt, um auch künftig einen starken Produktabsatz zu erzielen. Daher haben viele Firmen keine andere Wahl, als sich mit KI und verwandten Themen auseinanderzusetzen.

Schritt 9 – Akteure: Neben der Identifizierung der Kernbestandteile des Geschäftsmodells sollte man sich einen umfassenden Überblick über die relevanten Akteure im Rahmen des Projekts verschaffen. Dabei ist es wichtig, einen geeigneten Projektsponsor zu finden. Im Idealfall ist diese Person Teil des Topmanagement-Teams eines Unternehmens und steht voll hinter dem Projekt. Anstatt sich operativ am Projekt zu beteiligen, unterstützt und fördert der Sponsor das Projekt mithilfe eines starken persönlichen Netzwerks, Budgets und hierarchischen Einflusses. Ein geeigneter Projektsponsor kann eine entscheidende Rolle spielen, um das Commitment des Topmanagements sowie die formelle Freigabe zur Umsetzung zu erreichen. Neben dem Projektsponsor müssen auch die Mitglieder des Kernprojektteams festgelegt werden. In der Regel ist es hilfreich, die Anzahl der Kernteammitglieder relativ klein zu halten, um Flexibilität und agile Prozesse zu ermöglichen. Darüber hinaus können mehrere Personen Teil eines erweiterten Projektteams werden, die ad hoc intensiv eingebunden werden, wenn ihr Beitrag tatsächlich benötigt wird. So wird nur bei Bedarf auf die Zeit und Ressourcen dieser Personen zugegriffen.

Dieses Vorgehen zur Besetzung des Projektteams folgt dem Lean-Start-up-Ansatz, der notwendige Investitionen in der Frühphase reduziert und in vielen KI-Projekten verfolgt wird.[6] Neben der möglichen Senkung des anfänglichen Budgets für die Implementierung trägt dieser oft dazu bei, das interne Projektmanagement zu beschleunigen. Über das Projektteam hinaus ist es häufig hilfreich, einen oder mehrere Geschäftsbereiche, deren Aktivitäten mit dem Projekt verbunden sind, eng einzubeziehen. In vielen Fällen haben KI-Projekte einen besonders starken Einfluss auf eine bestimmte Geschäftseinheit. Selbst wenn das Projekt eine breitere Wirkung hat – oder wenn es nach der Implementierung zu einer völlig neuen Geschäftseinheit werden kann –, sollte man sich zunächst auf ausgewählte Pilotanwendungen in einem Geschäftsbereich konzentrieren. Daher ist es zielführend, zu Beginn die möglichen Wechselwirkungen mit den übrigen Geschäftsaktivitäten eines Unternehmens zu klären. Oft können einige der Aktivitäten und Budgets für KI auf Unternehmens- und Geschäftsbereichsebene zusammengeführt werden, wodurch sich positive Interaktionen und Synergien ergeben. Das Ergebnis dieses Schrittes ist eine Liste wichtiger Akteure, darunter der Projektsponsor, die Kernteammitglieder, die erweiterten Teammitglieder sowie die relevanten Geschäftsbereiche, die an der Roadmap für das Projekt beteiligt werden. Diese Akteure sollten im unteren Teil des Project Canvas in Abbildung 15 dargestellt werden.

Schritt 10 – Roadmap: Neben einer sorgfältigen Analyse des Geschäftsmodells beinhaltet der Project Canvas einen detaillierten Plan für die nächsten Schritte. Dabei sollten die Experten eines Unternehmens diejenigen Arbeitspakete so detailliert wie möglich auflisten, die abgeschlossen werden müssen, um ein neues Geschäftsmodell an den Markt zu bringen. Dieser Umsetzungsfokus ist besonders wichtig, da der I3 – Integrated Intelligence Incubator – nur die »Fuzzy Frontend«-Aktivitäten der Implementierung von KI-Lösungen abdeckt. Dies beinhaltet die Kernaktivitäten von der Analyse relevanter Trends und der Generierung erster Ideen über die Entwicklung von Konzepten, Geschäftsmodellen und Businessplänen bis hin zur Entscheidung, die eigentliche Entwicklung und Umsetzung zu starten. Ein professionelles Management der Aufgaben in dieser frühen Phase ist entscheidend, weil zahlreiche vielversprechende KI-Initiativen zu einem relativ frühen Zeitpunkt scheitern. Sobald die Führungskräfte eines Unternehmens den Start eines formellen Implementierungsprojekts freigegeben haben, verfügen viele Firmen über systematische Instrumente für das Entwicklungs- und Projektmanagement, mit denen ein Projekt erfolgreich in Richtung Markteinführung oder interne Nutzung vorangetrieben wird. Dieses systematische Management fehlt jedoch oft in den frühen Phasen der Ideenfindung, Konzeptentwicklung und Geschäftsmodellgestaltung, bevor das Topmanagement eine Entscheidung zum Start eines formalen Projekts getroffen hat. Angesichts der Komplexität vieler KI-Lösungen und ihrer Verbindungen zu anderen Teilen der Intelligenzarchitektur eines Unternehmens ist der I3 – Integrated Intelligence Incubator – besonders wichtig. Vor allem ist bei diesem Schritt auch ein detaillierter Zeitplan erforderlich.

Außerdem kann die Roadmap die nächsten Stufen des Leistungsversprechens zu einem strategischen Thema darstellen. Auch wenn dieser Aspekt über das jeweilige Projekt hinausgeht, ist er aufgrund der rasanten technologischen Entwicklung in vielen KI-Bereichen sowie der Komplexität vieler intelligenzbasierter Lösungen und datenbasierter Geschäftsmodelle von entscheidender Bedeutung. Daher beginnen Firmen oft damit, die erste Stufe einer konkreten Lösung, Dienstleistung oder Komponente zu entwickeln. Diese erste Stufe beinhaltet bereits einige KI-Funktionalitäten, aber sie umfasst in der Regel nicht alle möglichen Funktionalitäten, die in einigen Jahren realisiert werden könnten. Daher konzentriert sich das Projekt zunächst auf die Implementierung der ersten Stufe einer Lösung. Im Abschnitt zur Projekterweiterung wiederum dokumentieren die Experten während des Projektverlaufs die zusätzlichen Ideen und Konzepte, wie ein anfängliches »Minimum Viable Product« weiter verbessert werden kann. Außerdem müssen KI-Lösungen oft an die spezifischen Anforderungen eines Unternehmens angepasst werden. Daher ist es häufig sinnvoll, mit Basisfunktionalitäten einige schnelle Erfolge zu ermöglichen und später die Basisversion für die spezifischen Bedingungen und

Anwendungsfälle eines Unternehmens zu erweitern. So können Firmen bereits die Erweiterung und Erneuerung ihres Leistungsversprechens im Rahmen des künftigen technologischen Fortschritts und neuer Markttrends für die relevanten Stakeholder planen. Das Ergebnis dieses Schrittes ist eine detaillierte Liste von Arbeitspaketen, Projektplänen und Projekterweiterungen. Diese Liste der wichtigsten Aktivitäten, Termine und künftigen Funktionalitäten wird am unteren Rand des Project Canvas in Abbildung 15 dargestellt. Damit verfügen die Führungskräfte eines Unternehmens über alle relevanten Informationen, um direkt die Entscheidung zur Umsetzung eines Projekts auf Basis des erforderlichen Budgets zu treffen.

Checkliste für die Umsetzung

Mithilfe der zehn Schritte des I3 – Integrated Intelligence Incubator – können Firmen die allgemeine Analyse von Trends bei KI zielgerichtet mit der Implementierung üblicher Entwicklungsprojekte für neue Lösungen verknüpfen. Ausgehend von den wichtigsten Trends im Zusammenhang mit KI und Digitalisierung sollten Führungskräfte die Schritte 1 bis 5 des I3 – Integrated Intelligence Incubator – systematisch einmal für das gesamte Unternehmen durchführen. Der Company Canvas hilft bei der Darstellung der Erkenntnisse zu den Schritten 1 bis 5. Die Fragen in der Checkliste in Tabelle 5 bieten weitere Unterstützung zur vollständigen Erarbeitung aller relevanten Inhalte bei diesen Schritten. Als Ergebnis haben die Unternehmen in überzeugender Weise priorisierte strategische Themen identifiziert. Anschließend muss jedes priorisierte Thema separat in den Schritten 6 bis 10 weiterbearbeitet werden. Hierfür bietet der Project Canvas einen nützlichen Rahmen. Um die Umsetzung dieser Schritte zusätzlich zu erleichtern, bieten die Fragen in der Checkliste weitere Ansatzpunkte. Als Ergebnis dieser Schritte gibt es mehrere aufeinander abgestimmte Projekte, die umsetzungsreif mithilfe des bestehenden Projektmanagements im Unternehmen sind.

Canvas	Schritte	Punkte der Checkliste	Ergebnis
Company Canvas	1. Trends	■ Welche relevanten Trends beeinflussen unsere etablierten Geschäftsaktivitäten? ■ Welche relevanten Trends bieten in Zukunft völlig neue Geschäftsmöglichkeiten? ■ Wie wirkt sich die digitale Transformation der Branche auf das künftige Geschäft aus? ■ Wie beeinflusst der Fortschritt in verschiedenen Bereichen von KI unser künftiges Geschäft?	Priorisierte strategische Themen
	2. Wertschöpfungskette	■ Welche bestehenden Wertschöpfungsaktivitäten werden in Zukunft fortgesetzt? ■ Welche bestehenden Wertschöpfungsaktivitäten verlieren an Bedeutung? ■ Welche bestehenden Wertschöpfungsaktivitäten werden transformiert? ■ Welche neuen Aktivitäten erweitern die bestehende Wertschöpfungskette?	
	3. Stakeholder	■ Welche bestehenden Stakeholder sind weiterhin wichtig? ■ Welche bestehenden Stakeholder werden weniger relevant? ■ Welche neuen Stakeholder sind relevant aus Technology-Push- oder Market-Pull-Perspektive? ■ Wie wird sich das Ökosystem der Stakeholder in Zukunft verändern?	

Canvas	Schritte	Punkte der Checkliste	Ergebnis
Company Canvas	4. Schlüsselfelder	■ Welche Wertschöpfungsaktivitäten sind für welche Stakeholder besonders relevant? ■ Welche neuen Kombinationen von Aktivitäten und Stakeholdern sind besonders wichtig? ■ Welche bisherigen Tätigkeitsfelder verdienen in Zukunft besondere Aufmerksamkeit? ■ Wo sind unberücksichtigte Bereiche der laufenden digitalen Transformation und KI-Initiativen?	Priorisierte strategische Themen
	5. Kernpunkte	■ Welches sind die wichtigsten Themen für unser zukünftiges Geschäft in den Schlüsselfeldern? ■ Welches sind die »Gain Points« oder »Pain Points« der Stakeholder in jedem Schlüsselfeld? ■ Wie können die verschiedenen Kernpunkte mit Zusatzinformationen priorisiert werden? ■ Wie können die priorisierten Kernpunkte inhaltlich zu Themen zusammengefasst werden?	
Project Canvas	6. Mehrwert	■ Welchen Mehrwert können wir den Stakeholdern für jedes priorisierte Thema bieten? ■ Wie adressiert das Leistungsversprechen die »Gain Points« oder »Pain Points« der Stakeholder? ■ Wie kann das Leistungsversprechen in einer Kurzfassung und im Detail beschrieben werden? ■ Wie trägt das Leistungsversprechen dazu bei, einen Wettbewerbsvorteil zu erzielen?	Abgestimmte Implementierungsprojekte

Canvas	Schritte	Punkte der Checkliste	Ergebnis
Project Canvas	7. Wert-schöpfung	■ Welches sind wichtige Aktivitäten und Ressourcen zur Erfüllung des Leistungsversprechens? ■ Welche Partner im Ökosystem müssen zur Entwicklung einer Lösung orchestriert werden? ■ Wie ist die Kostenstruktur und welche Synergien mit verwandten Projekten sind relevant? ■ Welche Auswirkungen hat diese Wertschöpfung auf die integrierte Intelligenzarchitektur?	Abgestimmte Implementierungsprojekte
	8. Wert-aneignung	■ Wie können wir von der KI-Lösung zusätzlich zur Stärkung der internen Effizienz profitieren? ■ Welche Kundensegmente und Kundenbeziehungen sind für die neue Lösung relevant? ■ Welche Einnahmequellen können in welchen Vermarktungskanälen erzielt werden? ■ Wie erfasst der Businessplan potenzielle Risiken und exponentielles Wachstum der Lösung?	
	9. Akteure	■ Wer ist der Projektsponsor, wer ist Teil des Kernteams und des erweiterten Projektteams? ■ Wie können wir Engagement und formelle Zustimmung der Führungskräfte erreichen? ■ Welche Geschäftsbereiche müssen im Projektverlauf eng eingebunden werden? ■ Wie kann der Lean-Start-up-Ansatz die interne Projektorganisation beschleunigen?	

Canvas	Schritte	Punkte der Checkliste	Ergebnis
Project Canvas	10. Roadmap	■ Welche Arbeitspakete sind zur Vermarktung des neuen Geschäftsmodells abzuschließen? ■ Wie sehen der Projektplan und das notwendige Budget für die Umsetzung aus? ■ Welche Verbesserungen und Erweiterungen der Lösung werden später berücksichtigt? ■ Welche neuen Funktionalitäten können in absehbarer Zeit technologisch machbar sein?	Abgestimmte Implementierungsprojekte

Tabelle 5: Checkliste für die zehn Schritte des I3 – Integrated Intelligence Incubator

Der I3 – Integrated Intelligence Incubator – hat sich als hilfreich erwiesen, um die Schritte von der Sensibilisierung für die strategische Relevanz von KI zur Durchführung geeigneter Entwicklungs- und Implementierungsprojekte zu gehen. Vor allem ist der I3 – Integrated Intelligence Incubator – ein hilfreiches Tool, um den Kontext konkreter KI-Initiativen für das Topmanagement eines Unternehmens zu visualisieren. Außerdem können damit geplante Projekte in einen Zusammenhang gesetzt werden, mehrere Projekte in einem Portfolio aufeinander abgestimmt werden und überzeugende Argumente erarbeitet werden, warum die jeweiligen Budgets für die Entwicklung, Nutzung und Vermarktung von KI-Lösungen aus strategischer Sicht von Vorteil sind. Darüber hinaus ist dieser Ansatz hilfreich, um bisher unberücksichtigte Bereiche laufender KI-Initiativen eines Unternehmens zu identifizieren und Synergien zwischen verschiedenen KI-Initiativen zu realisieren, die oft relativ isoliert in mehreren Teilen großer Unternehmen gestartet wurden. Der I3 – Integrated Intelligence Incubator – trägt zur Optimierung der finanziellen Effekte von KI-Aktivitäten bei, indem er ihre strategische Ausrichtung und Gestaltung in der frühen Implementierungsphase verbessert. Damit ist er ein hilfreiches

Tool sowohl für Firmen, die gerade eine KI-Initiative starten, als auch für Firmen, die bereits über mehrere laufende KI-Aktivitäten verfügen.

Außerdem sollten Unternehmen mit dem I3 – Integrated Intelligence Incubator – ihre KI-Initiativen mit dem etablierten Produktgeschäft und den organisatorischen Prozessen abstimmen. Dadurch können die entscheidenden Schnittstellen zwischen neuen KI-Lösungen und den übrigen Arten von KI und MI eines Unternehmens systematisch identifiziert werden. Diese Wechselwirkungen sind wichtig, wenn KI zur Effizienzsteigerung laufender Geschäftsprozesse eingesetzt wird. Sie sind jedoch umso wichtiger, wenn KI für Innovationen und für die Entwicklung ganz neuer Lösungen genutzt wird. In den meisten Fällen sind die neuen Lösungen nicht vollständig unabhängig von den etablierten Geschäftsaktivitäten eines Unternehmens. Vielmehr werden die Aktivitäten intelligent erweitert und ergänzt. Eine systematische Abbildung der Zusammenhänge zwischen dem bisherigen Geschäft eines Unternehmens und den künftigen intelligenzbasierten Tätigkeiten stellt eine besondere Stärke des I3 – Integrated Intelligence Incubator – dar, der sich in vielen Projekten mit Firmen aus verschiedenen Branchen bewährt hat. Daher bildet er ein wichtiges Tool für die Generierung organisationalen Lernens und für die Transformation von isolierter Ignoranz zu integrierter Intelligenz (Tabelle 6).

Kriterien	Isolierte Ignoranz	Integrierte Intelligenz
Ansatz	■ Ad-hoc-Nutzung einzelner KI-Lösungen ■ Alleinstehende Nutzung von KI als Ersatz für menschliche Arbeit ■ Ignoranz oder Aktivismus mit begrenzter Ausrichtung ■ Einzelprojektperspektive	■ Koordination strategischer KI-Initiative auf Unternehmensebene ■ Komplementarität von KI mit menschlicher Expertise ■ Synergien und Abgleich mit Geschäftsstrategie ■ Projekt- und Portfolioperspektive

Kriterien	Isolierte Ignoranz	Integrierte Intelligenz
Lernen	■ Fokus auf KI und separate menschliche Expertise ■ Hauptaugenmerk auf individuelles Lernen	■ Intelligenz^{X} mit KI, MI und der Meta-Intelligenz ■ Individuelles und organisationales Lernen
Vorteil	■ Begrenzter Umfang der KI-Aktivitäten mit nicht adressierten Bereichen ■ Ausschließlicher Fokus auf Effizienz ■ Starke Betonung technologischer Herausforderungen	■ Breiterer Umfang der KI-Aktivitäten zur Nutzung des gesamten strategischen Raums ■ Ausgewogenheit von Effizienz und Innovation ■ Strategische Betonung des Geschäftsmodells
Einfluss	■ Verbesserung bestehender Prozesse und Erhaltung eines traditionellen Wettbewerbsvorteils ■ Ungenutzte Möglichkeiten und verschenktes Potenzial	■ Erzielung und Erhaltung eines intelligenzbasierten Wettbewerbsvorteils über längere Zeit hinweg ■ Schnittstellenmanagement für eine integrierte Intelligenzarchitektur

Tabelle 6: Isolierte Ignoranz vs. integrierte Intelligenz

Insbesondere befähigt eine integrierte Intelligenzarchitektur Firmen, aus dem strategischen Bewusstsein der Relevanz von KI konkrete Schritte operativen Handelns abzuleiten. Außerdem können damit überzeugende Initiativen auf Unternehmensebene gestartet werden, die über isolierte Ad-hoc-Aktivitäten zur Umsetzung spezifischer KI-Lösungen hinausgehen. Dabei bilden die isolierte Ignoranz und integrierte Intelligenz die

Extrempunkte eines Kontinuums und die meisten Firmen befinden sich zwischen diesen beiden Extremen. Der I3 – Integrated Intelligence Incubator – hilft Unternehmen, Intelligenz^{X} zu erreichen – bestehend aus verschiedenen Arten von KI und MI sowie der Meta-Intelligenz. Während der I3 – Integrated Intelligence Incubator – in relativ kurzer Zeit bearbeitet werden kann, ist die Entwicklung einer integrierten Intelligenzarchitektur eher ein schrittweiser und komplexer Prozess als ein schneller Wandel von einem Tag auf den anderen. Dies ist durchaus vergleichbar mit der Transformation der Organisationskultur eines Unternehmens im Laufe der Zeit. Auch wenn eine solch große Veränderung erheblichen Zeit- und Arbeitsaufwand erfordert, sollten die ersten Schritte dazu unbedingt unternommen werden, denn die meisten Firmen werden auf lange Sicht keine andere Wahl haben, als den intelligenzbasierten Wettbewerb anzunehmen, und der I3 – Integrated Intelligence Incubator – bildet einen guten Ausgangspunkt für diesen Weg.

Kapitel 15

Vermeidung typischer Implementierungsfehler

Viele Unternehmen haben erfolgreiche KI-Initiativen gestartet. Im Gegensatz dazu waren viele andere Firmen bisher nicht erfolgreich. Außerdem geben die meisten Unternehmen, die einige KI-Anwendungen erfolgreich implementiert haben, offen zu, dass sie noch ganz am Anfang der Nutzung der mit KI verbundenen Möglichkeiten stehen. Darüber hinaus räumen selbst sehr fortgeschrittene Firmen ein, dass sie relativ weit von einer integrierten Intelligenzarchitektur entfernt sind, die ein systematisches Management des Zusammenspiels von MI und KI sowie eine kontinuierliche Transformation und Rekombination der verschiedenen Arten von Intelligenz beinhalten würde. Damit können auch weit fortgeschrittene Unternehmen von der Anwendung des I3 – Integrated Intelligence Incubator – profitieren. Vor allem kann das Tool dabei helfen, zumindest einige Lücken und »weiße Flecken« im Sinne von bisher unberücksichtigten Bereichen systematisch zu identifizieren. Die Kombination der Erkenntnisse der Firmen, die im Rahmen der KI Erfolge erzielt haben, mit den Lehren, die von weniger erfolgreichen Unternehmen gezogen wurden, führt zu einem Überblick über typische Fehler bei der Umsetzung von KI-Initiativen.

Neben dem Verständnis typischer Fallstricke bieten die Erkenntnisse aus den KI-Initiativen anderer Unternehmen eine allgemeine strategische Richtung, wie man diese Fehler vermeiden oder zumindest ihre negativen Folgen reduzieren kann. Dabei können einige Methoden und Werkzeuge besonders hilfreich sein. Tabelle 7 bietet einen Überblick über typische Fehler, Strategien zur Fehlervermeidung und nützliche Werkzeuge. Die zehn typischen Fehler umfassen keine vollständige Liste von Herausforderungen und Schwierigkeiten für das Management. Sie stellen jedoch typische Probleme dar, die in vielen Unternehmen aus unterschiedlichen Branchen zu beobachten sind.[1] Diese Fehler lassen sich nach ihrem

Kategorie	Typischer Fehler	Strategie zur Fehlervermeidung	Ausgewählte Methoden und Werkzeuge
Technologie	**1. Zu starker Technologiefokus**	Auswirkungen auf Markt und Wertschöpfung berücksichtigen!	■ Analyse der Wertschöpfungskette ■ Vorhersage von Markttrends ■ Jobs-to-be-done Perspektive
	2. Zu isolierte Einzelprojekte	Das Portfolio aus KI und digitalen Projekten zielgerichtet steuern!	■ Projektportfolio-Management ■ Strategischer Fit ■ Unternehmensweite Zusammenarbeit
	3. Zu wenig integrierte Intelligenz	Das Zusammenspiel menschlicher und künstlicher Intelligenz nutzen!	■ Analysen der Komplementarität ■ Analysen der Interdependenzen ■ »Synthesis«-Perspektive
Markt	**4. Zu wenig Verständnis für die Kunden**	Die Kundenerwartungen sorgfältig analysieren!	■ »Gain Points« und »Pain Points« ■ Design Thinking Personas ■ Anwendungsfälle und User Stories
	5. Zu starkes Effizienzdenken	Den gesamten strategischen Raum für Innovation nutzen!	■ Company Canvas ■ Innovationsfelder ■ »Blue Ocean«-Perspektive
	6. Zu traditionelle Geschäftsmodelle	Die dominante Logik bewusst hinterfragen!	■ Analyse der dominanten Logik ■ Analyse des Ökosystems ■ Project Canvas

Kategorie	Typischer Fehler	Strategie zur Fehlervermeidung	Ausgewählte Methoden und Werkzeuge
Management	**7. Zu wenig Expertise mit KI**	Know-how zu KI und digitaler Transformation aufbauen!	▪ Personalentwicklung ▪ Kriterien zur Personalauswahl ▪ Externe Consultants
	8. Zu viel kurzfristiger Aktionismus	Eine längerfristige Strategie für die digitale Zukunft entwickeln!	▪ Storyline für die digitale Zukunft ▪ Stärkung des Chief Digital Officer ▪ Investor Relations
	9. Zu wenig Einbindung der Organisation	Mitarbeiter auf allen Ebenen zur Teilnahme ermuntern!	▪ Partizipative Organisation ▪ Change Management ▪ Communities-of-Practice
	10. Zu viel Perfektionismus	Das agile Experimentieren in der ganzen Organisation ermöglichen!	▪ Agile Prozesse ▪ Aufbau einer Fehlerkultur ▪ Lean Start-up

Tabelle 7: Überblick typischer Fehler
Quelle: teilweise angepasst von Lichtenthaler, 2018, Ideen- und Innovationsmanagement[2]

Schwerpunkt in den Bereichen Technologie, Markt oder Management weiter unterteilen. Diese Kategorisierung bedeutet nicht, dass einer der Fehler die anderen Bereiche überhaupt nicht betrifft, aber es gibt oft einen Fokus im jeweiligen Bereich. Auch die Methoden und Werkzeuge stellen nur eine Auswahl und keinen vollständigen Überblick dar. Insbesondere gibt es einige Tools wie den I3 – Integrated Intelligence Incubator – mit dem Unternehmen mehrere Fehler gleichzeitig vermeiden können.

Kategorie Technologie

Fehler 1 – Zu starker Technologiefokus: Beim Management ihrer KI-Initiativen konzentrieren sich viele Unternehmen zu sehr auf die technologischen Herausforderungen. Ja, neue Technologien bilden die Grundlage für die Chancen durch KI. Die technologischen Trends und die neuen Lösungen an sich haben jedoch keine disruptiven Auswirkungen. Vielmehr ermöglichen die neuen KI-Lösungen teilweise völlig neuartige Angebote für die Kunden eines Unternehmens und weitere Stakeholder. Dadurch können sich die Markt- und Branchenbedingungen erheblich ändern und erst diese Veränderungen führen zur Disruption von Branchen und Geschäftsmodellen. Diese marktbezogenen Konsequenzen und Herausforderungen werden oft vernachlässigt oder nur oberflächlich analysiert. Um diese typischen Fehler zu vermeiden, sollten Führungskräfte die Auswirkungen von KI auf Markt und Wertschöpfungskette im Detail analysieren. Neben der Vorhersage von Marktentwicklungen ist es wichtig, die Auswirkungen verschiedener KI-Lösungen auf die Wertschöpfungskette in der Branche eines Unternehmens zu untersuchen. Hierbei hilft es oft, die zu erledigenden Aufgaben im Sinne von »Jobs to be done«[3] in der Wertschöpfungskette zu untersuchen. Dadurch werden konkrete Aufgaben identifiziert, die mithilfe verschiedener Technologien erledigt und von KI beeinflusst werden können. Diese Analysen sollten durchgeführt werden, bevor eine spezifische KI-Lösung ausgewählt wird, die oft auch die Entscheidung für einen bestimmten IT-Dienstleister beinhaltet. Ein solcher Ansatz, zunächst einen Dienstleister und eine spezifische IT-Lösung auszuwählen und erst danach die Markterwartungen und Geschäftsmodelle zu berücksichtigen, ist eine typische Ursache für Implementierungsprobleme.

Fehler 2 – Zu isolierte Einzelprojekte: Vor allem in großen Unternehmen wurden in den letzten Jahren mehrere Initiativen zu KI und digitaler Transformation gestartet. Dieses Vorgehen ist vorteilhaft, da viele Firmen nicht in der Lage sein werden, auf die wachsende Bedeutung von KI mit nur einer einzigen Maßnahme zu reagieren. Außerdem ist es oft sinnvoll, einige KI-Aktivitäten auf der Ebene einzelner Geschäftseinheiten und andere Aktivitäten auf Ebene des gesamten Unternehmens durchzuführen. Diese grundsätzlich positive strategische Absicht hat jedoch oft dazu geführt, dass mehrere Projekte zur Technologieentwicklung relativ losgelöst voneinander durchgeführt werden. In diesen Situationen kann die Rolle eines Chief Artificial Intelligence Officer oder eines Chief Digital Officer hilfreich sein, aber eine spezielle Rolle allein gewährleistet in der Regel keine professionelle Orchestrierung der diversen Projekte zu KI und digitaler Innovation. Vielmehr benötigen Unternehmen ein systematisches Portfoliomanagement ihrer KI-Projekte. Eine strategische Ausrichtung und ein kontinuierliches Management dieser Projekte ist aufgrund ihrer wechselseitigen Abhängigkeiten unerlässlich. So kann beispielsweise eine erweiterte Datenbank mit einem neuen Frontend auf Unternehmensebene KI nutzen, um personalisierte Kundeninteraktionen verschiedener Geschäftseinheiten zur Vermarktung neuer Dienstleistungen zu ermöglichen. Neben einem systematischen Portfoliomanagement sollten Führungskräfte besonderen Wert auf den strategischen Fit zur Abstimmung der unterschiedlichen KI-Aktivitäten mit den Geschäfts- und Innovationsstrategien legen. Darüber hinaus ist eine aktive Zusammenarbeit und Kommunikation über viele Bereiche hinweg erforderlich, um ein isoliertes Management verteilter KI-Projekte zu vermeiden.

Fehler 3 – Zu wenig integrierte Intelligenz: Ein weiteres technologiebedingtes Problem vieler KI-Initiativen ist ihr starker Fokus auf das Ersetzen menschlicher Arbeit. Dieser Fehler lässt sich oft darauf zurückführen, dass KI als Werkzeug betrachtet wird, um bestehende Prozesse zu optimieren. Anstatt mögliche Vorteile aus dem Zusammenspiel von KI und MI darzustellen, beschränken viele Unternehmen die Ausrichtung ihrer KI-Initiativen auf die bloße Substitution menschlicher Arbeit. Natürlich sind die dadurch erzielbaren Effizienzgewinne wichtig und es ist oft einfacher, solche KI-Lösungen ohne eine Änderung der zugrunde liegenden Prozesse und Geschäftsmodelle zu implementieren. Dieser Fokus vernachlässigt jedoch automatisch einen großen Teil der zusätzlichen Vorteile, die durch die systematische Analyse gepoolter, sequenzieller oder reziproker Interdependenzen identifiziert werden könnten. In vielen Situationen unterstreicht die Komplementarität von KI und MI die Möglichkeiten einer »Synthesis«-Perspektive zur Entwicklung neuer Ideen, Konzepte und Lösungen, die über die aktuellen Produkte, Prozesse und Dienstleistungen eines Unternehmens hinausgehen. Durch die Kombination von KI mit MI können Firmen außerdem Lösungen implementieren, die für Wettbewerber schwieriger nachzuahmen sind als eine allein stehende Anwendung von KI-Lösungen. Darüber hinaus trägt die Kombination von KI-Lösungen und menschlicher Expertise dazu bei, einen reinen Fokus auf Technologie zu vermeiden und KI-Lösungen nicht nur als eigenständige Tools zu betrachten.

Kategorie Markt

Fehler 4 – Zu wenig Verständnis für die Kunden: Ein typischer marktbezogener Fehler von KI-Initiativen ist die mangelnde Berücksichtigung der Bedürfnisse und Erwartungen der Kunden eines Unternehmens sowie weiterer Stakeholder. Obwohl dieses Problem mit einer Überbetonung der Technologie zusammenhängt, geht es über einen allgemeinen Technologiefokus hinaus. Konkret vernachlässigen viele Firmen eine detaillierte Bewertung der Erwartungen ihrer Kunden an intelligente Produkte, Dienstleistungen und Lösungen. Daher investieren zahlreiche Unternehmen viel Zeit und Ressourcen in die Entwicklung von Lösungen, die aus Sicht der Kunden oder anderer relevanter Stakeholder nur bedingt attraktiv sind. Um diesen Fehler zu vermeiden, sollten die Experten eines Unternehmens Design-Thinking-Methoden nutzen, um die Erwartungen der anderen Akteure genauer zu verstehen. Dies kann beispielsweise die Entwicklung von »Personas« beinhalten ebenso wie die Analyse ihrer »Gain Points« und »Pain Points« als Grundlage für ein Leistungsversprechen, das tatsächlich die Erwartungen der Akteure trifft. Die Fokussierung auf spezifische Anwendungsfälle und die Entwicklung überzeugender User-Stories tragen zusätzlich dazu bei, diejenigen Funktionalitäten für neue Produkte, Dienstleistungen und Lösungen auszuwählen, die von den Kunden tatsächlich benötigt und gewünscht werden. Wenn beispielsweise viele potenzielle Kunden im Zielsegment eines Unternehmens immer noch nur zurückhaltend mit KI interagieren aufgrund von No-Human-Interaction-Einstellungen, können manche neuen Funktionalitäten sogar schädlich für die Geschäftsentwicklung sein, auch wenn sie aus technologischer und finanzieller Sicht vielversprechend sind.

Fehler 5 – Zu starkes Effizienzdenken: Ein weiterer marktbezogener Fehler ist der übermäßige Fokus auf Effizienzsteigerung, der die primäre strategische Ausrichtung vieler KI-Initiativen darstellt. Natürlich sind die Kostenvorteile durch KI wichtig. Dieser Fokus führt jedoch in der Regel dazu, die Generierung von Innovation und Wachstum durch die Erschließung neuer Umsatzquellen zu vernachlässigen. Bisher nutzen nur wenige Firmen das Potenzial von KI in dieser Hinsicht. Die kreative Kombination von KI-Lösungen mit dem menschlichen Fachwissen eines Unternehmens sowie etablierten Produkten und Dienstleistungen kann neue Angebote mit großem Wachstumspotenzial ermöglichen. Eventuell können »Blue Ocean«-Märkte mit begrenztem Wettbewerb und einem hohen Potenzial für nachhaltige Wettbewerbsvorteile erschlossen werden.[4] Diese »Blue Oceans« erfordern jedoch teilweise eine Abkehr vom aktuellen Kerngeschäft eines Unternehmens und von den wettbewerbsintensiven Märkten des »Red Ocean«. Diese erweiterten Möglichkeiten werden daher oft vernachlässigt, weil viele Firmen tendenziell an ihrem Kerngeschäft festhalten und KI primär zur weiteren Optimierung dieses Kerngeschäfts nutzen. In diesem Zusammenhang zeigt der Company Canvas des I3 – Integrated Intelligence Incubator – einige konkrete Schritte, wie Führungskräfte diese »Blue Ocean«-Märkte erreichen können. Unternehmen sollten diesen Ansatz außerdem mit einer Analyse ihrer wichtigsten Innovationsfelder kombinieren, um die vielversprechendsten KI-Projekte hinsichtlich Innovation auszuwählen. In der Regel werden diese Projekte das Kerngeschäft eines Unternehmens erweitern und gleichzeitig einige der Kernkompetenzen und Ressourcen in den bestehenden Märkten ausnutzen.

Fehler 6 – Zu traditionelle Geschäftsmodelle: Mittlerweile haben die meisten Führungskräfte die Auswirkungen von KI und digitaler Transformation grundsätzlich eingesehen. Die vollen Auswirkungen dieser disruptiven Veränderungen auf das Kerngeschäft eines Unternehmens werden jedoch oft unterschätzt. Die meisten Firmen gehen nach wie vor davon aus, dass die Mehrheit ihrer Geschäftsprozesse und ihr gesamtes Geschäftsmodell weiterhin relevant bleiben. Dies mag in den meisten Fällen richtig sein, aber es kann einige Änderungen geben, die dramatische Folgen haben. Viele Unternehmen sind auf diese Veränderungen nicht ausreichend vorbereitet, weil sie von einer dominanten Managementlogik geprägt sind, die einige Grundannahmen über die Erfolgsfaktoren in der jeweiligen Branche enthält, zum Beispiel über Produktlebenszyklen, Entwicklungsbudgets und die Zahlungsbereitschaft der Kunden. Eine solche dominante Logik ist entstanden, als KI in den meisten Firmen noch keine Rolle gespielt hat. Außerdem wurden viele Topführungspositionen in Unternehmen zu einer Zeit besetzt, in der die Relevanz von KI überschaubar war. Normalerweise wird KI zwar nicht alle Erfolgsfaktoren infrage stellen. Es kann jedoch zu einer kritischen Transformation zugrunde liegender Annahmen kommen, die ein Umdenken in Bezug auf die dominante Managementlogik und das Geschäftsmodell eines Unternehmens erfordert. Dementsprechend müssen Führungskräfte den Wandel ihrer Branche und ihres relevanten Ökosystems sorgfältig analysieren, um dann ihre künftigen Geschäftsmodelle zu gestalten. Häufig lassen sich die Auswirkungen von KI auf das Geschäftsmodell entlang der Bestandteile des Business Model Canvas systematisch diskutieren.

Kategorie Management

Fehler 7 – Zu wenig Expertise mit KI: Neben technologie- und marktbezogenen Fehlern gibt es oft große Herausforderungen, die sich speziell aus dem Management von KI-Initiativen ergeben. Eine dieser Herausforderungen besteht in der überschaubaren KI-Expertise in vielen etablierten Unternehmen. Dieses Problem umfasst eine begrenzte Anzahl von KI-Experten sowie ein begrenztes Verständnis der grundlegenden KI-Technologie aufseiten des Topmanagements. Topführungskräfte müssen keine Experten für KI-Technologie werden. Es ist jedoch wichtig, dass das Topmanagement eines Unternehmens über grundlegende Kenntnisse zu den relevanten Technologien verfügt, um deren strategische Auswirkungen auf den Markt sorgfältig zu bewerten – oder zumindest die Einschätzung der internen Experten eines Unternehmens kritisch zu hinterfragen. Obwohl viele etablierte Firmen mit spezialisierten externen Dienstleistern zusammenarbeiten, um konkrete KI-Lösungen zu implementieren, ist es in der Regel wichtig, einige interne Experten für die wichtigsten KI-Bereiche zu haben. Da viele Firmen derzeit versuchen, solche Experten einzustellen, haben sie oft Schwierigkeiten, ihre offenen Stellen zu besetzen. Kurzfristig kann es daher sinnvoll sein, mit externen Beratern und Freelancern zusammenzuarbeiten. Langfristig gibt es jedoch oft keine sinnvolle Alternative zur Anstellung einiger Experten in Vollzeit, da diese auch einen wichtigen Beitrag zur Auswahl der optimalen KI-Lösungen und externen Dienstleister liefern können. Außerdem sollten Firmen ihre Personalentwicklung intensivieren, um das Wissen über KI und digitale Transformation auf allen Hierarchieebenen zu stärken.

Fehler 8 – Zu viel kurzfristiger Aktionismus: Viele Unternehmen haben die strategische Relevanz von KI erst nach und nach erkannt und dann auch KI-Lösungen implementiert. Um diesen relativ späten Startzeitpunkt auszugleichen, treiben viele Firmen einzelne KI-Aktivitäten hektisch voran. Häufig handelt es sich bei diesen Maßnahmen jedoch primär um kurzfristigen Aktionismus und nicht um wohldurchdachte strategische Initiativen. Als Reaktion auf die Aktivitäten von Wettbewerbern beginnen Unternehmen, mit denselben oder ähnlichen Dienstleistern zusammenzuarbeiten, um einige KI-Lösungen zu implementieren. Natürlich ist es hilfreich und nützlich, überhaupt einmal loszulegen und mit mehreren KI-Anwendungen zu experimentieren. Diese kurzfristigen Aktivitäten müssen jedoch um eine langfristige Vision für die intelligenzbasierte Zukunft ergänzt werden. Andernfalls wird es für ein Unternehmen schwierig, das Portfolio seiner KI-Aktivitäten zu steuern und eine Abstimmung mit der Strategie sicherzustellen, weil eine klare strategische Ausrichtung fehlt. Dabei sollten Führungskräfte besonderen Wert auf die Entwicklung einer überzeugenden Storyline für die digitale Zukunft legen. Durch eine professionelle Kommunikation der KI-Aktivitäten kann die Marktakzeptanz neuer Lösungen erhöht werden. Dies wird die weitere Kommunikation erleichtern und schließlich sogar zu einem sich selbst verstärkenden Kreislauf wachsender Geschäftsaktivitäten mithilfe von KI führen. Über die Markteffekte hinaus ist eine langfristige Vision von entscheidender Bedeutung, um Investoren und weitere Stakeholder davon zu überzeugen, dass ein Unternehmen auch zukünftig eine wichtige Rolle spielen wird. Außerdem sollten Firmen den Chief Digital Officer oder jede andere Person stärken, welche die KI-Aktivitäten koordiniert, da diese Personen oft nicht über den nötigen Einfluss innerhalb der Organisation verfügen.

Fehler 9 – Zu wenig Einbindung der Organisation: Ein weiterer typischer Fehler beim Management von KI-Initiativen ist die begrenzte Beteiligung der Mitarbeiter in verschiedenen Unternehmensbereichen. Angesichts der Komplexität von KI besteht eine nachvollziehbare Maßnahme darin, ein Projekt mit wenigen Teammitgliedern zu starten, die sich auf die Implementierung von KI konzentrieren. Dieser Ansatz kann Firmen helfen, allein stehende KI-Aktivitäten aufzubauen, aber er reicht in der Regel nicht aus, um das Potenzial von KI für die gesamte Organisation zu nutzen. Hierfür ist es notwendig, die Beteiligung der Mitarbeiter auf allen Ebenen des Unternehmens zu fördern. Andernfalls werden Firmen nicht in der Lage sein, auf eine integrierte Intelligenzarchitektur hinzuarbeiten. Die menschliche Kompetenz von Mitarbeitern aus verschiedenen Organisationseinheiten ist zur Ergänzung von KI-Lösungen erforderlich. Außerdem werden diese Personen entscheidende Erkenntnisse liefern, wie man die Implementierung von KI-Tools optimieren und neue Produkte, Dienstleistungen sowie Lösungen an der Schnittstelle von KI und MI entwickeln kann. Neben einem spezialisierten Projektteam sollten Firmen daher einen partizipativen Organisationsansatz und Change-Management-Initiativen nutzen, um auf die Ideen und Anregungen zahlreicher Organisationsmitglieder zurückzugreifen. Außerdem können Firmen informelle Communities-of-Practice einrichten, die sich auf spezifische Bereiche von KI konzentrieren und Chancen erarbeiten, die über die bereits begonnenen formalen KI-Initiativen hinausgehen.

Fehler 10 – Zu viel Perfektionismus: Abschließend besteht ein weiterer typischer Fehler in übertriebenem Perfektionismus bei der Umsetzung von KI-Initiativen. Auch wenn dieser Punkt im Widerspruch damit zu stehen scheint, dass kurzfristiger Aktionismus schädlich ist, trifft dies nur auf den ersten Blick zu. Unternehmen müssen eine langfristige Vision mit der Freigabe agilen Experimentierens in der gesamten Organisation in Einklang bringen. Bei den ersten Schritten zur Implementierung von KI-Lösungen versuchen viele Firmen, direkt eine perfekte Lösung für die Zukunft aufzusetzen. Dieser Anspruch ist lobenswert, muss aber mit ausreichendem Pragmatismus einhergehen, wenn im ersten Schritt keine optimale Lösung möglich ist. Der Begriff digitale Transformation deutet bereits darauf hin, dass datenbasierte Geschäftsmodelle und KI oft einen erheblichen Transformations- und Veränderungsprozess erfordern, der nicht in einem einzigen Schritt durchgeführt werden kann. Ein schrittweises Vorgehen ist daher ein Kernbestandteil des I3 – Integrated Intelligence Incubator und berücksichtigt die Tatsache, dass viele Datenanalytiklösungen und intelligente Algorithmen in den nächsten Jahren erheblich verbessert werden. Daher ist es wichtig, für regelmäßige Anpassungen offen zu sein, anstatt im ersten Schritt eine ideale Lösung zu verfolgen. Vielmehr sollten Führungskräfte agile Prozesse und den Aufbau einer Fehlerkultur fördern, die in komplexen neuen Bereichen wie maschinellem Lernen, Sprachsynthese oder Computer-Vision nötig sein wird. Zusätzlich bietet der Lean-Start-up-Ansatz einen hilfreichen Rahmen für ein schrittweises Vorgehen, bei dem regelmäßig weitere Entwicklungen in KI und verwandten Bereichen berücksichtigt werden können.

Vermeidung der Fehler

Die zehn typischen Fehler lassen sich häufig bei der anfänglichen Umsetzung von KI-Initiativen in Unternehmen aus verschiedenen Branchen beobachten. In vielen Firmen treten diese Managementprobleme zu einem gewissen Grad auf, aber nicht zu hundert Prozent. So ist beispielsweise in vielen großen Unternehmen eine relativ isolierte Umsetzung mehrerer KI-Projekte in verschiedenen Organisationseinheiten festzustellen, obwohl einige dieser Firmen über eine gewisse zentrale Koordination verfügen. Auch wenn sich diese Probleme nicht vollständig entfalten, sind sie sehr relevant. Grundsätzlich besteht ein Kontinuum von keinerlei Relevanz bis zu einer sehr hohen Relevanz. Angesichts des typischen Auftretens dieser Probleme in zahlreichen Firmen sind viele Fehler bei der Implementierung von KI-Initiativen zumindest teilweise relevant. Daher sind die Strategien zur Fehlervermeidung sowie die ausgewählten Methoden und Werkzeuge auch in den Firmen hilfreich, in denen ein konkretes Problem nicht vollständig auftritt. So stärkt beispielsweise der I3 – Integrated Intelligence Incubator – die KI-Implementierung auch in solchen Unternehmen, die bereits relativ erfolgreiche KI-Aktivitäten vorzuweisen haben.

Die Vermeidung von jedem der zehn Fehler erhöht die Chancen für eine erfolgreiche Umsetzung neuer KI-Initiativen. Außerdem bieten die zehn Themen Ansatzpunkte für die Neuausrichtung und Verbesserung laufender KI-Initiativen, die nicht die ursprünglichen Erwartungen erreicht haben. Die Strategien zur Fehlervermeidung wurden auf einer solchen konzeptionellen Ebene beschrieben, dass sie in Unternehmen unterschiedlicher Größe und Branche angewendet werden können. Jede dieser Strategien kann jedoch einfach angepasst und auf die konkrete Situation eines Unternehmens zugeschnitten werden auf Basis einer schnellen Check-up-Analyse. Dieser Check-up hilft dabei, operative und umsetzbare Schritte für jede der Strategien zu identifizieren, um die zehn Fehler zu vermeiden. Neben diesen typischen Problemen gibt es weitere unternehmensspezifische Herausforderungen, die für den Erfolg von KI-Initiativen ebenfalls berücksichtigt werden müssen. Auch hierbei ist ein systematischer Check-up der KI-Aktivitäten hilfreich, weil Führungskräfte damit über die typischen Fehler hinaus Einblicke in die spezifischen Herausforderungen ihres Unternehmens gewinnen.

Interessanterweise beziehen sich viele Fehler auf Herausforderungen, die sich zu Beginn der KI-Implementierung ergeben. Dieser besondere Fokus kann natürlich darauf zurückzuführen sein, dass viele Unternehmen gerade erst mit umfangreicheren KI-Aktivitäten begonnen haben. Allerdings scheint mehr dahinterzustecken, dass besonders viele Herausforderungen zwischen der anfänglichen strategischen Sensibilisierung für KI und der späteren Umsetzung klar definierter KI-Projekte liegen. Tatsächlich sind sich viele Firmen der Chancen und Risiken von KI bewusst. Auch können sie auf ihre etablierten Organisationsmechanismen und Werkzeuge für das Projektmanagement zurückgreifen – sobald sie die jeweiligen Initiativen und Schwerpunkte festgelegt haben. Doch genau an diesem »Fuzzy Frontend« mit der Auswahl vielversprechender KI-Projekte und dem Beginn der Umsetzung sind besonders viele typische Fehler zu beobachten. Daher konzentriert sich der I3 – Integrated Intelligence Incubator – darauf, die Erkenntnisse von Trendanalysen auf strategischer Ebene in spezifische operative Projekte herunterzubrechen, die umsetzungsreif mithilfe des etablierten Projektmanagements im Unternehmen sind.

Die ausgewählten Methoden und Werkzeuge stellen nur einen ersten Ansatzpunkt dar. Sie umfassen sowohl relativ bekannte Werkzeuge als auch neue Methoden, die für das Management von digitaler Transformation und KI entwickelt wurden oder wesentlich an diesen speziellen Kontext angepasst wurden. So bezieht sich die Analyse der Wertschöpfungskette beispielsweise nicht nur auf die traditionelle Analyse der aktuellen Wertschöpfungskette in der Branche eines Unternehmens. Vielmehr beinhaltet diese Methode einen systematischen Ansatz zur Identifizierung der erwarteten zukünftigen Wertschöpfungskette in einem intelligenzbasierten Wettbewerbsumfeld. Diese verbesserte Wertschöpfungskettenanalyse ist nur ein Teil des I3 – Integrated Intelligence Incubator – und hilft, die eher allgemeinen Strategien zur Fehlervermeidung auf die spezifischen Anforderungen eines einzelnen Unternehmens anzupassen. Die relative Bedeutung einer bestimmten Strategie zur Fehlervermeidung kann je nach Unternehmenskontext und vorherigen KI-Initiativen unterschiedlich sein. Allerdings besitzt meist jeder der zehn Fehler mit den entsprechenden Vermeidungsstrategien eine gewisse Relevanz. Noch wichtiger ist jedoch eine intelligente Kombination mehrerer Ansätze. So können sich beispielsweise die Vorteile der Überwindung einer zu starken Ausrichtung auf Technologie und zu traditioneller Geschäftsmodelle voll entfalten, wenn Unternehmen auch ein zu starkes Maß an Perfektionismus reduzieren, zum Beispiel mithilfe der Förderung agilen Experimentierens in weiten Teilen der Organisation.

Zur Auswahl spezifischer Maßnahmen und Tools ist es häufig hilfreich, zumindest für kurze Zeit mit externen Experten wie Beratungsunternehmen, Freelancern oder Wissenschaftlern zusammenzuarbeiten. Neben der wichtigen Rolle als externe Katalysatoren können diese Personen aufgrund ihrer Außenperspektive und KI-Expertise oft entscheidend zur Identifikation der problematischsten Fallstricke beitragen. Vor allem sind sie weder von den bisherigen KI-Aktivitäten eines Unternehmens noch von der bestehenden Intelligenzarchitektur beeinflusst. Auch sind sie nicht durch die dominante Managementlogik eines Unternehmens eingeschränkt, die insbesondere bei Projekten zu KI und digitaler Innovation problematisch sein kann, weil diese Projekte oft zur Erweiterung der Geschäftsmodelle des Unternehmens führen. Außerdem kann die Zusammenarbeit mit externen Experten in der Phase vor der operativen Umsetzung dazu beitragen, Fehler bei der Auswahl von Technologieanbietern für konkrete KI-Lösungen zu vermeiden. Viele Firmen beginnen zügig mit der Implementierung ausgewählter KI-Anwendungen, anstatt eine breitere Portfolioperspektive einzunehmen, einschließlich der Analyse von Synergiepotenzialen zwischen mehreren Projekten, bevor sie IT-Dienstleister auswählen. Diese Unternehmen werden ihre Ziele für KI oft nicht erreichen, ohne ihre Initiativen zu einem späteren Zeitpunkt neu auszurichten. Die Vermeidung der zehn typischen Fehler stellt einen wichtigen ersten Schritt dar, um direkt ab Beginn der Implementierung von den KI-Aktivitäten zu profitieren.

Fazit und Ausblick

Die jüngsten technologischen Fortschritte in verschiedenen Bereichen von KI haben bereits erhebliche Auswirkungen auf Unternehmen in vielen Branchen, aber der größte Teil der Auswirkungen steht noch bevor. Daher haben Firmen keine andere Option, als sich mit den Auswirkungen von KI zu beschäftigen. In vielen Branchen ist es jetzt an der Zeit, zu handeln. Andere Unternehmen haben vielleicht noch etwas mehr Zeit, zu reagieren, bevor es zu spät ist. Die technologische Entwicklung schreitet jedoch schnell voran und die wachsende Bedeutung von KI darf nicht ignoriert werden. Dennoch betrachten einige Führungskräfte KI immer noch als einen Hype, der in einigen Jahren verblassen wird. Der Hype wird in ein paar Jahren zwar tatsächlich abnehmen, die strategische Logik hinter der Nutzung von KI wird jedoch bestehen bleiben. Auch wenn sich die Fortschritte bei KI primär auf technologischer Ebene vollziehen, werden die Auswirkungen auf die Geschäftsaktivitäten die technologischen

Entwicklungen noch übersteigen. Tatsächlich wird der Einfluss von KI auf die Märkte, Geschäftsmodelle und Branchen von Unternehmen schwerwiegendere Auswirkungen haben als die rein technologischen Aspekte. Viele Führungskräfte haben die strategische Relevanz von KI und damit verbundene Entwicklungen erkannt, aber die volle Wirkung auf die Geschäftsaktivitäten wird bisher oft nicht berücksichtigt.

Die künftigen Fortschritte in KI werden weiterhin Chancen und Risiken bieten. Viele bisherige Diskussionen in Literatur und Presse haben sich stark auf die potenziellen Bedrohungen für etablierte Unternehmen konzentriert. Ja, es gibt wettbewerbsbedingte Bedrohungen für viele etablierte Geschäftsmodelle. Auch werden KI-Anwendungen weiterhin eine große Anzahl von Arbeitsplätzen überflüssig machen. In dieser Hinsicht sind die jüngsten Fortschritte bei KI vergleichbar mit vorherigen Automatisierungswellen in früheren Jahrzehnten. Neben diesen Bedrohungen für Firmen und Einzelpersonen werden die Chancen oft zu einem gewissen Grad übersehen. Außer Risiken bietet KI auch zahlreiche Möglichkeiten für Unternehmen und Effizienzsteigerungen sind nur eine Seite der Medaille. Langfristig können die Innovations- und Wachstumschancen sogar wichtiger werden als die Optimierung der etablierten Geschäftsprozesse, obwohl diese Effizienzvorteile häufig einfacher erreicht werden können. Außerdem wird die zunehmende Implementierung von KI dazu führen, dass viele neue Arbeitsplätze entstehen. Auf dieser Grundlage ist noch offen, ob der Nettoeffekt von Arbeitsplatzverlusten und neuen Arbeitsplätzen am Ende positiv oder negativ sein wird.

Darüber hinaus haben die jüngsten Entwicklungen in KI bereits zahlreiche ethische Fragen aufgeworfen. Hierbei haben einige Schlüsselfragen im Zusammenhang mit KI für autonomes Fahren in der Öffentlichkeit große Beachtung gefunden. Diese ethischen Fragen werden in Zukunft noch wichtiger werden und die Bedeutung dieser Themen kann nicht genug betont werden. Eine Diskussion dieser überaus wichtigen Fragen würde den Rahmen dieses Buchs sprengen. In der Tat verdient jede dieser wichtigen Fragen eine konzentrierte und detaillierte Diskussion in mehreren Büchern. So haben beispielsweise die potenziellen negativen Auswirkungen von KI Google dazu veranlasst, sich als Reaktion auf die Bedenken von Mitarbeitern zu verpflichten, keine Waffen auf Basis von KI zu bauen. Das vorliegende Buch konzentriert sich auf die Auswirkungen von KI für das Management, wobei der Schwerpunkt auf den Möglichkeiten von Unternehmen liegt, einen Wettbewerbsvorteil zu erzielen und aufrechtzuerhalten – in den nächsten Jahren und Jahrzehnten. Daher adressiert das Buch KI nicht mit Blick auf »Self Awareness«-Systeme, welche die Art von KI beschreiben, die oft in Filmen und Zukunftsszenarien zu sehen ist. Die Beantwortung ethischer Fragen für solche Szenarien ebenso wie für KI-Anwendungen in naher Zukunft ist für die Gesellschaft und für den einzelnen Manager und Mitarbeiter unerlässlich, auch wenn diese Fragen im vorliegenden Buch nicht behandelt werden.

Anstatt diese wesentlichen ethischen Diskussionen zu adressieren, wird im vorliegenden Buch eine intelligenzbasierte Sichtweise des Unternehmenserfolgs entwickelt, die einen hilfreichen Bezugsrahmen für die Diskussion der strategischen Auswirkungen von KI bietet. Die Unterscheidung von MI, KI und Meta-Intelligenz, die alle zum neuen Konzept einer integrierten Intelligenzarchitektur beitragen, bietet neue Erkenntnisse zu den betriebswirtschaftlichen Auswirkungen von KI. Insbesondere benötigen Firmen Intelligenz^X – die verschiedene Arten von KI und MI sowie die Meta-Intelligenz umfasst. Dabei ist die Komplementarität von KI und MI ebenso wichtig wie die Transformation und Rekombination der Intelligenzarchitektur eines Unternehmens. Insgesamt bietet die intelligenzbasierte Sichtweise einen konzeptionellen Rahmen für die Diskussion der wichtigsten strategischen und organisatorischen Implikationen von KI. In diesem Zusammenhang muss eine Vielzahl von Faktoren berücksichtigt werden, darunter Geschäftsmodelle, Geschäftsökosysteme, Mitarbeiterverhalten, SMART-Leadership-Ansätze und vieles mehr. Die Vielfalt dieser Themen unterstreicht, dass die Auswirkungen und der disruptive Charakter von KI weit über ihre technologischen Konsequenzen hinausgehen.

Ja, KI wird in vielen Branchen eine disruptive Wirkung entfalten. Hierfür liefern die Unternehmen, die als die innovativsten weltweit gelten, hervorragende Beispiele. Viele dieser Firmen, wie Apple und Amazon, sind dafür bekannt, ganze Branchen zu verändern, und sie konzentrieren sich seit vielen Jahren stark auf KI und verwandte Bereiche. In diesem Zusammenhang ist die folgende Aussage von Bill Gates erwähnenswert: »If you invent a breakthrough in artificial intelligence, so machines can learn, that is worth 10 Microsofts.«[5] Ein solcher Durchbruch ist für ein einzelnes Unternehmen oft nicht möglich. Stattdessen spielen Ökosysteme eine immer größere Rolle. Außerdem liefert ein reiner Fokus auf Effizienzsteigerungen in aller Regel keine Basis zur Erzielung solcher Vorteile. Wahrscheinlich werden viele der komplexen Automatisierungsverfahren, die durch KI ermöglicht werden, künftig Standardwerkzeuge darstellen und ihre allein stehende Anwendung wird keine Grundlage für nachhaltige Wettbewerbsvorteile bieten. Stattdessen müssen Führungskräfte KI mit spezifischer menschlicher Expertise kombinieren, um die Konkurrenz dadurch zu übertreffen, dass sie Wachstum und Innovation jenseits von Optimierung und Effizienz erreichen.

In diesem Zusammenhang bietet der I3 – Integrated Intelligence Incubator –, der in diesem Buch entwickelt wurde, Führungskräften ein Vorgehen zur Entwicklung geeigneter proaktiver und reaktiver strategischer Initiativen, sodass Unternehmen im intelligenzbasierten künftigen Wettbewerb erfolgreich bestehen können. KI ist die dominierende Herausforderung und Chance für Firmen in fast allen Branchen und wird in den nächsten Jahren wahrscheinlich das zentrale strategische Thema bleiben. Daher müssen Führungskräfte jetzt handeln. Anstatt eine separate Nutzung von KI und MI anzustreben, sollten sich Unternehmen zunehmend auf die Schnittstellen von KI und MI konzentrieren. Langfristig können Firmen nur dann einen Wettbewerbsvorteil erzielen, wenn sie Intelligenz^X entwickeln und nutzen – bestehend aus verschiedenen Arten von KI und MI sowie Meta-Intelligenz. In einem intelligenzbasierten zukünftigen Wettbewerbsumfeld bildet ein detailliertes Verständnis der Intelligenzarchitektur und der Potenziale zur Erzielung eines intelligenzbasierten Wettbewerbsvorteils einen entscheidenden ersten Schritt – der eine professionelle Umsetzung der ausgewählten Strategien und Managementaufgaben erfordert. Von KI zu profitieren stellt eine große Herausforderung im Rahmen der Transformation dar, die allerdings gesteuert und systematisch angegangen werden sollte. Anstatt mit ziellosem Aktionismus loszulegen, ist es hilfreich, die Chancen und Risiken systematisch zu analysieren, bevor man zur Umsetzung übergeht. Hoffentlich kann dieses Buch eine gewisse Unterstützung auf dem spannenden Weg in eine intelligenzbasierte Zukunft bieten.

Abbildungsverzeichnis

Tabellenverzeichnis

Abkürzungsverzeichnis

4S:	Standard, Substitute, Superiority, Synthesis
AI:	Artificial Intelligence
F&E:	Forschung und Entwicklung
Intelligenz^{x}:	verschiedene Arten von künstlicher, menschlicher und Meta-Intelligenz
HR:	Human Resources
HAIR:	Human and Artificial Intelligence Resources
I3:	Integrated Intelligence Incubator
IA:	Intelligent Automation
IT:	Informationstechnologie
KI:	Künstliche Intelligenz
M&A:	Mergers & Acquisitions
MI:	Menschliche Intelligenz
NHI:	No Human Interaction
OECD:	Organization for Economic Co-operation and Development
SMART:	Situational, Mutual, Analytical, Relational and Transformational

Anmerkungen

Kapitel 1: Die Wettbewerbsrelevanz künstlicher Intelligenz

1 Teile dieser Diskussion zur Evolution von KI werden auch im folgenden Buch adressiert, zu dem ich als Ko-Autor beigetragen habe: Ili, S., & Lichtenthaler, U. 2017. FAQ digital transformation and artificial intelligence – 101 questions & answers. Karlsruhe: Ili Consulting.

2 Für weitere Details s. Lichtenthaler, U. 2018. Substitute or synthesis? The interplay between human and artificial intelligence. Research-Technology Management, 61(5): 12–14.

3 Teile dieser Diskussion zu Faktoren aus den Bereichen Technologie, Markt und Management werden auch im folgenden Buch adressiert, zu dem ich als Ko-Autor beigetragen habe: Ili, S., & Lichtenthaler, U. 2017. FAQ digital transformation and artificial intelligence – 101 questions & answers. Karlsruhe: Ili Consulting.

Kapitel 2: Die Ignoranz vieler etablierter Unternehmen

1 Vgl. Christensen, C. 1997. The innovator's dilemma: When new technologies cause great firms to fail. Cambridge: Harvard Business School Press.

Kapitel 3: Der strategische Fokus der innovativsten Unternehmen der Welt

1 Dieses Kapitel basiert in weiten Teilen auf Anpassungen meines folgenden Artikels, der auch einen detaillierteren Literaturüberblick beinhaltet: Lichtenthaler, U. 2018. The world's most innovative companies: A meta-ranking. Journal of Strategy and Management, 11(4): 497–511.

2 Vgl. Lichtenthaler, U. 2016. Toward an innovation-based perspective on company performance. Management Decision, 54(1): 66–87.

3 Für weitere Details s. https://www.bcg.com/de-de/publications/collections/most-innovative-companies-2018.aspx.

4 Für weitere Details s. https://www.forbes.com/innovative-companies/list/#tab:rank.
5 Für weitere Details s. https://www.fastcompany.com/most-innovative-companies/2018.
6 Für weitere Details s. https://www.usatoday.com/story/money/business/2018/01/12/worlds-50-most-innovative-companies/1023095001/ und https://247wallst.com/special-report/2018/01/10/the-worlds-50-most-innovative-companies/2/.
7 Für weitere Details s. https://www.technologyreview.com/lists/companies/2017/.
8 Für weitere Details s. die Beschreibung der Rankingmethoden zu Beginn dieses Kapitels.
9 Diese Tabelle wurde erstmals in meinem folgenden Artikel veröffentlicht: Lichtenthaler, U. 2018. The world's most innovative companies: A meta-ranking. Journal of Strategy and Management, 11(4): 497–511.

Kapitel 4: Ein intelligenzbasierter Ansatz des Unternehmenserfolgs

1 Dieses Kapitel basiert in weiten Teilen auf Anpassungen meines folgenden Artikels, der auch einen detaillierteren Literaturüberblick beinhaltet: Lichtenthaler, U. 2019. An intelligence-based view of firm performance: Profiting from artificial intelligence. Journal of Innovation Management, 7(1): 15–28.
2 Vgl. Bain, J. S. 1959. Industrial organization. New York: Wiley; Porter, M. E. 2008. The five competitive forces that shape strategy. Harvard Business Review, 86: 79–93.
3 Vgl. Barney, J. 1991. Firm resources and sustained competitive advantage. Journal of Management, 17: 99–120; Lado, A. A., Boyd, N. G., Wright, P., & Kroll, M. 2006. Paradox and theorizing within the resource-based view. Academy of Management Review, 31: 115–131; Lambe, C. J., Spekman, R. E., & Hunt, S. D. 2002. Alliance competence, resources, and alliance success: Conceptualization, measurement, and initial test. Journal of the Academy of Marketing Science, 30: 141–158.
4 Vgl. Teece, D. J. 2007. Explicating dynamic capabilities: The nature and microfoundations of (sustainable) enterprise performance. Strategic Management Journal, 28: 1319–1350; Lichtenthaler, U. 2016. Toward an innovation-based perspective on company performance. Management Decision, 54(1): 66–87.
5 Vgl. Grant, R. M. 1996. Toward a knowledge-based theory of the firm. Strategic Management Journal, 17, Winter Special Issue: 109–122; Nonaka, I. 1994. A dynamic theory of organizational knowledge creation. Organization Science, 5: 14–37.
6 Vgl. Gardner, H. 1983. Frames of mind: The theory of multiple intelligences. New York: Basic Books. Einen detaillierteren Literaturüberblick bietet mein folgender Artikel: Lichtenthaler, U. 2019. An intelligence-based view of firm performance: Profiting from artificial intelligence. Journal of Innovation Management, 7(1): 15–28.

7 Vgl. Mueller, J. P., & Massaron, L. 2018. Artificial intelligence for dummies. Hoboken: Wiley, p. 9 ff.

8 Vgl. Mueller, J. P., & Massaron, L. 2018. Artificial intelligence for dummies. Hoboken: Wiley, p. 14.

9 Die Erläuterungen der verschiedenen Arten von KI basieren auf einem Überblick mehrerer Bücher zur Einführung in KI sowie Lexikon-Grundlagenwissen. Einen detaillierteren Literaturüberblick bietet mein folgender Artikel, der die Grundlage für dieses Kapitel bildet: Lichtenthaler, U. 2019. An intelligence-based view of firm performance: Profiting from artificial intelligence. Journal of Innovation Management, 7(1): 15–28.

10 Diese Abbildung wurde erstmals in meinem folgenden Artikel veröffentlicht: Lichtenthaler, U. 2019. An intelligence-based view of firm performance: Profiting from artificial intelligence. Journal of Innovation Management, 7(1): 15–28.

Kapitel 5: Kombination und Komplementarität menschlicher und künstlicher Intelligenz

1 Dieses Kapitel basiert in weiten Teilen auf Anpassungen meines folgenden Artikels, der auch einen detaillierteren Literaturüberblick beinhaltet: Lichtenthaler, U. 2018. Substitute or synthesis? The interplay between human and artificial intelligence. Research-Technology Management, 61(5): 12–14.

2 Vgl. Winick, E. 2018. Every study we could find on what automation will do to jobs, in one chart. MIT Technology Review, 01/25/2018.

3 Diese Abbildung wurde erstmals in meinem folgenden Artikel veröffentlicht: Lichtenthaler, U. 2018. Substitute or synthesis? The interplay between human and artificial intelligence. Research-Technology Management, 61(5): 12–14.

4 Vgl. Plastino, E., & Purdy, M. 2018. Game changing value from artificial intelligence: Eight strategies. Strategy & Leadership, 46: 16–22; Wilson, H. J., Daugherty, P., & Bianzino, N. 2017. The jobs that artificial intelligence will create. MIT Sloan Management Review, 58(4): 14–16.

5 Vgl. Rometty, G. 2016. Digital today, cognitive tomorrow. MIT Sloan Management Review, 58(1): 168–171.

6 Vgl. Plastino, E., & Purdy, M. 2018. Game changing value from artificial intelligence: Eight strategies. Strategy & Leadership, 46: 16–22.

7 Vgl. Sierhuis, M., Bradshaw, J. M., Acquisti, A., Van Hoof, R., Jeffers, R., & Uszok, A. 2003. Human-agent teamwork and adjustable autonomy in practice. Proceedings of the seventh international symposium on artificial intelligence, robotics and automation in space (I-SAIRAS); Daugherty, P. R., & Wilson, H. J. 2018. Human + machine: Reimagining work in the age of AI. Boston: Harvard Business Review Press.

8 Für weitere Details s. Davenport, T.H., & Dreyer, K.J. 2018. AI will change radiology, but it won't replace radiologists. Harvard Business Review Digital Articles, 03/27/2018: 1–3; Davenport, T.H., & Ronanki, R. 2018. Artificial intelligence for the real world. Harvard Business Review, 96: 108–116.
9 Vgl. Joseph, J., & Ocasio, W. 2012. Architecture, attention, and adaptation in the multibusiness firm: General Electric from 1951 to 2001. Strategic Management Journal, 33: 633–660.
10 Vgl. Woyke, E. 2017. General Electric builds an AI workforce. MIT Technology Review, Online: 1–3.
11 Vgl. Wilson, H.J., & Daugherty, P.R. 2018. Collaborative intelligence: Humans and AI are joining forces. Harvard Business Review, 96(4): 114–123.
12 Vgl. Wilson, H.J., & Daugherty, P.R. 2018. Collaborative intelligence: Humans and AI are joining forces. Harvard Business Review, 96(4): 114–123.
13 Vgl. Wilson, H.J., & Daugherty, P.R. 2018. Collaborative intelligence: Humans and AI are joining forces. Harvard Business Review, 96(4): 114–123.
14 Vgl. Wilson, H.J., & Daugherty, P.R. 2018. Collaborative intelligence: Humans and AI are joining forces. Harvard Business Review, 96(4): 114–123.
15 Vgl. Wilson, H.J., & Daugherty, P.R. 2018. Collaborative intelligence: Humans and AI are joining forces. Harvard Business Review, 96(4): 114–123.

Kapitel 6: Transformation und Rekombination menschlicher und künstlicher Intelligenz

1 Dieses Kapitel basiert in weiten Teilen auf Anpassungen meines folgenden Artikels, der auch einen detaillierteren Literaturüberblick beinhaltet: Lichtenthaler, U. 2019. Beyond artificial intelligence: Why companies need to go the extra step. Journal of Business Strategy.
2 Vgl. Porter, M.E., & Heppelmann, J.E. 2015. How smart, connected products are transforming companies. Harvard Business Review, 93: 96–114.
3 Vgl. Lichtenthaler, U. 2016. Toward an innovation-based perspective on company performance. Management Decision, 54(1): 66–87.
4 Diese Abbildung wurde erstmals in meinem folgenden Artikel veröffentlicht: Lichtenthaler, U. 2019. Beyond artificial intelligence: Why companies need to go the extra step. Journal of Business Strategy.
5 Vgl. Galunic, D.C., & Eisenhardt, K.M. 2001. Architectural innovation and modular corporate forms. Academy of Management Journal, 44: 1229–1249; Plastino, E., & Purdy, M. 2018. Game changing value from artificial intelligence: Eight strategies. Strategy & Leadership, 46: 16–22.
6 Vgl. Henderson, R., & Clark, K. 1990. Architectural innovation: The reconfigura-

tion of existing product technologies and the failure of established firms. Administrative Science Quarterly, 35: 9–31.

Kapitel 7: Innovation und Evolution

1 Vgl. Prahalad, C.K., & Bettis, R.A. 1986. The dominant logic: A new linkage between diversity and performance. Strategic Management Journal, 7: 485–501.

2 Vgl. Porter, M.E., & Heppelmann, J.E. 2014. How smart, connected products are transforming competition. Harvard Business Review, 92: 64–88; Ili Consulting. 2016. Digital or dead: The digital innovation compass – Expert study. Karlsruhe: Ili Consulting; Plastino, E., & Purdy, M. 2018. Game changing value from artificial intelligence: Eight strategies. Strategy & Leadership, 46: 16–22; Ili, S., & Lichtenthaler, U. 2017. FAQ digital transformation and artificial intelligence – 101 questions & answers. Karlsruhe: Ili Consulting.

3 Vgl. Ili Consulting. 2016. Digital or dead: The digital innovation compass – Expert study. Karlsruhe: Ili Consulting.

4 Vgl. Ili Consulting. 2016. Digital or dead: The digital innovation compass – Expert study. Karlsruhe: Ili Consulting.

5 »Companies need to balance the use of digital technologies to enhance internal efficiencies with the creation of completely new digital solutions that will drive innovation and spark growth.« Quelle: Ili Consulting. 2016. Digital or dead: The digital innovation compass – Expert study. Karlsruhe: Ili Consulting.

6 Vgl. Ili Consulting. 2016. Digital or dead: The digital innovation compass – Expert study. Karlsruhe: Ili Consulting.

7 Vgl. Porter, M.E., & Heppelmann, J.E. 2014. How smart, connected products are transforming competition. Harvard Business Review, 92: 64–88; Ili Consulting. 2016. Digital or dead: The digital innovation compass – Expert study. Karlsruhe: Ili Consulting; Ili, S., & Lichtenthaler, U. 2017. FAQ digital transformation and artificial intelligence – 101 questions & answers. Karlsruhe: Ili Consulting; Lichtenthaler, U. 2018. Substitute or synthesis? The interplay between human and artificial intelligence. Research-Technology Management, 61(5): 12–14.

8 Vgl. Zahra, S.A., & George, G. 2002. Absorptive capacity: A review, reconceptualization, and extension. Academy of Management Review, 27: 185–203.

9 Dieses Unterkapitel basiert in weiten Teilen auf Anpassungen meines folgenden Artikels, der auch einen detaillierteren Literaturüberblick beinhaltet: Lichtenthaler, U. 2016. Toward an innovation-based perspective on company performance. Management Decision, 54(1): 66–87.

10 Vgl. Ahuja, G., Lampert, C.M., & Tandon, V. 2008. Moving beyond Schumpeter: Management research on the determinants of technological innovation. The Aca-

demy of Management Annals, 2: 1–98; Knott, A.M. 2008. R&D/returns causality: Absorptive capacity or organizational IQ. Management Science, 54: 2054–2067.

11 Vgl. Helfat, C.E., Finkelstein, S., Mitchell, W., Peteraf, M.A., Singh, H., Teece, D.J., & Winter, S.G. 2007. Dynamic capabilities: Understanding strategic chance in organizations. Oxford: Blackwell Publishing.

12 Vgl. Helfat, C.E., Finkelstein, S., Mitchell, W., Peteraf, M.A., Singh, H., Teece, D.J., & Winter, S.G. 2007. Dynamic capabilities: Understanding strategic chance in organizations. Oxford: Blackwell Publishing.

13 Vgl. Zahra, S.A., Sapienza, H.J., & Davidsson, P. 2006. Entrepreneurship and dynamic capabilities: A review, model and research agenda. Journal of Management Studies, 43: 917–955.

14 Diese Tabelle und mehrere Argumente in diesem Unterkapitel wurden erstmals in ähnlicher Form in meinem folgenden Artikel veröffentlicht: Lichtenthaler, U. 2019. Intelligenz hoch drei. Next Industry, 1: 32–35.

Kapitel 8: Kernkompetenzen und Wettbewerbsvorteile

1 Vgl. Kim, W.C., & Mauborgne, R. 2014. Blue ocean strategy: How to create uncontested market space and make the competition irrelevant. Boston: Harvard Business Review Press.

2 Dieses Unterkapitel basiert in weiten Teilen auf Anpassungen meines folgenden Artikels, der auch einen detaillierteren Literaturüberblick beinhaltet: Lichtenthaler, U. 2016. Toward an innovation-based perspective on company performance. Management Decision, 54(1): 66–87.

3 Vgl. Dierickx, I., & Cool, K. 1989. Asset stock accumulation and sustainability of competitive advantage. Management Science, 35: 1504–1511.

4 Vgl. Lin, L. 2011. Licensing strategies in the presence of patent thickets. Journal of Product Innovation Management, 28: 698–725.

5 Vgl. Dierickx, I., & Cool, K. 1989. Asset stock accumulation and sustainability of competitive advantage. Management Science, 35: 1504–1511.

6 Vgl. Dierickx, I., & Cool, K. 1989. Asset stock accumulation and sustainability of competitive advantage. Management Science, 35: 1504–1511.

7 Vgl. Dierickx, I., & Cool, K. 1989. Asset stock accumulation and sustainability of competitive advantage. Management Science, 35: 1504–1511.

8 Viele Abschnitte dieses Unterkapitels basieren auf meinem folgenden Artikel, der auch einen detaillierteren Literaturüberblick beinhaltet: Lichtenthaler, U. 2019. Intelligenz hoch drei. Next Industry, 1: 32–35.

Kapitel 9: Wertschöpfung und Wertaneignung

1 Vgl. Bettis, R. A., & Prahalad, C. K. 1995. The dominant logic: Retrospective and extension. Strategic Management Journal, 16: 5–14; Narayanan, V. K., Zane, L. J., & Kemmerer, B. 2011. The cognitive perspective in strategy: An integrative review. Journal of Management, 37: 305–351.

2 Vgl. Bettis, R. A., & Prahalad, C. K. 1995. The dominant logic: Retrospective and extension. Strategic Management Journal, 16: 5–14.

3 Vgl. Ili Consulting. 2016. Digital or dead: The digital innovation compass – Expert study. Karlsruhe: Ili Consulting.

4 Vgl. Osterwalder, A., & Pigneur, Y. 2010. Business model generation: A handbook for visionaries, game changers, and challengers. Hoboken: John Wiley & Sons.

5 Vgl. Ili, S., & Lichtenthaler, U. 2017. FAQ digital transformation and artificial intelligence – 101 questions & answers. Karlsruhe: Ili Consulting.

Kapitel 10: Interne Organisation und externe Ökosysteme

1 Dieses Kapitel basiert in weiten Teilen auf Anpassungen meines folgenden Artikels, der auch einen detaillierteren Literaturüberblick beinhaltet: Lichtenthaler, U. 2016. Toward an innovation-based perspective on company performance. Management Decision, 54(1): 66–87.

2 Vgl. Zenger, T. R., Felin, T., & Bigelow, L. 2011. Theories of the firm-market boundary. The Academy of Management Annals, 5: 89–133.

3 Vgl. Arrow, K. 1971. Essays in the theory of risk bearing. Chicago: Markham.

4 Vgl. Zenger, T. R., Felin, T., & Bigelow, L. 2011. Theories of the firm-market boundary. The Academy of Management Annals, 5: 89–133.

5 Vgl. Pisano, G., & Teece, D. J. 2007. How to capture value from innovation: Shaping intellectual property and industry structure. California Management Review, 50: 278–296.

6 Vgl. Santos, F. M., & Eisenhardt, K. M. 2005. Organizational boundaries and theories of organization. Organization Science, 16: 491–508.

7 Der Inhalt dieser Abbildung basiert in weiten Teilen auf Anpassungen meines folgenden Artikels: Lichtenthaler, U. 2016. Toward an innovation-based perspective on company performance. Management Decision, 54(1): 66–87.

8 Vgl. Cohen, W. M., & Levinthal, D. A. 1990. Absorptive capacity: A new perspective on learning and innovation. Administrative Science Quarterly, 35: 128–152.

9 Vgl. Lichtenthaler, U., & Lichtenthaler, E. 2010. Technology transfer across organizational boundaries: Absorptive capacity and desorptive capacity. California Management Review, 53: 154–170.

Kapitel 11: Das No-Human-Interaction-Paradox

1 Dieses Kapitel basiert in weiten Teilen auf Anpassungen meines folgenden Artikels, der auch einen detaillierteren Literaturüberblick beinhaltet: Lichtenthaler, U. 2019. Extremes of acceptance: Employee attitudes toward artificial intelligence. Journal of Business Strategy.

2 Vgl. Davis, F.D. 1989. Perceived usefulness, perceived ease of use, and user acceptance of information technology. MIS Quarterly, 13(3): 319–340.

3 Vgl. Katz, R., & Allen, T.J. 1982. Investigating the Not-Invented-Here (NIH) – syndrome: A look at performance, tenure and communication patterns of 50 R&D project groups. R&D Management, 12: 7–19; Lichtenthaler, U., & Ernst, H. 2006. Attitudes to externally organising knowledge management tasks: A review, reconsideration and extension of the NIH syndrome. R&D Management, 36: 367–386.

4 Laden, K. 1996. »Not invented there,« or, the other person's dessert always looks better! Research Technology Management, 39: 10–12. Für eine Beschreibung von Buy-In Einstellungen vgl. Lichtenthaler, U., & Ernst, H. 2006. Attitudes to externally organising knowledge management tasks: a review, reconsideration and extension of the NIH syndrome. R&D Management, 36: 367–386.

5 Diese Tabelle wurde erstmals in meinem folgenden Artikel veröffentlicht: Lichtenthaler, U. 2019. Extremes of acceptance: Employee attitudes toward artificial intelligence. Journal of Business Strategy.

6 Diese Abbildung wurde erstmals in meinem folgenden Artikel veröffentlicht: Lichtenthaler, U. 2019. Extremes of acceptance: Employee attitudes toward artificial intelligence. Journal of Business Strategy.

7 Vgl. Davis, F.D. 1989. Perceived usefulness, perceived ease of use, and user acceptance of information technology. MIS Quarterly, 13(3): 319–340.

Kapitel 12: Der SMART-Leadership-Ansatz

1 Dieses Kapitel basiert in weiten Teilen auf Anpassungen meines folgenden Artikels, der auch einen detaillierteren Literaturüberblick beinhaltet: Lichtenthaler, U. 2016. Six principles for shared management: A framework for the integrated economy. Journal of Business Strategy, 37: 3–11.

2 Vgl. Birkinshaw, J., Hamel, G., & Mol, M.J. 2008. Management innovation. Academy of Management Review, 33: 825–845.

3 Diese Abbildung basiert in weiten Teilen auf meinem folgenden Artikel: Lichtenthaler, U. 2016. Six principles for shared management: A framework for the integrated economy. Journal of Business Strategy, 37: 3–11.

4 Vgl. Hersey, P., & Blanchard, K.H. 1969. Management of organizational behavior – Utilizing human resources. Englewood Cliffs: Prentice Hall.

5 Vgl. Amit, R., & Zott, C. 2012. Creating value through business model innovation. MIT Sloan Management Review, 53: 41–49.
6 Vgl. Iyer, B., & Davenport, T. H. 2008. Reverse engineering Google's innovation machine. Harvard Business Review, 86: 58–68.
7 Vgl. Hunt, J. G. 1999. Transformational/charismatic leadership's transformation of the field: An historical essay. The Leadership Quarterly, 10: 129–144.
8 Der Inhalt dieser Tabelle basiert in weiten Teilen auf Anpassungen meines folgenden Artikels, der auch einen detaillierteren Literaturüberblick beinhaltet: Lichtenthaler, U. 2016. Six principles for shared management: A framework for the integrated economy. Journal of Business Strategy, 37: 3–11.

Kapitel 13: Strategische Initiativen und die Entwicklung von HR zu HAIR

1 Dieses Unterkapitel basiert in weiten Teilen auf Anpassungen meines folgenden Artikels, der auch einen detaillierteren Literaturüberblick beinhaltet: Lichtenthaler, U. 2019. Digitale Innovationen zum Erfolg führen: Portfoliomanagement als zentrale Herausforderung. Zeitschrift Führung + Organisation.
2 Diese Abbildung wurde erstmals in meinem folgenden Artikel veröffentlicht: Lichtenthaler, U. 2019. Digitale Innovationen zum Erfolg führen: Portfoliomanagement als zentrale Herausforderung. Zeitschrift Führung + Organisation.
3 Vgl. Agrawal, A., Gans, J., & Goldfarb, A. 2018. Prediction machines: The simple economics of artificial intelligence. Boston: Harvard Business Review Press.
4 Der Ausdruck »HAIR« wurde in folgendem Artikel entwickelt: Plastino, E., & Purdy, M. 2018. Game changing value from artificial intelligence: Eight strategies. Strategy & Leadership, 46: 16–22.
5 Vgl. Plastino, E., & Purdy, M. 2018. Game changing value from artificial intelligence: Eight strategies. Strategy & Leadership, 46: 16–22.
6 Vgl. Plastino, E., & Purdy, M. 2018. Game changing value from artificial intelligence: Eight strategies. Strategy & Leadership, 46: 16–22.

Kapitel 14: Der I3 – Integrated Intelligence Incubator

1 Die Analyse von Wertschöpfungsaktivitäten und Stakeholdern im Umfeld eines Unternehmens ist ein typischer Ansatz im strategischen Management, vgl. zum Beispiel: Rothaermel, F. T. Strategic management. New York: McGraw-Hill, 2018. Dieser Ansatz wird auch im Kontext der digitalen Transformation genutzt, vgl. hierzu zum Beispiel: Ili Consulting. 2017. Buildings and beyond – Expert study. Karlsruhe: Ili Consulting sowie mein Artikel unter https://www.absatzwirtschaft.de/digitale-transformation-und-kuenstliche-intelligenz-neue-chancen-fuer-das-

marketing-138323/. Der Company Canvas in diesem Buch berücksichtigt diese etablierten Argumente aus der bestehenden Literatur zur Analyse von Wertschöpfungsaktivitäten und Stakeholdern.

2 Vgl. Osterwalder, A., & Pigneur, Y. 2010. Business model generation: A handbook for visionaries, game changers, and challengers. Hoboken: John Wiley & Sons.

3 Vgl. Osterwalder, A., & Pigneur, Y. 2010. Business model generation: A handbook for visionaries, game changers, and challengers. Hoboken: John Wiley & Sons.

4 Vgl. Osterwalder, A., & Pigneur, Y. 2010. Business model generation: A handbook for visionaries, game changers, and challengers. Hoboken: John Wiley & Sons.

5 Vgl. Osterwalder, A., & Pigneur, Y. 2010. Business model generation: A handbook for visionaries, game changers, and challengers. Hoboken: John Wiley & Sons.

6 Vgl. Ries, E. 2011. The Lean Start-up: How today's entrepreneurs use continuous innovation to create radically successful businesses. New York: Crown Business.

Kapitel 15: Vermeidung typischer Implementierungsfehler

1 Der Inhalt des folgenden Abschnitts basiert in Teilen auf Anpassungen meiner folgenden Artikel, die auch Hinweise auf weitere Literatur beinhalten: Lichtenthaler, U. 2018. Künstliche Intelligenz: Wie Führungskräfte fünf strategische Fehler vermeiden. Ideen- und Innovationsmanagement 2018 (3): 76–80; Lichtenthaler, U. 2019. Künstliche Intelligenz erfolgreich nutzen: Fünf Herausforderungen. OrganisationsEntwicklung 2019(1): 108.

2 Der Inhalt dieser Tabelle basiert in weiten Teilen auf Anpassungen meines folgenden Artikels: Lichtenthaler, U. 2018. Künstliche Intelligenz: Wie Führungskräfte fünf strategische Fehler vermeiden. Ideen- und Innovationsmanagement 2018 (3): 76–80.

3 Vgl. Christensen, C. M., Anthony, S. D., Berstell, G., Nitterhouse, D., 2007. Finding the right job for your product. MIT Sloan Management Review 48, 38–47.

4 Vgl. Kim, W. C., & Mauborgne, R. 2014. Blue ocean strategy: How to create uncontested market space and make the competition irrelevant. Boston: Harvard Business Review Press.

5 https://www.nytimes.com/2004/03/01/business/microsoft-amid-dwindling-interest-talks-up-computing-as-a-career.html.

Register

SHOSHANA
ZUBOFF
DAS
ZEITALTER
DES
ÜBERWACHUNGS
KAPITALISMUS
campus